中国通信工业协会教育分会 2022年会议论文集

主编　中国通信工业协会教育分会

中国水利水电出版社
www.waterpub.com.cn
·北京·

图书在版编目（CIP）数据

中国通信工业协会教育分会2022年会议论文集 / 中国通信工业协会教育分会主编. -- 北京 : 中国水利水电出版社, 2023.2
ISBN 978-7-5226-1395-6

Ⅰ. ①中… Ⅱ. ①中… Ⅲ. ①通信工业－协会－中国－文集 Ⅳ. ①F632-26

中国国家版本馆CIP数据核字(2023)第022562号

策划编辑：寇文杰　责任编辑：赵佳琦　加工编辑：刘瑜　封面设计：李佳

书　　名	中国通信工业协会教育分会 2022 年会议论文集 ZHONGGUO TONGXIN GONGYE XIEHUI JIAOYU FENHUI 2022 NIAN HUIYI LUNWENJI
作　　者	主编　中国通信工业协会教育分会
出版发行	中国水利水电出版社 （北京市海淀区玉渊潭南路 1 号 D 座　100038） 网址：www.waterpub.com.cn E-mail：mchannel@263.net（答疑） sales@mwr.gov.cn 电话：（010）68545888（营销中心）、82562819（组稿）
经　　售	北京科水图书销售有限公司 电话：（010）68545874、63202643 全国各地新华书店和相关出版物销售网点
排　　版	北京万水电子信息有限公司
印　　刷	三河市德贤弘印务有限公司
规　　格	170mm×240mm　16 开本　17.75 印张　328 千字
版　　次	2023 年 2 月第 1 版　2023 年 2 月第 1 次印刷
定　　价	88.00 元

序　言

当前，我国应用型人才数量缺口较大，并且存在综合能力和职业素养不高、结构不尽合理的问题。全国职业院校和应用型大学急需加大产教融合力度，将人才培养和企业需求紧密结合，以市场导向为核心深化教育教学改革，服务于社会经济的发展需求。基于以上因素，必须建立良好的组织和管理机制，帮助各院校和企业跳出自身的藩篱，从优化人才培养结构入手，将目标定位于学术型人才培养之外，着力培养多样化的应用型人才，把办学思路转到服务地方经济社会发展、产教融合校企合作、培养应用型技术型人才上，引导全国院校主动对接经济社会发展和区域产业布局，灵活规划、调整专业结构，打造一批地方（行业）急需、优势突出、特色鲜明的应用型专业。

党的二十大提出："着力造就拔尖创新人才，聚天下英才而用之"。而通过深化产教融合、校企合作来提升人才培养与社会需求的契合度是应用型本科院校、高职高专院校及中职院校等（下称各级院校）进行内涵建设的必由之路。为深入贯彻党的二十大精神，推动《国务院办公厅关于深化产教融合的若干意见》（国办发〔2017〕95号）、《职业学校校企合作促进办法》（教职成〔2018〕1号）等文件精神的落地，"中国通信工业协会教育分会"筹备组经过多方调研，结合当前社会经济发展需求，围绕应用型人才培养领域与各级院校联合筹建了"中国通信工业协会教育分会"。

《中国通信工业协会教育分会2022年会议论文集》是2022年中国通信工业协会教育分会面向各高校和企事业单位开展的"全国计算机类优秀论文评选活动"的成果汇编。本论文集收录了获奖论文，并且推荐至万方数据库进行检索，为各位作者搭建了一个成果推广和展示的平台。此次论文集的出版是中国通信工业协会教育分会进行成果总结和展示的第一步，后期本团队将继续探索校企协同发展和共同提升机制、建立应用型人才培养体系、丰富和完善培养手段、深入研究应用型人才教学模式等，共同打造我国应用型人才教育新篇章。

感谢参与此次活动的每一位师生、专家和企业人士，感谢参与编辑工作的人员。论文集中的不妥之处请各位批评指正，来信邮箱：msc@cciaedu.org.cn。

中国通信工业协会教育分会

2022年9月29日

目　录

高职院校学生成绩考核体制改革初探——从澳大利亚以能力为本位的考核机制引发的尝试

武春岭[❶]

（重庆电子科技职业学院，重庆　401147）

摘要： 高等职业教育要求培养出具有岗位技能并胜任行业需求的一线技术工人。传统的考试方式一般只能对固有知识进行考查，很难对技术能力层面进行鉴定评价，为了有效提高教学技能效果，培养出能满足要求的高职人才，本文结合澳大利亚的职教考核思想提出了过程考核制度和方法。

关键词： 传统考核制度；成绩评价；以学生为中心；能力标准；过程考核制度

中图分类号： G710；G712　**文献标识码：** A

经过几年的发展，我国高等职业教育招生人数已从 1998 年的 117 万增加到 2003 年的 480 万，基本上占了高等学校学生总数的一半左右。高等职业教育是我国高等教育的重要组成部分，更是职业教育的主导力量，是实现科教兴国和人才战略的基础保障。而且随着我国世界制造业基地的逐步形成，高职教育会显得更加突出和重要。

高职教育主要是培养面向生产和社会实践的一线实用型人才，也就是以市场为龙头，以就业为导向的高等职业技术教育。这与传统的专科、本科的培养目标截然不同。然而，由于传统高等院校办学理念根深蒂固，目前高职教育创新不够，这势必影响实用型技术工人培养的质量，也不利于我国高等职业教育的健康、稳定、快速发展。如何办好高职教育是一个大命题，需要长期探索研究。通过对澳大利亚“以学生为中心，以能力为本位”的高等职业教育的了解和学习，笔者认识到我国高职教育中对学生成绩的考核制度还存在不少弊端，有必要进行改革创新。

---

❶ 作者简介：武春岭，男，出生于 1975 年 2 月，河南西平人，重庆电子科技职业学院信息安全教研室主任，重庆大学软件工程硕士研究生，主要研究方向：信息安全、数据库应用开发、高职教育。

一、传统考核制度的缺点

中小学教育的主体是基础知识的继承和积累，不涉及行业技能培养，传统考核制度对该阶段学生成绩评定及升学选拔起到了积极的作用，具有公平和可操作性强的特点。高职教育主要是面向市场、面向岗位，以就业为导向的技能培养教育，它有“弱基础，强技能”的特点，而“技能”很难用传统考试“一卷定成绩”的方式来评定。

另外，由于近年的高校扩招力度过大，高职教育生源普遍不好，学生不仅基础知识差，而且自我控制约束能力和自主学习能力都比较弱，再加上高等教育的“开放性”(相对中学的“封闭式”教学)，很多时间是由学生自己支配的，由于他们的“自律性”不强，部分学生平时不认真学习专业知识，沉迷于网络游戏、网络聊天或谈恋爱，临到期末考试的时候才“临时抱佛脚”，进行突击复习，这样虽然有时能通过考试，但毕竟对所学的知识技能掌握不够，不能应付实际的工作和“教考分离”的过硬考试。面对如此惨不忍睹的考试结果，许多教师会迫于学校对自己的考核(有许多学校将学生的课程成绩纳入教师的评优考核)，在给学生复习时违心地漏题给学生，这样平时不认真的学生只要临考时重视老师的指点往往也能考出好成绩。这将严重挫伤平时认真学习学生的积极性。这样的考试不仅无公平性可言，而且会严重影响优良学风的形成，长此下去势必妨碍高职院校对一线技术工人的培养。

二、澳大利亚职业教育学生成绩评价思想

澳大利亚职业教育特色鲜明，有许多独到的、先进的职业教学模式和教育理念，在世界职业教育界有一定的影响。目前，“中澳职教项目”在重庆推行了近两年，已经取得可喜的成绩，在包括重庆电子科技职业学院、重庆师范大学等六所项目试点学校都取得了较好的效果，使职教观念发生了重大变化。澳大利亚的职业教育特色主要体现在专业的设置、教学计划的制订、内容与方法的选择、教学过程的实施、结果的评价等方面，体现出以学生为中心和能力本位、企业本位、市场本位的教学指导思想。

由于职业教育是面向市场和企业的，而市场和企业用人是依据其岗位能力是否具备来选择的，因此岗位能力（相当于专业技能）的培养相当重要，澳大利亚的考核（成绩评价）主要是针对能力的考核。

（一）以学生为中心、以能力为本位的职教思想

澳大利亚职业教育是一种能力本位教育，特别注重以学生为中心的教育思想。当然以学生为中心仍然是以能力本位为基础的，也就是说，一切教学活动都是为了让学生达到能力培养标准而进行的，这就突出了以学生为中心的思想，而不是传统的以教师为中心（教[illegible]决定该讲什么、怎么讲，忽视学生的感受）的培养模式。这种教育根据各方面的需要制定职业能力标准体系，按照该体系设置职教课程进行教学，并对教学结果（实际能力）进行鉴定（考核或考试），最后根据鉴定结果授予不同等级的职业资格证书。澳大利亚有一套完善的职业教育和培训体系（Vocational Education and Training，VET），它是由政府和行业共同参与组建的。国家能力标准开发的政策和细则由国家培训总局制定，能力标准体系则由企业、员工、政府机构和代表共同组成的委员会制定。培训课程委员会依据培训认可的国家准则进行能力本位的课程开发，实行模块化课程结构。国家认证体系和培训包是职业学校办学必须遵循的教育法规，学校的教学工作就是围绕着这些能力标准和要求开展的。

（二）以能力标准为参照的鉴定考核制度

能力标准是对学生进行质量评价的尺度。以能力为基础的评价主要采用标准参照性考试，而不是靠学完某课程后以一张传统的试卷来评价。评价的原则强调职业能力标准是测评所有学生学习最终成绩水平的基准，因而对培训内容课程提出了最低的能力测试考核要求。实际上，鉴定考核的过程也就是收集“证据”的过程，也就是说，要看是否有证据表明该学生达到了能力标准。收集证据的方法就是鉴定考核的方法。收集证据的方法一般有工作场所观察（观察学习者在正常的工作环境下完成工作任务的情况）、模拟或角色扮演（评价学习者在模拟环境下的能力展示或在特定的场景下通过扮演角色来展示能力）、口头提问、书面提问、项目工作或委派任务（通过设计好的一系列可提供必要证据的任务由学习者来完成）、能力证明材料收集（比如已获得的该能力职业证书等）、技能展示（各种形式的能体现能力标准的实践展示）。实际的鉴定考核方法是从这几种证据收集方法中派生出来的。具体考核时会采用 12 种标准测试方法中的某几种组合或全部（很少全部应用）作为对课程的考核手段。这 12 种考核的方法是观测、口试、现场操作、第三者评价、证明书、面谈、自评、提交案例分析报告书、工件制作、书面答卷、录像、其他。考核结果要求符合有效性、权威性、充分性、一致性、领先性。这些方法的综合运用能有效地反映了学生的实际能力。

三、过程考核制度思想

澳大利亚的职业教育虽然先进，但是由于我们的国情及教育体制与其不同，因此不能照搬照抄，但是可以结合我国职业教[illegible]情况进行创造性地借鉴。根据澳大利亚以能力为标准的多元化职教考核鉴[illegible]制，针对我国高职学生的实际情况，笔者制定了一套过程考核制度。所谓过程考核制度，是指在整个教学的过程中，实时动态地运用以能力为标准的考核制度对学生的阶段性学习成果进行考核，期末对整个考核记录分项按一定的权重汇总求和，进行学习成果评价的一种考试考核方法。

这种考核制度由于具有实时性和动态性的特点，因此能时时促使学生严格遵守学习纪律、上课认真听讲、下课主动复习，踏踏实实地按要求完成实验或其他作业任务。如果学生不认真学习，老师每堂课动态的各种形式考核会使他（她）们“不战而败”，因为不再有决定他（她）们课程是否及格的一锤定音式的期末考试。学生们要想真正学点技术或拿到毕业证的话，必须端正态度好好学习。这种方式有效地弥补了传统考试制度带来的诸多缺陷，同时能有效地针对“以能力为本位”的原则进行深度技能和综合能力考核，对营造优良学风和造就合格的一线技术工人有积极深远的意义。

四、过程考核制度实践

过程考核制度曾在笔者讲授的几门计算机类专业课中试行，取得了较好的效果。为了让广大同仁更深刻地理解该考核思想，现将以 2004 年 2 月到 7 月讲授的“计算机软件基础”课程过程考核为实例进行分析。

（一）考核细则

根据本课程的特点及学习者的实际情况，本次制订了这样的考核方案。

纪律及学习态度（20 分）——上课提问及实验效果（40 分）——综合考试（开卷）（40 分）

纪律及学习态度是学生学好课程的基本保证，如果不占一定分值的话，势必会淡漠学生的学习积极性，部分学生会因为一次次不在意的迟到或旷课而拉下技能学习成绩，以致最后无从收拾，导致自暴自弃，最终造成教和学的失败。在纪律及学习态度的考核上，按考核方案表（见表 1）实施违纪扣分，实施扣分时允许超越20分的范围（20分被扣完后，若仍有违纪行为，可继续按规定扣分），若学生在该项考核上没有被扣分，则最后纪律及学习态度成绩为20分。

表1 纪律及学习态度考核方案表

出勤情况考核	上课状态考核	备注
迟到一次扣0.5分	睡觉一次扣1分	实际操作中，该项成绩可为负分
旷课一节扣1分	看杂书一次扣0.5分	
早退一次扣0.5分	讲一些与学习无关的话一次扣0.5分	
请假两次扣0.5分	上机时打游戏扣1分	

上课提问及实验是考核的主体，应该占大部分百分比，本次由于有“综合考试”辅助，仅占40%，其实可占60%或80%。“上课提问”并非只能口头回答的模式，可以是多种形式。例如，老师布置问题，然后抽学生来解决，学生可以讲解自己的解决方案，也可用计算机程序设计语言编程实现，还可用教具来现场模拟演示等。总之，在“上课提问及实验效果”这项考核中，可全方位运用澳大利亚以能力为标准的考核方法，充分利用各种资源、多种方法对学生的技能进行科学评价，尤其是实验效果的技能展示是考核的重点。

上课提问及实验考核方案

- 考核情况以A、B、C、D、E、〇记载
- A、B、C、D、E、〇分别对应权重为10分、8分、6分、4分、2分、0分。
- 评分办法：随堂考核成绩=(按权重求和÷总共考核次数)×4。
- 公式说明：由于每次考核的总分为10分，故平均每次考核成绩×4的满分效果应为40分。

此外，可根据情况确定是否在期末进行综合测试，若进行综合知识及技能测试，分值项不宜超过40%。考试内容一般要具有创新性，至少是综合知识和技能的全面体现，它可以是综合知识和技能的“开放型试卷”（以主观题为主，考试时可参考相关资料），也可以是项目设计书、案例分析报告或项目开发等。由于我院所开设的“计算机软件基础”课程是以程序设计为核心的，因此，为了更深刻地了解学生的程序设计技术能力，特设置了“综合考试”考核项目。

（二）考核效果

此次“计算机软件基础”课程共2个班72人参加考核，90分以上的9人，80分至90分的26人，60分至79分的30人，不及格的7人。在考核的过程中，

课堂提问每人 14 次，试验考核每人 17 次，基本上客观准确地评价了学生的学习效果和技术能力，整个过程基本做到了公平、公正、公开、一致和有效，学生心服口服地接受该门课的考核结果。与没有实行该考核制度以前相比效果明显，以前这两个班学生迟到旷课现象严重，各科成绩在全校是最差的，考试往往大部分不及格。现在不仅学习风气明显好转，而且学习效果突出，计算机应用技能大大提高。运用过程考核制度鉴定出的部分学生成绩展示见表 2。

表 2　运用过程考核制度鉴定出的部分学生成绩展示

学　　号	19	20	21	22	23	24	25	26	27
姓　　名	田涛	王鹏	鲜健	周密	韩雨	雷晓	邓开天	杨利	邓玺
随堂考核	31	40	40	36	13	21	32	39	34
纪律成绩	10	19	20	14	0	-11	19	16	19
综合考试	34.8	26.8	31.6	32.4	29.6	28.8	27.2	27.2	17.6
总评成绩	75.8	85.8	91.6	82.4	42.6	38.8	78.2	82.2	70.6

说明：随堂考核即为上课提问及实验效果考核，纪律成绩即为纪律及学习态度考核成绩。

五、结论

过程考核制度笔者已经应用了三个学期，而且在同事间进行了推广，都取得了较好的教学效果。它有效地避免了许多传统考试考核制度的不足，为实效教学提供了条件。尤其对高职教育来说，能起到全方位塑造学生的目的，更能有效地针对学生的技术能力进行考核，值得在高职院校中借鉴推广。当然，目前该考核制度仍不完善，尚存在不少问题，例如课堂考核时不容易界定 A、B、C、D、E、〇的标准等，请广大同仁继续探讨。但是不管怎么确定考核方案和细则，只要对学生一视同仁、统一标准、坚持大样本考核，就是比较成功的考核。同时，整个考核内容应向澳大利亚的以能力为标准的考核体系靠拢。

此外，想要运用过程考核方案对学生学习效果进行成功的考核，必须注意以下几个问题：

（1）考核前应事先制定课程能力标准、考核方案和评分细则。

（2）教师备课时，应充分准备考核学生的有关内容、方法和人员名单。

（3）做好各项考核记录。

（4）要坚持随堂多元考核。

（5）考核时要尽力做到公平、公正、公开、一致和有效。

此外，过程考核制度虽然能有效地提高教学效果、促进学生技能提高，但是对于实施考核的任课教师带来不少的额外工作量，而且这些工作量往往是奉献的。因此在鼓励教学创新的同时，也应考虑分配制度的创新，只有这样才能使教育创新有强劲的后劲。

参考文献

[1] 黄日强，邓志军．澳大利亚职业教育的教学工作[EB/OL]．http://www.pep.com.cn/200310/ca327944.htm．

计算机类专业校内生产性实训基地建设与管理模式研究

武春岭，鲁先志，路亚
（重庆电子工程职业学院，重庆　401331）

摘要：本文分析了计算机类专业校内生产性实训基地建设的主要问题，提出了“政行企校，四方联动”打造资源整合平台的思路，并以此为基础提出了“政行互动，校企互融”共建共管计算机类专业校内生产性实训基地的模式，解决了计算机类专业校内生产性实训基地生产性体现不足和生产性不持久的问题，为计算机类生产性实训基地建设提供了参考模式。

关键词：生产性实训基地；校企联盟；资源共享；校企双赢

1　引言

当前，高职院校不断深化人才培养模式改革，更加注重打造学生实践动手能力，尤其是通过生产性实训、顶岗实习等实践环节加速学生转变为现代职业人，实现高等职业教育教学目标。生产性实训基地是实现这一转变的物质基础[1]，也是与顶岗实习相衔接的重要环节。高职院校生产性实训基地的建设与发展既是人才培养模式改革的需要，也是人才培养模式实施的重要组成部分。

然而高职院校生产性实训基地建设并不容易，建成后让其发挥“生产性”就更不容易。一般职业院校生产性实训基地建设基本上是由学校主导，企业很少参与，这样容易缺乏有效市场运作和技术更新，没有实质意义，不利于高技能人才培养。

2　计算机类专业校内生产性实训基地建设面临的主要问题

2.1　校内生产性实训基地建设企业参与少，难以满足生产性实训要求

计算机类信息产业以提供信息技术服务为主，与制造业等劳动密集型产业需

要有规模宏大的生产基地作支撑截然不同，计算机类专业对口企业规模普遍不大，企业办公或生产经营场地一般处于城市繁华地段，对于以学校为基地从事生产需求极小。因此，高职院校要把计算机信息类专业对口的企业生产性工作场所放在学校，满足学校生产性实训需要，则难以实现。

此外，很多高职院校计算机类专业校企合作不够深入，合作资源极其有限，缺少企业资源整合机制，因此，学校建设计算机类专业生产性实训基地一般缺少企业参与，完全由学校独立设计完成；建成后，往往失去生产性，只是现实工作的模拟，失去了生产性实训基地的本真作用。

2.2 校内生产性实训基地管理缺乏市场活力，难以再现真实性生产过程

校内生产性实训基地建设虽然是以培养学生为主线，但实训基地如果要长期有效地运行，则需要大量的资金、人力等相关运营成本，如果只是靠学校单方面管理和维护，缺乏市场运营机制，那么久而久之生产性将丧失，生产性基地将沦落为一般实训基地，因此需要有企业适度参与的市场化行为来保证实训基地的正常运作和长远发展。

3 校内生产性实训基地建设思路

3.1 “政行企校，四方联动”打造资源整合平台

由于从事计算机信息产业的企业规模普遍不大、数量众多，且分布较散，要整合企业资源并不容易，为了与企业深度合作，寻求生产性实训基地建设合作意向，并得到企业支持，必须在政府主导下建立校企合作平台。

重庆电子工程职业学院成立专门的校企合作部门，推动校企合作的发展。以本校计算机信息类专业中实力突出的专业为龙头，主动向行业产业主管政府机构请求协助，并在政府主管部门的支持和主导下成立专业校企联盟[2]协会组织，由政府行业主管领导担任联盟重要职务，以校企联盟为平台，汇聚本地区知名企业和高职院校，以共享资源为宗旨，把信息产业企业资源以会员的形式整合于校企联盟组织旗下，建立政府主导、行业指导、企业参与、学校主体的“政行企校，四方联动”[3]平台，完善沟通机制，调动行业、企业及社会力量参与实习实训基地建设和管理的积极性。“校企联盟”资源整合平台组织结构图如图 1 所示。

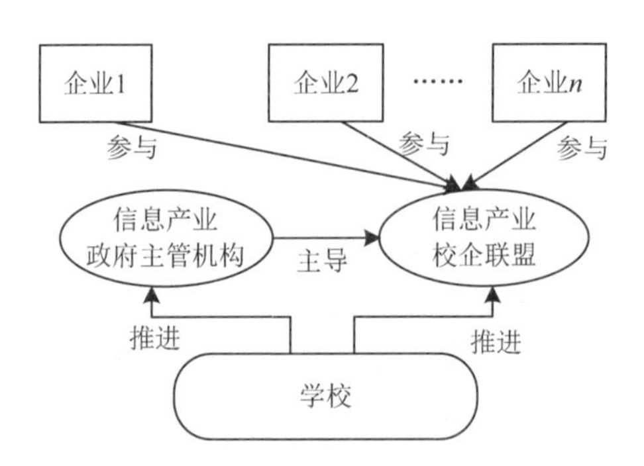

图 1 “校企联盟”资源整合平台组织结构图

3.2 “学校主导、企业参与”校企共建校内生产性实训基地

生产性实训基地在建设之初就应吸引技术实力雄厚、行业经验丰富的企业参与进来共同建设，这样不仅有利于挖掘出好的生产性项目作为实训基地主体，也有利于今后的生产性运营。要实现这个目标，必须依靠“政行企校，四方联动”机制，依托校企联盟资源整合平台实现。校企共建校内生产性实训基地流程如图 2 所示。

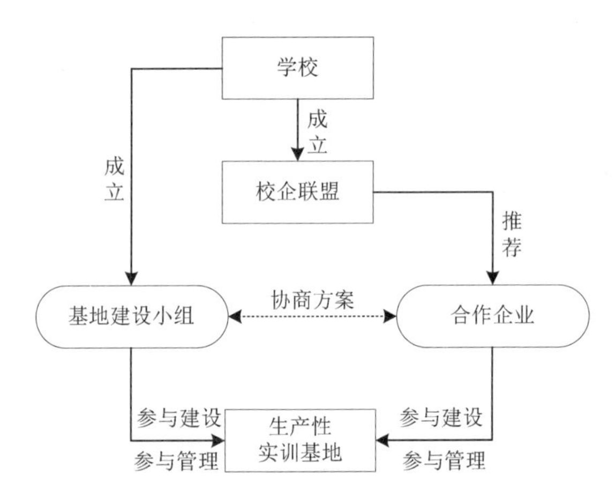

图 2 校企共建校内生产性实训基地流程

学校生产性实训基地建设小组通过“校企联盟”向合作企业提出初步建设意向，合作企业根据企业项目经验对建设草案提出修改意见并设计初步的建设方案；建设小组根据实训需求对初步建设方案进行修正，并同企业共同研究确定正式建设方案；双方根据建设方案确定相关权利和义务，签订建设协议；企业开始实施项目建设，学校履行监督职能，对项目实施过程进行监管，实现共同参与。

重庆电子工程职业学院通过与企业深度合作建成了数据恢复生产性实训基地和信息安全技术工程中心两个校内生产性实训基地。几年的实践应用表明，校企共建的合作模式解决了实训基地脱离生产实际与市场脱节的弊端，能够充分满足计算机信息相关专业学生生产性实训的要求。

4 校内生产性实训基地管理创新

4.1 实现生产性实训基地“校企共管”的思路

“校企共管”校内生产性实训基地的根本基础是，企业把校内实训基地当成自己企业的一部分，通过管理运营可以获取可观的利润；而学校得到的是真正的生产过程和实训基地持续不断运营所需的成本投入。有了真正的生产过程，学校就可以利用校内生产性实训基地满足学生生产性实践的要求。

要实现校企双赢，实训基地必须在满足教学活动之余交由合作企业开展业务活动，使企业获得额外收益，实现“基地”造血功能，提高企业参与积极性。同时，学校也可以把实训项目设计和实训实施外包给企业，企业将现代企业的文化理念和先进管理理念融入到实训基地的日常管理中，学生不仅得到技能训练，职业素养也得到提升，实现专业教学要求与企业岗位技能要求对接的目标。

此外，学校和企业还共同承担社会服务的功能，实训基地面向政府、企业、中职或高职院校开展信息化技术培训。总之，学校提供场地、设备和人力资源，企业提供管理制度、文化理念、技术经验和实训指导，通过管理生产性实训基地这个平台实现“资源共享、校企双赢”。

4.2 “校企共管”生产性实训基地的措施

学校根据实训基地管理需求，通过“校企联盟”平台召集合作对象，遴选优秀企业共同管理实训基地，双方签订合作管理协议，以服务外包方式将部分或全部实训管理工作交由企业完成；企业根据职业需求提供备选实训项目，学校根据企业建议并结合人才培养计划最终确定实训项目；企业提出工作任务，学校结合教学计划设计学习情景，企业资深的技术人员协助教师完成实训；企业在实训基地管理的过程中实施企业化规范管理和企业文化氛围熏陶，以学校、企业“双主体”[4]的方式开展日常管理和人才培养。

5 结论

校内生产性实训基地建设必须走校企合作、工学结合之路，计算机信息类专业校内生产性实训基地建设与管理更要有深入的校企合作机制作支撑，通过加强与政府、行业和企业的联系得到当地政府相关产业主管机构的支持，创建“校企联盟”合作发展平台，把计算机信息类产业公司资源集成到以学校为主体的“校企联盟”旗下，利用“校企联盟”寻求合作企业和项目。

在找到校企“共建共管”合作企业的基础上，以服务外包的形式，通过利益驱动机制牵引，建立生产性实训基地人、财、物的市场化运行与管理机制，以基地养基地，实现生产性实训基地的良性可持续发展，为计算机信息类专业人才培养服务。

参考文献

[1] 陈玉华．在校企合作中建设生产性校内实训基地[J]．中国高等教育，2008（10）．

[2] 席磊，王永芬，杨宝进，等．基于校企联盟平台的工学结合实习基地建设与管理模式创新[J]．职业教育研究，2012（12）．

[3] 王向岭．政校行企四方联动模式下校企合作长效机制的模型构建与战略思考[J]．南方职业教育学刊，2012（4）．

[4] 胡应占．高职院校校企双主体工学交替人才培养的实践与研究[J]．教育教学论坛，2012（36）．

职业教育产教融合质量提升与评价标准研究

李贺华，武春岭，叶坤[1]
（重庆电子工程职业学院 信息安全技术研究所，重庆　401331）

基金项目：本文系2021年度重庆市教育综合改革研究课题“职业教育产教融合质量提升与评价标准研究”、重庆市教育科学“十三五”规划课题“双高计划背景下高职课程优化与资源建设协同创新研究与实践”（编号：2020-GX-374）的阶段性研究成果。

摘要：结合《国家产教融合建设试点实施方案》和2022年实施的《中华人民共和国职业教育法》，分析总结了职业教育产教融合推进过程中普遍存在的问题，提出了一种依托产业学院生成的产教融合质量评价指标体系，给出了职业教育产教融合质量提升的一些对策，可以为职业教育产教融合的更有效开展提供理论上的参考。

关键词：职业教育；产教融合；质量提升；评价标准；产业学院

中图分类号：G719.21　　**文献标志码：**A

产教融合从宏观上看是产业与教育两个系统融合而形成的一个有机整体，从微观上看是学校的教学与企业的生产相融合，双方主体互利共赢，甚至多赢。校企合作、工学结合、产教融合是在不同时代背景下产生的表述“产”与“教”关系的称谓，产教融合不是对前者的代替，而是继承它们的同时又融入了新的发展内涵。

2019年9月，国家发改委、教育部等六部门联合印发《国家产教融合建设试点实施方案》，提出通过5年左右在全国试点布局建设50个左右产教融合型城市，建设培育1万家以上的产教融合型企业，形成一批区域特色鲜明的产教融合型行业，建立健全行业企业深度参与合作育人、协同创新的体制机制。

---

[1] 作者简介：李贺华（1976—），男，硕士，教授，研究方向为职业教育、网络安全；武春岭（1975—），男，教授，厦门大学博士在读，研究方向为职业教育、信息安全；叶坤（1993—），男，本科，助教，研究方向为职业教育。

2020 年 9 月，教育部等九部门联合印发《职业教育提质培优行动计划（2020—2023 年）》，明确要求：完善政府、行业企业、学校、社会等多方参与的质量监管评价机制。

可见，及时响应国家号召，结合所在区域实际情况，认真分析总结产教融合遇到的问题和难题，构建操作性强的产教融合质量评价标准体系，是提升当地产教融合质量必须解决的重要问题。

1 职业教育产教融合存在问题分析

产教融合是个多方投入的复杂场域，在国家宏观政策的推动下，政府机构、职业院校、行业企业等纷纷加入，如火如荼。作为职业院校人才培养和经济转型升级的重要抓手，产教融合促进了职业教育办学路径的转变，同时也暴露出许多问题。

1.1 政府支持力度不够

国家作为产教融合宏观政策的供给者，主要为产教融合提供政策引导、宏观调控，用于调动各方参与积极性。但到现在为止，只是“积极支持”“积极倡导”，并没有公布正式的法律条文，在贯彻实施方面严重缺乏基本遵循，导致产教融合相关文件精神大多只得到了表面响应。

各级地方政府积极响应国家号召，但由于区域发展不均衡、自身行政监管资源有限、财政经费不够，以及法律层面等诸多原因，多数难以出台具体可操作的产教融合配套政策，没有去统筹、协调具体的校企合作；行业、企业、学校未能建立真正有效的沟通、运行机制；能有效缓解政府行政监管资源不足的第三方评价监督体系还没有建立[1]。

1.2 企业参与动力不足

产教融合离不开大量企业的参与，大部分企业可能规模不大，竞争能力不强，成立发展的时间不长，企业本身面临生存压力。当前，制度性交易成本高、校企双主体机制缺失、政府组合式激励政策不够等多方面的原因导致企业参与产教融合在短时间内投入多、收获少。

作为营利性组织，实现自身经济利润最大化，保障日常经营管理活动的正常展开，是很多校企合作企业追求的目标，产教融合只是其获取自身需要的技术、人力等资源的手段[2]。因此，对于学生的企业实习与实践、老师的顶岗锻炼等安排并不会综合考虑，只是完成任务，主动承担社会责任的意识缺失、参与动力不强。

1.3 学校缺乏长效机制

在当前我国的职业教育考核评价体系下，产教融合多数是由学校主动发起，去行业、企业寻求合作，以满足教育监管部门对教学质量评价的若干指标。长期以来，校企合作的股权关系难以突破、双主体机制不能建立、即时有效的信息沟通平台缺乏，使得各主体之间的联系非常脆弱，学校也难以真正通过产教融合达成高素质技能型人才培养的目标。

产教融合工作极难开展，呈现“看天吃饭”的局面，大部分职业院校并没有强力的产教融合业务部门，仅是为了完成相应的指标和检查将产教融合的绝大部分工作停留在若干校企合作协议书的签订、职教集团年会的召开，以及人才培养方案的修订上，这些难以支撑职业院校形成长效机制来保障产教融合工作的有序开展。

1.4 质量评价标准不一

科学合理的产教融合评价标准，需要充分挖掘合作方面临的问题和需求，形成优势互补、合作共赢的切入点，作为产教融合场域建构和质量提升的逻辑起点。当前，无论从全国范围看，还是从局部区域看，都还没有形成有影响的、统一的产教融合第三方评价标准。

产教融合各方业务逻辑不同，导致利益诉求通常存在较大分歧，难以实现各方长期稳定的合作，加上质量评价标准缺乏权威性、惩罚性、普适性，导致“产”“教”两张皮。

1.5 法律体系不够健全

政府出台的现有法律、法规和产教融合倡议，不仅没有明确校企合作中有关利益主导者的权益，也没有完善对应的保证制度，导致校企合作、产教融合没有规范化的法律作为支撑，参与主体的正当权益和责任分工不对等、不明确[3]。

产教融合实施过程中，学生作为实习生或学徒，其法律身份往往比较复杂。按照现行《中华人民共和国劳动合同法》，招收不满十六周岁的未成年人作为员工是非法的，这样就导致学生无法享有正式员工该有的社会保障。不少企业以盈利为第一考量，把学生作为廉价劳动力，可能只是随机规划实习职位，职位和专业不能匹配，学生也无法提升技术实力。

2 职业教育产教融合质量评价指标

当前，职业院校开展产教融合通常要依托校企双方共同组建的产业学院。因此，产教融合质量评价指标体系可以围绕产业学院的组建、管理和取得成效等来设置和优化。

2.1 强调产教战略吻合度的指标

1. 产业学院发展定位设立要求

产业学院定位符合区域经济社会和产业发展方向，面向区域重点产业或战略新兴产业；建立产业链、创新链紧密对接的应用型学科专业体系；至少依托一个省部级以上高水平专业建设点；产业学院独立组建且正式运行的时间；累计培养学生的规模等。

2. 产学合作企业的资质与要求

合作企业为本领域龙头，能体现高新技术、高新产业，以及未来发展趋势；合作企业具有独立法人资格，是真实的具有产业积累的企业，经营状况健康稳定，无不良记录，在行业内有较好的影响力。

2.2 强调校企投入达成度的指标

1. 产业学院的管理架构

产业学院建立了产业学院理事会或董事会、专家指导委员会，行使重大事项决策权，能体现学校、政府、行业协会、企业等多方参与、协同治理；产业学院制定有较为完善的人事、财务、岗位设置、分类管理、考核评价等相关制度，形成了体制机制。

2. 校企双方的资源投入

学校为产业学院发展提供良好的办学条件，包括相对独立的教学场所、实验室、图书资料室等，有独立的开展产学研合作的实习实训基地；企业应将当下行业最新的企业项目案例、课程资源、生产设备、实验器材等软硬件资源投入到产业学院，并充分应用到教育和教学的过程中[4]。

校企之间有共同建设共同享用的校内、校外生产性实训基地，包括实验实训设备、实习实训资源、教学资源库等；为提高人才培养水平，校企之间分享体现各自最高水平的技术、专利和生产培训经验；企业工程师、高管等承担合作学校的教学和管理，学校的老师、管理人员等到企业兼职、顶岗实践、提升技能等[5]。

3. 产业学院的管理运营

产业学院成立有校企双方共同组成的日常管理、运营团队，合作企业专职管理人员占比不少于30%；建立有常态化的校企沟通平台和机制；校企之间有定期研讨制度，对双方的发展现状和发展规划有全面的沟通。

4. 产教融合的企业要求

合作企业具有独立法人资格，是真实的具有产业积累的企业；合作企业在专业领域有一定的领军性，能体现未来技术、产业的发展趋势；合作企业财务状况良好、稳定，无不良记录，在行业内有大的影响力。

2.3 强调产教过程融合度的指标

1. 人才培养要求

坚持立德树人根本任务，校企双方围绕产业人才需求，按照专业对应岗位（群）的知识能力素质要求共同制订专业建设方案，共同构建实践教学体系，课程体系中实践课程占50%以上。

校企联合制订的人才培养方案体现产教融合特色和应用型人才培养要求；将创新创业教育、劳动教育融入产业学院专业教学体系，实现创新创业、劳动教育目标在素质教育、专业课程、教学评价等方面的有效融合。

2. 教学资源建设

校企双方根据产业发展需求重构课程体系，开发新型课程，更新教学内容，共建教学资源库；依据专业职业能力标准，校企共同进行课程设计；教学内容突出职业能力培养并与职业资格证书对接。

校企双方配备专职研发团队，采用企业真实生产流程与案例开发课程教学资源和专业教材，并同时应用于学校教学和企业培训。

校企共建校内外实训基地，开发和利用虚拟仿真实训系统，提高实验实训资源的共享利用率；校企双方共同推进创新创业训练项目和学习实训内容的开发。

3. 教学方法创新

创新教学模式与方法，推进项目式、案例式教学和团队学习等；根据学生认知规律和接受特点推进课程学习与实习实训相融合；实施订单式培养；开展现代学徒制项目试点，企业按照岗位总量的一定比例设立学徒岗位。

4. 教师队伍建设

建立校企人力资源共建共享机制，支持学校教师和企业技术专家双向流动、两栖发展；支持企业技术和管理人才到高校任教；有计划地派遣专任教师到行业企业挂职工作和实践锻炼。

打造高素质“双师型”教师队伍，设有产业教授岗；合作企业拥有相关专业方向师资团队；企业师资数量应与学生培养规模匹配，生师比≤18:1。

2.4 强调产教成效显著度的指标

1. 产学合作专业建设

产业学院依托建设的专业点通过国家级、省部级或地市级专业认证；产业学院在人才培养模式创新、课程体系构建、教学方法与手段改革、国际合作办学等方面取得国家级、省部级或地市级标志性成果，所在专业获得市级或更高级别的荣誉称号。

参与产学合作的专业教师教学能力和科研水平明显提升，“双师”素质比例高；产生有国家级、省部级或地市级的专业带头人、教学名师等；获得过国家级、省部级或地市级的教学团队荣誉称号等。

2. 产学合作科技研发

共建服务地方特色产业的技术研发中心、联合实验室等，有效支撑应用型人才培养；联合开展产品研发、项目孵化、技术攻关、成果转化等工作，推进科技成果转化和产业化效果明显；为企业解决技术、管理难题，帮助企业提升经济效益显著[6]。

产业学院的资源在师资培养、技术研发、职业资格鉴定、社会培训等方面作用明显；产业学院培训人次、培训收入提升显著；横向项目、纵向项目到账经费有显著提升。

3. 产学合作，实践教学

校企双方共同打造“产、学、研、用”多位一体实习实训平台，获得国家级、省部级或地市级以上认定；建成国家级、省部级或地市级的创新创业实践教育中心、实训基地、工匠工坊、大师工作室等[7]。

2.5 强调产教社会认可度的指标

1. 人才培养质量

学生技能考核通过率或职业资格证书获取率，即双证率达到95%以上；毕业生平均一次就业率、专业对口率、起薪线均高于本地区同类专业平均值。

优秀毕业生成为行业领军人物、技术骨干和中层管理人员比例高；用人单位对毕业生的综合评价满意度达到90%以上；学生工作3～5年后职业成长性优于本地区同类毕业生。

2. 教育教学成果

有国家级、省部级或地市级教育教学改革成果；有国家级、省部级或地市级以上教改项目立项及成果，含省部级以上人才培养基地；有省部级以上精品在线课程和优秀教材等教学成果。

3. 创新创业成果

在校学生、毕业生创业比例高；获得授权的各类知识产权比例高、人数多；学生在各级各类专业技能大赛中取得良好成绩，获得过市级以上奖励。

3 职业教育产教融合质量提升路径

提升职业教育的产教融合质量，既要考虑纵向的层级衔接，也要考虑横向的协调合作，以及跨界资源的挖掘、配置和使用等[8]。本质上说，产教融合是一种旨在满足产业对人才的需求、人才能充分就业，并能持续得到提升的一种社会资源优化配置，涉及产业、人才、创新等多链条有机衔接，政、行、企、校等多主体协作，产、学、研、用等多过程融合。

3.1 健全政策法规制度体系

长期以来，学校承担着招生、教学和管理、就业等工作，是组织并实施教育的唯一主体。企业虽然在一定程度上有参与，但大多数处于从属地位，没有话语权。

政府应借鉴德国、日本等职教发达国家职教“双主体”的成功经验，完善配套制度，落实金融、财政、土地等支持，推动“命运共同体机制”落地，提升企业参与的主动性。

3.2 完善产教融合激励机制

对企业来说，产教融合的短期效益并不明显，政府要建立成本与价格补偿机制，对参与企业进行税收减免、项目扶持等，加大对企业的固定设备升级换代补偿力度，出台保障措施并确保落到实处。

对深度参与产教融合、校企合作，在提升技术技能人才培养质量、促进就业中发挥重要主体作用的企业，按照规定给予奖励；对符合条件认定为产教融合型企业的，按照规定给予金融、财政、土地等支持，落实教育费附加、地方教育附加减免及其他税费优惠[9]。

3.3 完善产教融合外部环境

文化氛围对人或事物具有潜移默化的作用，这种作用重在日积月累，最终量变到质变。因此，构建产教融合办学文化氛围、对校企合作和产教融合积极宣传对推进产教融合人才培养具有正向作用。应当积极开展职业教育公益宣传，弘扬技术技能人才成长成才典型事迹，营造人人努力成才、人人皆可成才、人人尽展其才的良好社会氛围。

国家要采取措施提高技术技能人才的社会地位和待遇，弘扬劳动光荣、技能宝贵、创造伟大的时代风尚。各级人民政府应当创造公平就业环境。用人单位不得设置妨碍职业学校毕业生平等就业、公平竞争的报考、录用、聘用条件。

3.4 建立产教融合惩罚机制

对于在职业教育产教融合活动中违反《中华人民共和国教育法》《中华人民共和国劳动法》等有关规定的，应该有法必依、执法必严，及时查处。

政府部门应完善惩罚机制，对消极应付的参与行为处以罚金，提高“机会主义”成本；通过新闻媒体、政府/行业协会网站等对有关企业、职业院校进行通报批评，降低其社会声誉，情节严重的要追究法律责任。

3.5 健全协同监督治理体系

通过“管、办、评”分离的手段，确保产教融合过程中政府、学校、企业和行业协会等能保持既深度融合又相对独立的身份，客观地承担各自的基本职能，提升产教融合校企联盟的有效性。打造专业化、精准化的产教融合信息发布平台，使行业企业与职业院校互联互通，实现高效对接。

完善第三方参与机制，鼓励第三方参与产教融合监督。在政府监管模式基础上，通过购买服务的方式引入第三方评价，及时获取并实时披露第三方监督情况，弥补政府部门行政监管的不足。设立专门产教融合管理机构，统筹资源配置，总结经验教训，降低企业风险。

4 结束语

产教融合是一个非常复杂的领域，涉及国家、社会、个人多个层面，牵涉到政府、学校、企业、工人、教师、学生等不同主体，执行层面还会受到融入、协同、创新、规范、对接等众多动态因素的影响，决定了产教融合质量生成的复杂性、不可预期性，也造就了产教融合指标体系的多样性、局限性和不全面性。另外，由于笔者理论水平有限，所提对策也需要经过实践检验，针对性、全面性有待提升，希望能在今后得到进一步完善。

参考文献

[1] 王文．高职院校产教融合校企双主体合作机制研究[D]．扬州大学，2021．DOI:10.27441/d.cnki.gyzdu.2021.000987．

[2] 徐蓁．职业教育产教融合参与主体分析及质量提升对策研究[J]．现代商贸工业，2021，42（24）：133-134．DOI:10.19311/j.cnki.1672-3198.2021.24.062．

[3] 俞启定．深化职业教育产教融合校企合作若干问题的思考[J]．高等职业教育探索，2022，21（1）：1-7．

[4] 邓泽民，李欣．职业教育产业学院基本内涵及界定要求探究[J]．职教论坛，2021，37（4）：44-50．

[5] 吴新燕，席海涛，顾正刚．高职产业学院绩效考核体系的构建[J]．教育与职业，2020（3）：27-33．DOI:10.13615/j.cnki.1004-3985.2020.03.004．

[6] 刘薇，罗刚，乐鑫，等．应用型本科高校产业学院建设和运行模式探索[J]．产业与科技论坛，2021，20（15）：218-220．

[7] 许朝山．地方产业转型升级背景下高职院校专业设置及优化机制研究[D]．中国科学技术大学，2020．

[8] 周晶，王斯迪．职业教育产教融合效能评价：概念基础、价值遵循与指标选择[J]．现代教育管理，2021（10）：106-112．DOI:10.16697/j.1674-5485.2021.10.014．

[9] 第十三届全国人民代表大会常务委员会．中国人大网．中华人民共和国职业教育法[EB/OL]．http://www.npc.gov.cn/npc/c30834/202204/04266548708f44afb467500e809aa9cf.shtml, 2022-04-20/2022-05-01．

自适应分割的直方图均衡化处理图像增强算法

黄海松，唐茂俊，范青松，黄东，徐勇军，陈震宇，银庆宇
（贵州大学 贵州电网公司遵义供电局，重庆邮电大学通信与信息
工程学院，重庆市质量和标准化研究院）

摘要：针对焊缝图像存在噪声、低对比度、图像质量不佳等问题提出了一种改进的自适应分割的动态直方图均衡化算法。首先使用加权平均灰度变换方法和中值滤波方法对图形进行预处理，可以去除部分干扰信息，保留更有价值的图像信息；接着提出改进算法自适应分割的动态直方图均衡算法，该方法使用变换函数处理整个直方图，并将直方图拆分为多个子直方图，使得每个子直方图具有可控的灰度级动态范围，避免了图像的特征丢失。为了验证算法的有效性，引入图像评价指标对主流算法进行对比分析。实验结果表明：本文改进算法在三种评价指标上表现最优且效果图图像细节最丰富，处理后的图像没有失真，对比度得到提高。

关键词：图像增强；图像预处理；自适应分割；直方图均衡化

引言

图像是人们获取外部信息的重要途径。随着科技的发展，各种相机应运而生。相机的分辨率和曝光时间都得到了很大提高。然而，在不同的工作环境下，摄像机获取的图像总是存在各种问题，不能很好地满足人们的需求。因此，我们需要对获取的图像进行处理、分析和变换。一般来说，图像处理技术包括图像压缩[1]、图像增强[2]、图像重建[3]等。图像增强是图像处理技术中一个非常重要的应用。在增强计算机视觉[4]、模式识别和数字图像处理[5]的视觉感知方面发挥了重要作用，它可以提高图像的视觉效果，增强图像的对比度和亮度，突出图像中的一些信息，满足分析的需要[6]。

空域法和频域法是提高图像质量的两种常用方法。空域法主要是直接处理图像中某个点的像素值来达到效果；频域法主要是利用傅里叶变换将图像变换到频域，然后利用逆变换得到最终结果。通过对两种方法的对比分析可以发现，空域法简单有效，是一种常用的处理方法。直方图均衡是一种空间方法，它利用图像

直方图的不同对比度进行处理，增加图像的局部亮度，在增加局部对比度的同时不影响整个图像的对比度[7,8]。

由于在焊缝图像的采集传输处理过程中不可避免地会产生无法预测的噪声，主要原因包括空气中飘浮的粉尘、设备引起的噪声等，另外 CCD 相机的自身特性和工件厚度的差异也会影响图像的对比度和灰度，因此本文使用灰度变换技术来变化灰度值，利用图像滤波算法除去图像中的噪声，并使用自适应分割的动态直方图均衡化算法来提高图像的对比度。

一、灰度变换

彩色图像，指图像中的主要色彩值是三个颜色，即红、绿和蓝的混合颜色（RGB），RGB 值是在三维空间的 XYZ 坐标系中显示光度、色度和色调值的属性。彩色图像的质量取决于数字设备可以支持的位数表示的颜色，基本彩色图像用八位表示，高级彩色图像用十六位表示，真彩色图像用二十四位表示，深色图像用三十二位表示，位数决定了数字设备支持的各种颜色的最大数量，如果红、绿、蓝各占八位，则 RGB 组合占二十四位，支持 16777216 种不同颜色。灰度图像通常采用八位值表示，在灰度图像上各个像素的颜色值叫作灰度值，其取值范围为 0～255，黑色为 0，白色为 255。彩色图像到灰度图像的转换是将二十四位的 RGB 值转换为八位的灰度值，将三通道转为一通道。灰度图像的总数据量只有彩色图像的三分之一，减少数据量可以提高计算机处理图像的速度[9]。

图像经过灰度变换后，可以去除部分干扰信息，保留更有价值的图像信息。调整灰度值的一个原因是图像对比度太弱，通过对光源的调节能够提高局部对比度；另一个原因是图像的对比度或亮度值和以前的系统设置有所不同，需要再次调整。

灰度值变换可看作一种点处理，其变换表达式为：

$$g(x,y)=T[f(x,y)] \tag{1}$$

式中，$f(x,y)$ 为输入图像的灰度值，$g(x,y)$ 为经过转换后的灰度值，T 为在点 (x,y) 的一个邻域上定义的针对 f 的点运算算子，表示原始图像和输出图像之间的某种灰度级映射关系。

灰度线性变换最常用的方法有加权平均法和图像反转法等，其中根据指数的重要性，加权平均法可以在取平均值之前将三个分量相加。更准确的方法则是设定不同的权重值，使 RGB 分量按照不同的比率分配灰度值[10]。按式（2）对 RGB 三分量经过加权平均后可获得比较理想的灰度图像。

$$Gray(i,j)=0.30*R(i,j)+0.59*G(i,j)+0.11*B(i,j) \tag{2}$$

在本文中，RGB 权值分别取为 $\omega_R = 0.30$，$\omega_G = 0.59$，$\omega_B = 0.11$ 时图像灰度效果最好。

图像反转法是在灰度图像灰度级范围 $[0, L-1]$ 中进行变换的方法，其反转公式为：

$$s = L - 1 - r \tag{3}$$

式中，r 为输入图像的灰度级，s 为变换后的灰度级。

通过这种方法可以反转图像的低灰度级，会得到类似于照片底色的结果。这种类型的处理可用于增强图像暗色区域中的白色或灰色细节，暗色区域的尺寸很大时这种增强效果更好。

图 1 为原图与两种变换方式效果图，其中图（a）为 RGB 类型原图，橙色矩形框为烧穿缺陷，红色矩形框为弧坑缺陷；图（b）为加权平均法灰度变换图；图（c）为图像反转灰度变换图；图（d）为加权平均灰度直方图；图（e）为图像反转灰度直方图。从图（b）可以看出，变为灰度图像后保留了原图的细节与特征；从图（c）可以看出图像反转后亮度变暗了，但是特征相对明显了，烧穿缺陷部分为图中白点区域；从图（d）和图（e）两幅灰度直方图可以看出，经过图像反转后图像亮度较暗，两者对比度均较高。虽然图像反转相较加权法烧穿区域表现明显，但是将焊缝区域整体反转变为白色，细节区分不明显，所以两种方式中加权平均值法表现更好。

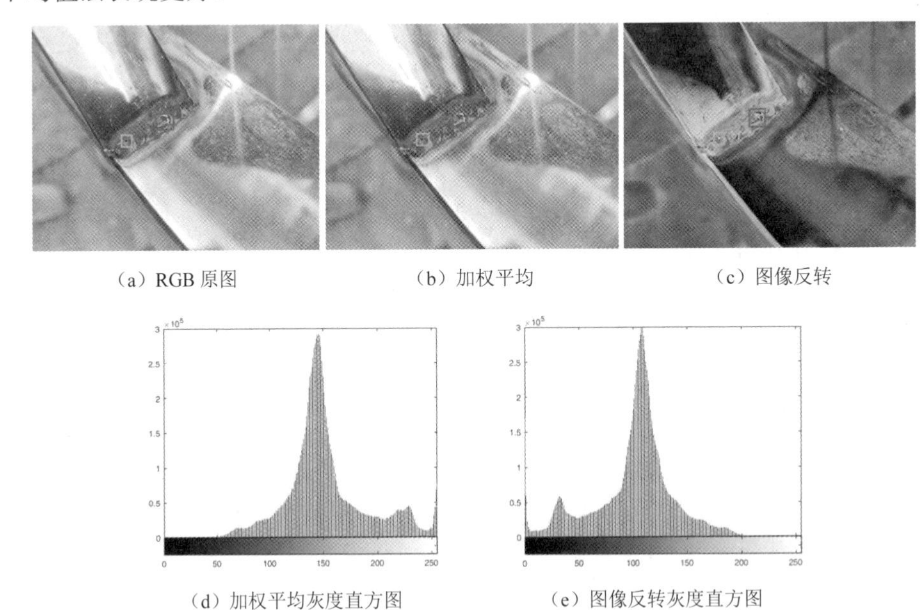

（a）RGB 原图　（b）加权平均　（c）图像反转

（d）加权平均灰度直方图　（e）图像反转灰度直方图

图 1　线性变化处理

二、图像去噪

去除图像噪声通常采用的方法为图像滤波法，该方法可以消除或者抑制图像中的噪声，从而实现图像增强。噪声主要分为高斯噪声、椒盐噪声、散斑噪声等。一个好的图像过滤算法可以保留图像的特征和细节，同时尽可能多地去除噪声。现在最常见的方法有均值滤波、高斯滤波、中值滤波等[10]。

（1）均值滤波。均值滤波是最简单的线性滤波类型。处理后的图像的像素值是根据正在处理的像素区域的像素值来确定的。也就是说，每个像素值都被替换为所有像素区域的灰度平均值[12]。均值滤波的操作可表示为：

$$b(x,y)=\frac{1}{mn}\sum_{(r,c)\in T_{xy}}a(r,c) \tag{4}$$

式中，$b(x,y)$ 为均值滤波后的图像像素灰度值，mn 为模板的大小，T_{xy} 为所使用的均值滤波模板，$a(r,c)$ 为输入图像的像素灰度值，(r,c) 为模板中的像素坐标。本文采用的均值滤波模板为：

$$K=\frac{1}{9}\times\begin{bmatrix}1 & 1 & 1\\ 1 & 1 & 1\\ 1 & 1 & 1\end{bmatrix} \tag{5}$$

均值滤波器本身也有其缺陷，即图像的细节不能得到适当的保护，细节在图像的去噪过程中易被破坏，导致图像模糊，噪声点不能很好地去除。

（2）高斯滤波。高斯滤波是一种线性平滑滤波，它根据高斯函数的形状选择权重。简单来说，高斯滤波是对像素值实现加权平均，每个像素的值都是通过自身和邻域内其他像素值的加权平均得到的[13]。其二位分布函数为：

$$G(x,y)=\frac{1}{2\pi\sigma^2}\mathrm{e}^{\frac{x^2+y^2}{-2\sigma^2}} \tag{6}$$

式中，σ 为标准差。

对于图像处理，通常使用二维的高斯函数。标准差越大，高斯滤波器频宽越宽，图像的平滑度越好。通过变化标准差可以更好地处理由于图像噪声导致的平滑不足。与平均滤波器相比，高斯滤波器在图像中的模糊较少，可以更好地保留图像的整体细节。

（3）中值滤波。中值滤波是非线性的图像处理方法，滤波结果不再按加权求和计算，而是将当前像素换为所有附近像素的中值。但也可以使用模板对图像上的模板进行平移，并将模板中的像素灰度值按照大小排序，然后选取中心值，将它赋值给图像的待处理像素。对于边界处理，既可以将原图的像素值直接复制到处理后的图像中的对应位置，也可以直接将周围图像边界的像素灰度值改为 0[14]。中值滤波可以表示为：

$$b(x,y)=median(a(r,c)),\ (r,c)\in T_{xy} \tag{7}$$

使用滤波算法对焊缝图像进行处理，得到的效果图如图 2 所示。

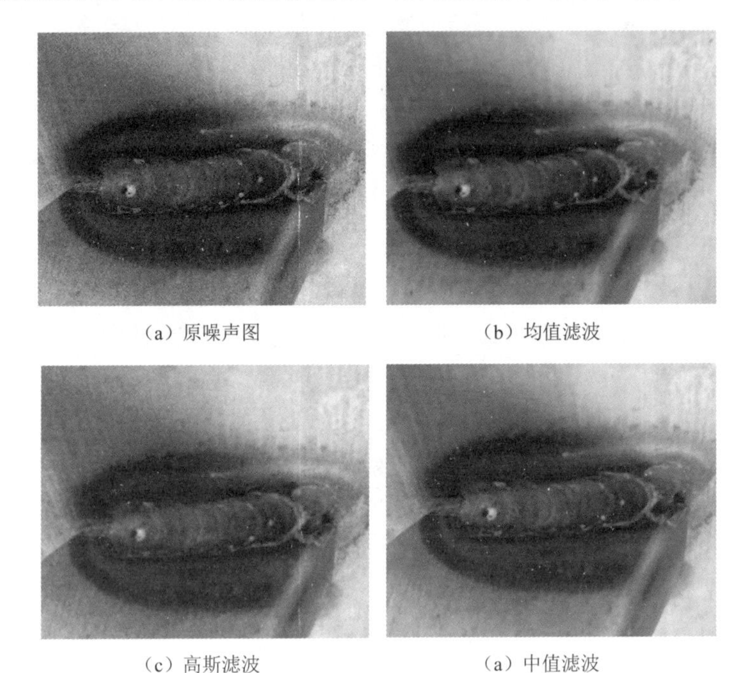

（a）原噪声图　（b）均值滤波

（c）高斯滤波　（a）中值滤波

图 2　图像去噪效果图

观察三种滤波算法对图像的去噪效果，可以看出均值滤波去噪效果较高斯滤波更明显，但也缺少了细节，而中值滤波比其他两种算法表现更优秀，能够消除噪声并且保留图像细节。为了比较三种算法在图像中的处理效果，在这里引入图像质量评价指标：均方根误差、峰值信噪比和平均结构相似度。其中，均方根误差（*MSE*）主要是评价已知图像和退化图像之间的偏差程度；峰值信噪比（*PSNR*）是一种图像客观评价指标，通常用来评价一幅图像压缩后和原图像相比质量的好坏[15]，公式为：

$$PSNR=10\cdot\log_{10}\left(\frac{MAX_I^2}{MSE}\right)=20\cdot\log_{10}\left(\frac{MAX_I}{\sqrt{MSE}}\right) \tag{8}$$

从公式可知，*MSE* 越小，则 *PSNR* 越大，压缩后失真越小，图像品质也越好。

平均结构相似度（*MSSIM*）也是从亮度、对比度和结构三个方面来衡量图像相似度的全参考评价指标。*MSSSIM* 值在[0,1]范围内，值越高图像失真越小。从图像处理效果和表 1 可知，由于中值滤波在 *PSNR* 和 *MSSIM* 中表现优异，能够保证图像细节，并且减少失真情况发生，所以在本文中选择中值滤波算法进行图像去噪处理。

表 1　图像评价指标对比

	MSE	*PSNR*	*MSSIM*
均值滤波	5.5253	30.1077	0.77
高斯滤波	5.5254	35.4077	0.80
中值滤波	4.8093	41.31	0.97

三、基于改进直方图均衡化的图像增强

1. 全局直方图均衡化

对比度增强是计算机视觉图像处理中的一个重要领域。它广泛用于医学图像处理，并作为语音识别、纹理合成和许多其他图像的预处理步骤。一种非常热门的图像对比度增强算法是全局直方图均衡化（GHE），也叫作灰度均衡化，是指利用多个灰色映射把输入图像转化为在各个灰色级上有着大致相同像素点的输入输出图像，即创建一幅在整个亮度范围内具有相同分布的亮度图像。在经过 GHE 处理后的图像中，像素将占有尽可能多的灰度级并且分布均匀，这样亮度能够更好地分布在直方图上[16]。GHE 在整个范围内均匀地分布输入直方图的强度级别，但是它也有不良影响，如过度增强、强度饱和效应等。无论图像内容如何，GHE 都会改变原始图像的平均亮度。

全局直方图均衡化的核心是利用图像的归一化直方图，设转换前图像的概率密度函数为 $p_r(r)$，转换函数为 $s = f(r)$，并且在灰度取值范围[0,1]内有累积分布函数（CDF），有：

$$s = f(r) = \int_0^r p_r(\mu)\mathrm{d}\mu \tag{9}$$

因此，累积分布函数是概率密度函数的积分。

全局直方图均衡化算法的步骤如下：

（1）通过输入的灰度图像判断图片的灰度级，同时确定图片是否必须进行灰度转换，然后计算其原始直方图。

（2）累加输入的原始直方图并计算其累积分布函数。

（3）根据累积分布函数的插值求得新的灰度值。

2. 局部直方图均衡化

虽然全局直方图均衡化考虑了全局信息，但是不能适应局部光照条件，局部直方图均衡化（LHE）执行块重叠直方图均衡，定义一个子块并检索其直方图信息，然后使用该子块的 CDF 对中心像素应用直方图均衡，接着将子块移动一个像素并重复进行子块直方图均衡，直到输入图像的末尾[17]。

尽管局部直方图均衡化不能很好地适应部分光信息，但它仍然根据其掩模尺寸过度增强了某些部分。实际上，使用完美的子块大小来增强图像的所有部分并不是一个容易的任务，而且 LHE 会耗费巨大的计算量，花费很大的计算成本，却得不到清晰的细节，因此本文不采用此方法。

3. 自适应分割的动态直方图均衡化

本文使用改进方法自适应分割的动态直方图均衡算法（ASDHE）来克服上述问题。自适应分割操作将输入的直方图拆分为若干个子直方图，这样就不存在高频率的灰度级来影响低频率的灰度级，然后每个子直方图可以通过直方图均衡化来占据输出图像中指定的灰度范围。因此，ASDHE 获得了更好的整体对比度增强，具有可控的灰度级动态范围，并消除了压缩低直方图分量的可能性。

该方法研究的关键是消除高直方图分量对图像直方图低直方图分量的影响，通过调整灰度拉伸范围来增强图像细节。使用变换函数处理整个直方图，并将直方图拆分为多个子直方图，直到在任何新的子直方图中都不存在高频分量后给每个子直方图分配一个动态灰度（GL）区域，直方图均衡化可以把该灰度级映射到该子直方图。这种对比度拉伸范围的分配避免了输入图像的小特征丢失，减少并实现了对整个图像各个部分的适度对比度增强。整个算法可以分为三个部分：自适应分割直方图、分配动态灰度级范围、子直方图均衡化。

（1）自适应分割直方图。使用 1×3 大小的平滑滤波器去除直方图中不关键的最小值，然后将两个局部最小值之间的直方图部分拆分为子直方图，这些直方图划分有助于防止直方图的某些部分被其他部分覆盖。接着计算出每个子直方图区域的 GL 频率的平均值 μ 和标准偏差 σ，如果在子直方图中存在这样一个子直方图，其连续灰度级的数量从 $\mu-\sigma$ 到 $\mu+\sigma$ 范围内的频率低于所有灰度级总频率的 68.3%，那么 ASDHE 将这个子直方图拆分为三个较小的子直方图，按灰度划分两分界线为 $\mu-\sigma$ 和 $\mu+\sigma$。

（2）分配动态灰度级范围。为子直方图分配动态灰度级范围，使其得到较好的增强[18]。这主要取决于输入图像直方图的子直方图中 GL 区域的比例，公式如下：

$$scope_i = n_i - n_{i-1} \tag{10}$$

$$extent_i = \frac{scope_i}{\sum scope_i} * (L-1) \tag{11}$$

式中，$scope_i$ 为子直方图 i 在输入图像中的动态 GL 区域，n_i 为子直方图 i 在输入图像中的第 i 个局部最小值，$extent_i$ 为子直方图 i 在输出图像中的动态灰度区域。

分配给子直方图的灰度级顺序在输出图像直方图中与输入图像的顺序相同。即如果为子直方图 i 分配了一个灰度级 $[i_{\text{start}}, i_{\text{end}}]$，则有：

$$\begin{cases} i_{\text{start}} = (i-1)_{\text{end}} + 1 \\ i_{\text{end}} = (i-1)_{\text{start}} + extent_i \end{cases} \tag{12}$$

对于第一个子直方图 j，$j_{\text{start}} = r_0$。

对比度增强的主要任务是将灰度值均匀分布在所有可用的灰度动态区域内，并使用线性累积直方图生成输出图像。但是，如果输入图像的直方图已经跨越了几乎整个灰度值谱，直方图均衡化就不会产生大的视觉差异。在这种情况下，如果不考虑子直方图步长以外的信息来映射它们之间的灰色区域，则输入图像直方图中的子直方图的步长与之前的相同映射到输出图像直方图的步长几乎相同。本文使用 CF 的缩小值在子直方图之间分配灰度区域，避免 CF 值很大而导致一些更高的子直方图在 HE 中影响其他子直方图。对每个子直方图的灰度范围分布使用以下公式：

$$condition_i = scope_i * (\log CF_i)^x \tag{13}$$

$$extent_i = \frac{condition_i}{\sum_{k+1}^{t} condition_i} * (L-1) \tag{14}$$

式中，CF_i 是第 i 个子直方图的每个直方图值的总和；x 是对频率的重视程度，这里 x 是唯一需要调整的参数，决定了 CF 值的大小，并确定了输出的每个子直方图的跨度，如果输入图像灰度级的动态范围很低，也就是大多数未增强的图像，则可单独使用 $scope_i$，即 $x=0$，在其他情况下 x 可取 0～5。

（3）子直方图均衡化。将子直方图执行块不重叠直方图均衡，使得它在输出图像直方图中的跨度可以控制在为之确定的空间分配 GL 范围之内。首先定义一个子块并检索其周围子块直方图信息，然后使用该子块周围四个子块的 CDF 进行双线性插值[19]得到最终该子块像素点的映射值，公式如下：

$$f(P)=\frac{(x_2-x)(y_2-y)}{(x_2-x_1)(y_2-y_1)}f(Q_{11})+\frac{(x-x_1)(y_2-y)}{(x_2-x_1)(y_2-y_1)}f(Q_{21})+\frac{(x_2-x)(y-y_1)}{(x_2-x_1)(y_2-y_1)}f(Q_{12})+\frac{(x-x_1)(y-y_1)}{(x_2-x_1)(y_2-y_1)}f(Q_{22}) \quad (15)$$

式中，Q_{12}、Q_{22}、Q_{11}、Q_{21}分别对应左上角、右上角、左下角、右下角四个子块，$f(Q_i)$对应子块的 CDF，x_i和y_i分别对应子块的横纵坐标。

四、实验验证

分别使用 GHE、LHE 与 ASDHE 对图像进行处理，得到的结果如图 3 和图 4 所示。对焊缝图像进行全局直方图均衡化处理，得到的效果图与直方图如图 3（b）所示，图像变换得到的效果并不好，整体偏暗，细节被覆盖了。由图像直方图可知，在全局直方图均衡化前，图像中的大部分灰度值都集中在中部靠右区域，进行全局直方图均衡之后，灰度值更加均匀，但是非焊缝区域的灰度值也被拉大了，主要区域与无关区域的灰度值差异减少了。由此可见，均衡化后图像中的灰度值被拉伸，区域之间的差异更加明显，但图像中心未焊接区域的细节也得到了强调。由于主要区域与无关区域的差异，尤其是焊缝区域的成像细节直接影响后续检测结果，因此图像无法通过全局直方图均衡化的方法进行增强。图 3（c）显示了将局部直方图均衡应用于图 3（a）的结果。在图 3（c）中，背景噪声根据子块大小而大大增强。

ASDHE 单独处理每个子直方图，防止图像过分灰度化或灰度不足。这给子直方图分配了一定的、持续的、非重叠灰度级区域，确保了不同子直方图中的两个灰度级不会映射到输出图像中的相同灰度级值，因此图像细节不会有明显损失。任何部分的顺序分配和没被覆盖的区域确保了图像直方图中相邻灰度级没有极大的差异。此外，使用不同的变换函数来均衡不同的子直方图，但 ASDHE 确保特定灰度级不会对输出直方图整体有多个映射。从图 3 四张直方图的对比可知，经过 ASDHE 变换后的直方图相比其他变换后直方图分布均匀，且图 3（d）中效果图不会有遮挡效果，也不存在 LHE 导致的过度增强，虽然图像直方图中没有存储任何空间信息，但 ASDHE 可以很好地增强图像。从图 4 三组图像上的表现可以看出，经过 ASDHE 变换后的几组图像相较 GHE 方法表现良好，图像没有失真，对比度得到提高，没有遮掩区域，细节更加丰富；相较原图像，边缘细节更加清晰，黑暗区域对比度明显提升。

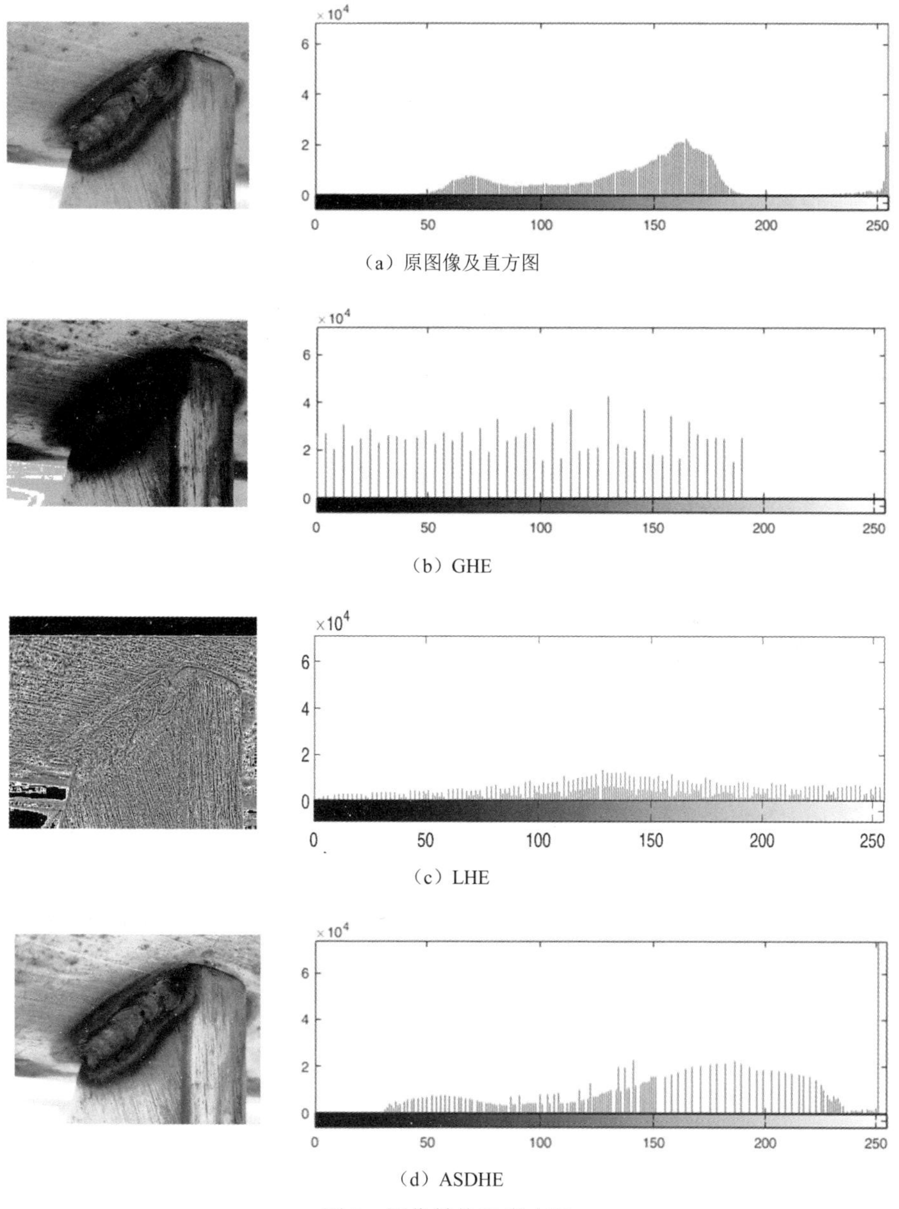

（a）原图像及直方图

（b）GHE

（c）LHE

（d）ASDHE

图 3　图像转换及直方图

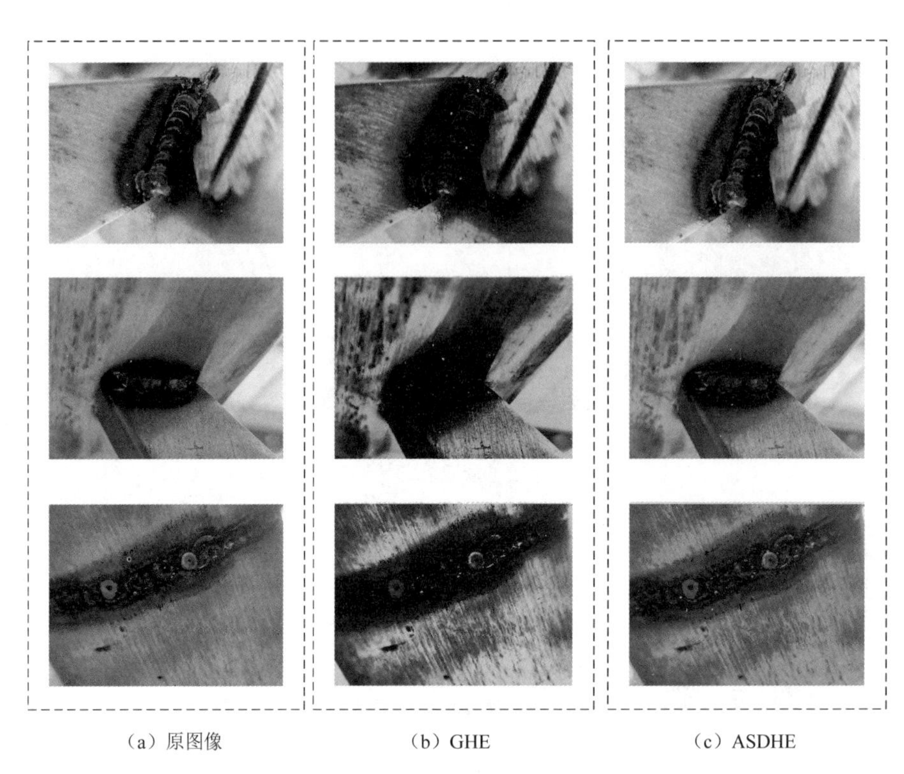

（a）原图像　　（b）GHE　　（c）ASDHE

图 4　图像对比图

引入图像质量评价指标：均方根误差、峰值信噪比和平均结构相似度。从表 2 可以得到：ASDHE 的 *MSE* 值最小，*PSNR* 值最大，*MSSIM* 值居于中位，说明此方法在变换后失真最小，图像的品质也最好；GHE 在三个评价指标上表现次之；LHE 在变换后图像质量最差。综上，ASDHE 表现良好，相对其他主流算法能够有效提升图像对比度，显示图像细节。

表 2　图像评价指标对比

	MSE	*PSNR*	*MSSIM*
GHE	4.8932	11.2349	0.79
LHE	6.1229	10.2612	0.62
ASDHE	3.0533	13.2831	0.95

五、结语

本文通过实验对比得到图像经过加权平均灰度变换后可以去除部分干扰信

息，从而保留更有价值的图像信息；针对图像噪声问题，对比三种图像平滑滤波算法去除图像噪声的效果，引入图像评价指标并与图像效果图综合得到中值滤波方法能够达到目的得到高品质图像；在图像增强方法上，由于传统直方图均衡方法对图像处理效果并不良好，提出改进算法自适应分割的动态直方图均衡算法，对各个子直方图进行局部直方图均衡化，避免了输入图像的小特征丢失，实验结果表明，经过此方法处理后图像对比度得到提高，没有遮掩区域，细节更加丰富。

参考文献

[1] 董丽丽，丁畅，许文海．基于直方图均衡化图像增强的两种改进方法[J]．电子学报，2018，46（10）：2367-2375．

[2] 王立国，赵亮，刘丹凤．SVM 在高光谱图像处理中的应用综述[J]．哈尔滨工程大学学报，2018，39（6）：973-983．

[3] 苏衡，周杰，张志浩．超分辨率图像重建方法综述[J]．自动化学报，2013，39(8)：1202-1213．

[4] 曹自强，赛斌，吕欣．行人跟踪算法及应用综述[J]．物理学报，2020，69（8）：41-58．

[5] 刘宇飞，樊健生，聂建国，等．结构表面裂缝数字图像法识别研究综述与前景展望[J]．土木工程学报，2021，54（6）：79-98．DOI:10.15951/j.tmgcxb.2021.06.008．

[6] Gilboa G, Sochen N, Zeevi Y Y. Image enhancement and denoising by complex diffusion processes[J]. IEEE transactions on pattern analysis and machine intelligence, 2004, 26(8): 1020-1036.

[7] Chiang J Y, Chen Y C. Underwater image enhancement by wavelength compensation and dehazing[J]. IEEE transactions on image processing, 2011, 21(4): 1756-1769.

[8] Kanmani M, Narsimhan V. An image contrast enhancement algorithm for grayscale images using particle swarm optimization[J]. Multimedia Tools and Applications, 2018, 77(18): 23371-23387.

[9] Prasad S, Kumar P, Sinha K P. Grayscale to color map transformation for efficient image analysis on low processing devices[M]//Advances in Intelligent Informatics. Springer, Cham, 2015: 9-18.

[10] 宋丽梅，朱新军．机器视觉与机器学习[M]．北京：机械工业出版社，2020．

[11] 李红，吴炜，杨晓敏，等．基于主特征提取的 Retinex 多谱段图像增强[J]．物理学报，2016，65（16）：61-76．

[12] 高健，茅时群，周宇玫，等．一种基于映射图像子块的图像缩小加权平均算法[J]．中国图像图形学报，2006（10）：1460-1463．

[13] 李志坚，杨风暴，高玉斌，等．基于多尺度高斯滤波和形态学变换的红外与其他类型图像融合方法（英文）[J]．红外与毫米波学报，2020，39（6）：810-817．

[14] 王昕，康哲铭，刘龙，等. 基于中值滤波和非均匀 B 样条的拉曼光谱基线校正算法[J]. 物理学报，2020，69（20）：201-208.

[15] 张世杰. 高铁基础设施视觉监测中的图像超分辨率重建关键技术研究[D]. 北京交通大学，2019.

[16] 金炎. 基于计算机视觉的车型识别研究[D]. 南京信息工程大学，2016.

[17] 周峥. 图像增强算法及应用研究[D]. 北京工业大学，2012.

[18] 江巨浪，张佑生，薛峰，等. 保持图像亮度的局部直方图均衡算法[J]. 电子学报，2006（5）：861-866.

[19] 孙章庆，孙建国，岳玉波，等. 基于快速推进迎风双线性插值法的三维地震波走时计算[J]. 地球物理学报，2015，58（6）：2011-2023.

基于教师分工协作的模块化多元混合式教学

刘加森
（黑龙江交通职业技术学院）

课题项目：黑龙江省教育科学规划2019年度重点课题《打造高职“金课”的教学机制探索与实践》（课题编号 GZB1319074）。

摘要：教学团队进行模块化分工，执行模块化课程任务教学，学生组成模块化学习小组，进行岗位式颗粒化学习；形成专业课程模块化、教学团队模块化和学习小组模块化的组织形式，结合教学团队职业和专业特点广泛应用线上线下、虚拟仿真、翻转课堂、情境再现、角色模拟等多元手段混合式教学。

关键词：教师分工协作；模块化；多元混合；岗位式

为了贯彻落实教育必须为社会主义现代化建设服务、为人民服务，必须与生产劳动和社会实践相结合，培养德智体美劳全面发展的社会主义建设者和接班人的党的教育方针，融入主流教育教学理念，以学生为中心，以结果为导向，创新多元混合教学模式，组建结构化“双师型”教学团队，构建学生岗位化学习小组，形成工学结合、产教融合的协同育人模式，为行业企业和经济社会培养符合职业标准、胜任职业岗位的高素质技术技能人才。

一、教师分工协作的模块化教学的内涵与意义

教师分工协作的模块化教学是指生产劳动与教学目标相结合，院校与行业企业或生产关系中的单元共同组建教学团队，将生产流程模块化，分工协同完成生产环节中的教育教学。教师分工协作是一种团队教学或协作教学的组织形式，与“一课多师”相似但又不同。虽然都是集体研究制订教学计划，但教师分工协作强调生产活动中模块化教学的专业性和经验性。

教师分工协作的模块化教学模式，有助于提高专业教学质量，促进职业教育发展，加快“双师型”教师培养，促进学生就业创业。

1. 推进教师教学改革，促进职业教育发展

以模块化的课程促进教学团队模块化的教学改革。校企深度合作，融合专业教学和企业生产，邀请行业企业高技能人才组建“双师型”教学团队，融入多元教学手段，发挥教学团队的协作教学优势，增强教师的专业技术能力，推动教师队伍规模、结构和素质能力的改革，打造职业教育高素质专业化创新型教学队伍，促进职业教育发展与现代职业教育体系一致。

2. 推动校企双向流动，加快双师型教师培养

教师分工协作，有助于改善职业教育教师队伍来源单一、专业化水平偏低的现状，推动企业生产人员和院校教学人员双向流动，推进以双师素质为导向的教师准入制度的实施，健全专业教学与企业生产深度融合多元培养机制，发挥行业企业在培养“双师型”教师中的重要作用，缩短“双师型”教师培养时间，加快培养速度。

3. 院校企业协同育人，促进学生就业创业

课程模块化，教师多元混合教学方法分工协作的模式是以职业院校、用人企业、服务用户为教学环境，培养学生专业技能、学习创新和解决问题的能力，提升合作沟通意识，强化社会责任和职业道德。将企业生产流程有机结合到专业教学过程中，有助于学生在学习过程中情感态度的生成，了解职业岗位及工作特性，对学校与企业之间的紧密合作具有促进作用，为企业与学校提供产教供需双向对接，学生毕业即就业。

二、教师分工协作的模块化教学改革实践步骤

以网络工程类课程“路由交换技术”为例，基于教师分工协作的模块化教学改革实践依据行业企业网络工程项目生产活动环节，以实施流程为主线，按照实施过程中售前、售中和售后对需求分析、方案设计、项目实施、运行维护等方面以及生产团队最小生产单位的售前、售中和售后岗位技术技能人才需求充分调研分析具体网络工程项目，结合专业人才培养方案和专业课程标准重新设计教学内容。融入深度校企合作的企业共同参与课程内容的重构与教学实施，使教学内容与生产劳动高度相似，形成课程项目化和流程模块化的实施、教师分工协作的模块化教学、学生模块化的小组岗位式的学习。

1. 构建“双师培养、课岗融通、能力递进”模块化教学体系

（1）校企深度合作，颗粒化重构企业生产项目，形成专业课程模块化。以校

企合作为依托，深化产教融合，对标职业岗位，分析行业企业生产项目，结合专业人才培养方案重构专业课程教学任务，实现课岗融通。引用 OBE 成果导向教育理念，将专业课程模块化、模块任务化、任务颗粒化。本课程的中小企业网络构建如图 1 所示。

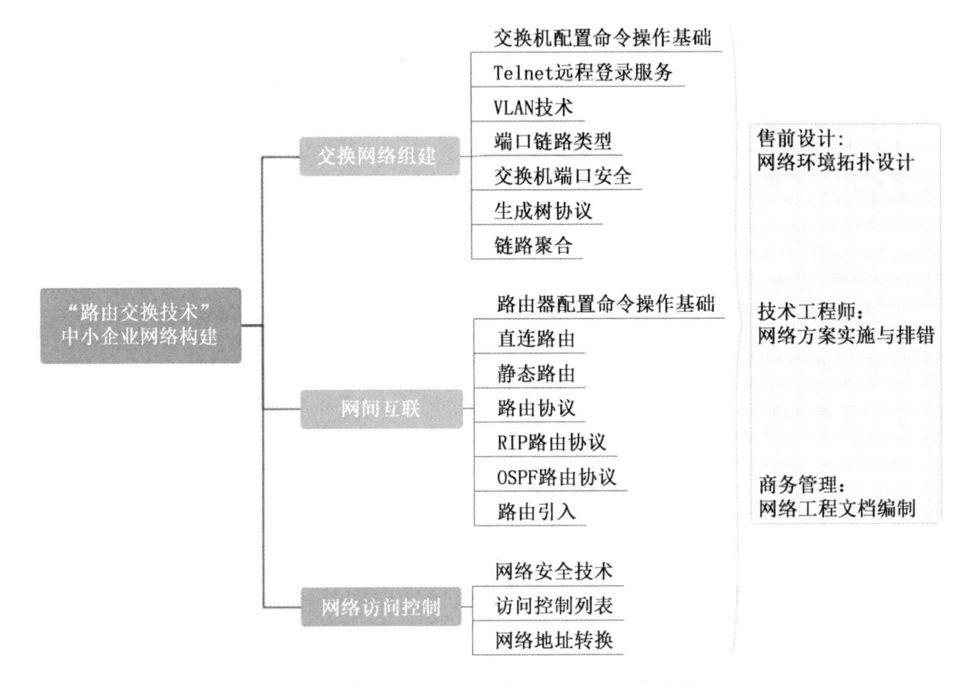

图 1　“路由交换技术”课程的中小企业网络构建

（2）梳理生产流程，团队化组建岗位学习小组，形成学生团队模块化。将行业企业通识性生产项目按照实施流程结合职业教育教学总结出普适性工作岗位，创新“一组 N 岗”结构，将学生按照企业最小生产单元组建生产学习小组，以正向岗位考核方式进行轮岗生产学习。

（3）开展校企共育，多元共建教育教学队伍，形成院校加行业企业共建的教学团队模块化。结合“一组 N 岗”分工协作的模式结构，以项目管理经验丰富的企业项目经理担任职业素质教学任务，教学经验丰富的双师型教师担任理论知识教学任务，技术经验丰富的企业实施人员担任职业能力教学任务等形成一组 N 岗多队，多队间以职业院校专业教师为主，结合企业教师的实际情况按照教学计划灵活组合，组建模块化教学团队。弥补教育教学过程中专业教师实践技术与项目经验不足和企业教师理论知识不系统的弊端。

2. 创新“校企合作、产教融合、协同育人”结构化教学分工协作

开展深度校企合作，把企业生产与专业教学活动相融合，邀请行业企业经营管理人员、专业技术人员、高技能综合人才与职业院校教师形成“一组 N 岗（以企业生产项目活动中的主要岗位设计最小组织单位，例如销售、设计、技术为一组的三个主要岗位）”结构，分工协作，理实协同育人。使企业生产经验和项目管理经验与专业教学内容有机结合，生产技术应用场景与教学任务应用背景相互验证，教学活动中思想政治培养与企业生产活动中的职业素养培育相互补充。

三、教师分工协作的模块化多元混合教学实践总结与反思

1. 忽略了教育对象的主观意愿

基于教师分工协作的模块化多元混合式教学改革研究与实践过程中，在试点实践设计时强化广度弱化深度，过于强调生产劳动与职业教育相结合，忽略了教育对象的主观意愿。

（1）在梳理企业工程项目生产流程时，是将行业企业通识性生产项目按照实施流程结合职业教育教学总结出普适性工作岗位。通识性生产项目和普适性工作岗位的总结上忽略了少数特殊岗位和技能，在培养学生的综合职业素养时缺乏高阶性。应在后续的持续改进过程中，结合项目式模块化课程体系分析特殊岗位的知识和技能，灵活设计融入到相似岗位或相近模块体系中。

（2）教学改革实施时，是通过对行业企业工作流程、生产项目实施环节、工作岗位应具备的职业技能和职业素养调研分析反推职业教育教学过程中学生应具备的知识、技能和素质，依照企业处理方式方法设计出翻转课堂、情境再现、模拟场景等方式方法教学，并未收集学生的主观意愿和用户单位反馈。应在后续的持续改进和应用推广过程中，吸取院校、行业、企业、用户单位、职业教育培养对象等多方的意见和建议，增强混合式教学方式方法的可用性、实用性和受用性。

2. 明确方式和目标

基于教师分工协作的模块化多元混合式教学模式，就要通过校企共建结构化“双师型”教学团队，结合数字化教学优势和互联网教学优势，优化传统教学方式，发挥教师引导功能和启发功能，促进教师的职业成长，凸显学生在学习环节当中的主观能动性、学习积极性和创造积极性。要以企业生产活动项目为案例，生产环节模块化设计，师生共同完成生产性项目任务，转变传统课堂教学模式，达到以学生为中心、以成果为导向。

（1）合理设计教学内容。在开展项目式模块化教学环节中，只有探索企业生产活动与专业课程教学内容的契合点，才可以确保项目式教学达到最优效果。为此教学团队可以借助项目主体，深入分析项目实施中的关键职业岗位，将职业岗位技能与课程教学内容建立联系，合理设置项目课程模块化的教学任务，将课程模块相关部分与交叉部分开展融合教学、协同教学。例如，以“路由交换技术”网络工程系列课程为例，就可以分析中小企业网络构建项目主体，结合岗位将施工技术知识、绘图知识、招投标知识、概预算知识和施工组织设计知识建立紧密联系，实现项目式模块化协同教学。

（2）科学选取教学案例。在项目案例选择时，需要着重注意以下几点：首先，项目选择应当将行业最新动态以及企业实际案例引入到教学环节中，确保学生可以在真实的环境当中得到有效锻炼，将所学到的知识应用于实践当中，提升解决问题的能力；其次，需要确保项目案例的创新性、典型性，可以有效培养学生的组织能力、协调能力、沟通能力和创新能力，既满足学生所学知识技能对口岗位的用人需求，又为学生赢得良好的职业发展前景；最后，具备一定的学习难度，增加综合性内容，使学生在学习环节可以开展自主思考，延展学生的思维深度，拓宽学生的思维广度。在项目式实施环节，学生面对综合性项目感觉到力不从心，就会在教师的引导下展开系统性学习和针对性学习，尤其在项目涉及其他课程以及其他学科知识时，教师应当为学生提供优质的教学资料库，同时可以组建学习团队，团队成员展开互帮互助，实现高效学习、协同工作；反之，若是项目难度过低，学生可以凭借自身知识与专业技能独立完成，团队合作将失去意义，学生的课堂参与度降低，合作能力与合作意识将得不到有效培养。

（3）多元共建教学团队。开展教师分工协同教学时，要发挥校企共育优势，形成由院校、行业和企业多元共建的教学团队。教学团队要以知识、技能和素质培养结构化组队，发挥专业教师的知识培养系统性、行业教师的技术应用前瞻性、企业教师的技术专业性和经验丰富性，共同培育学生的思想道德和综合素质。如不能有效开展多元共建教学团队，也要多方配合积极培养院校专业教师的双师素质，从专业知识教学向职业技能和素质教学融合教学的转变，从而构建“双师型”教学团队，切忌形成“一课多师”模式。

（4）混合设计教学方式。协同教学应将课堂教学方式、线上教学方式、虚拟仿真方式和情境模拟方式与实践教学有机融合。教学过程可将学生团队岗位化设定分工合作，共同完成项目任务结合生产活动，不同岗位培养的目标不同，培养的方式方法也不同，按模块化任务分主次先后培养，最终完成学生的一专多能、德才兼备的培养目标。针对教学目标和岗位职责灵活应用教学方式，开展多元混合的教学，提升学生对所学内容的理解程度，明确各自的岗位职责。将所学到的知识应用于合作学习当中，实现学以致用，并且显著提升学生的团队协作能力和课堂参与积极性。项目完成过程学生虽然具有各自的工作任务，但也要同时考验学生的项目整体把控能力，在各项任务分工完成后，学生团队需要积极开展自我监控与自我评价。同时，教师可以模拟招投标活动，以此激发学生的竞争意识，使学生通过小组协同合作完成项目竞投，显著提升学生的创新意识与知识应用能力。

（5）优化整合教学资源。教师分工协同教学是在传统教学模式的基础上进行的优化与调整。保留传统教学骨架，打破课堂教学，以学生为中心，以结果为导向，推广翻转课堂，将基于互联网的其他教学方式作为重要补充。教师可以借助微信、钉钉、腾讯会议等通信直播平台对学生展开线上指导，将真实项目实施现场分享、直播给学生。还可以通过在线平台建设共享课、翻转课，分享视频、习题、指导手册等教学资源和项目案例、行业资讯、职业法律法规等教辅资源，帮助学生牢固知识技能，拓展知识储备。

（6）开发项目式新型教材。在项目式模块化教学环节中，学生准确掌握项目式教学任务目标是以学生为中心、以成果为导向的关键，也是有效开展翻转课堂等多元教学模式的基础。活页式、工作手册式教材是帮助学生实现有效学习的重要工具，其核心任务是帮助学生学会如何工作。开发模块化的活页式、工作手册式教材是以综合职业能力培养为目标，以典型工作任务为载体，以学生为中心，以职业能力清单为基础，根据典型工作任务和工作过程设计的一系列模块化的学习任务的综合体。新型活页式、工作手册式教材兼具“工作活页”和“教材”的双重属性，其“工作活页”属性使活页式教材具备结构化、形式化、模块化、灵活性、重组性等诸多符合职业教育教学和自主学习的特征。活页式、工作手册式教材在一定程度上弱化“教学材料”属性，强调“学习材料”属性，把企业岗位的典型工作任务及工作过程知识作为教材主体内容，突出如何借助“学习任务”实施职业教育教学，帮助学生从实际经验和书本抽象的描述中构建自己的综合职业能力体系，实现理论知识学习、实践知识及经验知识学习的统一。

四、结语

综上所述，教师分工协作的模块化多元混合式教学改革与实践，应加强产教融合、工学结合，以双师素质为导向，建立校企人员双向交流，创建高水平结构化教师教学创新团队，引入典型生产案例，把生产过程与专业教育教学有机结合，分工协作模块化多元混合地建设优质课程，打造优质课堂，为经济社会发展培养一专多能的复合型人才、德才兼备的高素质技术技能人才。

参考文献

[1] 邹小焱. 高职专业课程模块式教学的实践研究[J]. 青年与社会：下，2014（11）：147-148.

[2] 徐立娟，周志光，张莹. 高职“电力电子技术”课程模块式教学改革的探索与实践[J]. 职业教育研究，2006（9）：30-31.

[3] 郑红梅. 专业课程零距离实践教学体系的理论研究与实践——“模块化、组合型、进阶式”模式的建立[J]. 职教论坛，2008.

[4] 吴新星. “新文科”视域下的业师协同教学模式探索——以福州外语外贸学院新文科建设为例[J]. 牡丹江教育学院学报，2021（9）：10-12，51.

计算机电信网络诈骗主要手段及对策探究

丁锦箫，吴永凤
（重庆电子工程职业学院）

基金项目：重庆市教育科学“十四五”规划2022年度一般课题职业本科电子信息类专业“四体协同”“四链融合”人才培养研究与实践（项目编号：K22YG309305）；中国高等教育学会“十四五”规划专项课题“基于‘双高’院校的职业本科教育专业人才培养模式研究与实践”（项目编号：21ZJB21）。

摘要：针对网络诈骗严重影响群众上网的安全问题，本文研究了电信网络诈骗现状，发现目前的诈骗手段主要有冒充熟人诈骗、兼职刷单诈骗和网购诈骗等类型。对此，本文提出提高自身防范意识、政府各部门履行好职能、做好技术防范、建立银行安全保障体系等策略来预防电信网络诈骗。现实中，部分地区预防电信网络诈骗的案例表明，本文提出的策略是可行有效的。

关键词：电信网络诈骗现状；电信网络诈骗手段；应对策略

一、电信网络诈骗现状

2021年，全国公安机关共破获电信网络诈骗案件44.1万余起。追缴返还人民群众被骗资金120亿元[1]。《2021年电信网络诈骗治理研究报告》指出，刷单返利类诈骗位居榜首，排名前十的诈骗手段合计损失金额高达79.14万元。男生被骗比例占61%，女生占39%。可知男生比女生更容易被骗。而受骗人群中20～29岁占比最大，40～49岁其次，50岁以上受骗人数最少[2]。由此可见，电信诈骗危害巨大，且年龄段覆盖广，对人民群众财产造成极大威胁。

虽然诈骗出现了新的特征，但随着人们对典型诈骗危害认识的加深，诈骗案件趋势下降明显，防诈骗技术不断升级。仅2021年来，拦截电信诈骗电话15.5亿次，减少被骗群众2337万名[2]。

二、电信网络诈骗手段

1. 冒充熟人诈骗

冒充熟人作案是诈骗团伙通过数据爬虫和信息定位等黑客技术破译各类验证

码、软件平台技术，乃至官方通信系统，获取大量网民的个人信息[3]，利用熟人的身份捏造“父母生病”“急需用钱”“代充话费”等虚假理由博取同情，让熟人亲友放下戒备给予转账或者索要对方的银行账号盗取熟人钱财。另外一种是冒充银行工作人员、上司、国家工作人员等身份诈骗。冒充熟人诈骗案件在所有诈骗案件中占比颇高。

2018 年 11 月 27 日，洛阳某高校教师李某收到一个陌生手机号发来的短信。对方称是他的好朋友谢某，刚换了新电话号码，请李某存一下。李某顺手把手机号存了下来，过了几天，李某就收到该号码发来的信息，对方称遇到急事需要用钱，让李某把钱转到一个指定的账户中。见朋友遇到急事，李某迅速转钱给谢某，向指定的账户转了 18 万元。可没过多久，李某又收到该号码发来的短信，称还需要 15 万元。这时，李某察觉出有些不对劲儿。他与好友谢某取得了联系，得知对方并没有更换手机号，更没有让自己转款。发现被骗后，李某立即报了警[4]。

通过熟人作案的网络诈骗手段危害极大，损失金额高。网民要仔细核查熟人信息，打电话核实身份。

2. 兼职刷单诈骗

兼职刷单诈骗是在网站、APP 上发布刷单兼职招聘信息，且目标人群不限。第一步是小数额的刷单返利成功让你入套，相信刷单返利。接着提高刷单的数额，让被骗人无法完成刷单任务，导致被骗人不能将已投的钱财收回。或者是诈骗团伙冒充平台客服要求被骗人绑定银行卡，随后骗取被骗人钱财[5]。

李女士在家玩手机时，看到某微信群发布刷单兼职信息，声称“在家动动手，轻松赚大钱!”于是李女士按照群主要求下载了某 APP，注册账号后，对方在 APP 上联系李女士，让其向指定账户转账进行刷单，完成 4 笔转账后便可获得高额佣金。然而李女士转账后，对方称刷单出现错误，需要继续转账 4 笔后才能提取佣金。可是一连转了 10 万余元后，李女士依然没有收到所谓“佣金”，想再联系对方却发现联系不上了，遂立即报警[5]。

兼职刷单危害覆盖年龄段广，诈骗损失金额高。网民需提高识别虚假信息能力。

3. 网购诈骗

网购诈骗是冒充网店客服，利用钓鱼网站、钓鱼链接、快递骗局等诈骗方式骗取客户钱财的诈骗类型。诈骗团伙冒充客服给用户打电话告知该快递出现卡单、调单、激活订单等问题[3]，使用诈骗专业术语哄骗用户。另外一种是注册钓鱼商店，当用户付款后，诈骗团伙以系统出现问题或者是订单出现问题为借口，再通过聊天工具发送钓鱼激活网址，木马程序盗取用户的个人信息，卷走用户的存款。

2020 年 6 月 23 日，重庆的杨女士接到自称是网店客服的电话，告知杨女士前三天在本店买的物品被有关部门查出甲醛含量超标，客服需要杨女士的银行卡号、支付密码及随后发来的验证码，可以帮助杨女士办理好退款手续。杨女士相信了对方的话，按照要求一顿操作，输入密码后发现自己的存款被转账了。她及时报警，找回了自己的存款[6]。

“618”“双十一”是网购诈骗的高发期。用户接到可疑电话后，应第一时间通过官方平台渠道咨询辨别真伪。

以上就是网络诈骗的主要手段。随着互联网的快速发展，网络诈骗发生频率持续上升。犯罪团伙使用智能化诈骗工具得到用户账号、密码、银行卡等个人信息，实施电信诈骗，进行钱财转移。

三、应对策略

1. 提高自身防诈骗意识

提高自身的防诈骗意识是防诈骗的重要核心之一。首先，要树立正确的消费观。遇到熟人网络上借钱，要确认对方的身份。通过打电话、视频等方式确认身份。自觉抵制刷单行为。如果要找兼职，应通过正规的渠道和平台。如果不幸中招，要收集好相关证据，及时拨打 96110 报警电话。其次，不要点击钓鱼链接或扫描虚假二维码。加强对自己个人信息的保护，利己也利人。最后，要积极参加防诈骗宣传讲座，下载国家反诈骗中心 APP，多了解相关法律知识，做一个知法守法的好公民。

2. 强化各部门职能

第一，各相关部门加大对反诈骗的宣传力度，建立“全方位”“广覆盖”的反诈宣传体系。坚持用好传统宣传方式，如报刊、广播、电视等。结合新媒体传播方式（短视频、直播、公众号、微视频）进行宣传[3]。拓宽防诈骗宣传渠道。民警应该深入到基层、社区等定期开展防诈骗知识讲座，让人人都提高防诈骗意识，特别是老人和年轻人。第二，相关部门应该尽快完善相关法律，出台相关法规，做到有法可依。第三，司法部门加大对网络诈骗案件的审理，依法执行，严厉打击此类案件，警示想犯罪的人。第四，网络监管部门加强对互联网企业的监管，加大对网上虚假广告的打击力度，清理网络刷单信息，规范网民上网言语。统筹管理，加强沟通，建立常态化监管网络机制[7]。第五，公安机关严厉打击网络诈骗罪犯。增进各地公安机关的合作与联系，共商共建，共同侦破网络诈骗案件。

3. 做好技术防范

加快与各高校的技术合作，从信息流和通信流两方面出发，创新数据碰撞和数据研判技术，增强信息溯源和情报分析的能力[3]。社会企业积极承担社会责任，响应公安机关号召，研发出功能更全面的技术，各高校和科研机构开展科研攻关，将科研理论转变为科研实践技术。

4. 建立银行安全保障体系

银行提高用户信息系统防御能力，建立属于每一个用户的独立认证体系。手机银行布控各类风险监控规则，限制用户线上转账金额和次数。涉及转账交易数目过大时，拦截交易且第一时间用打电话、发信息的方式通知用户并向对方确认是否进行转账。定期完善用户信息系统，增强防御能力[8]。银行多跟公安机关、网络监管部门、社会企业合作。配合公安机关侦破网络诈骗案件，联合社会企业开发出防御能力更强的系统。银行注重内部建设，提升柜员的法律意识，积极开展多种形式的预防网络诈骗宣传活动。

四、结语

网络诈骗是互联网发展到一定时期的产物，笔者针对网络诈骗现状的研究，对熟人诈骗、刷单诈骗、网购诈骗等诈骗手段进行分析和举例证明。提出从个人、国家部门到社会企业和银行的相应策略，旨在增强网民的反诈骗意识，提高甄别诈骗信息能力和提供可靠的预防网络诈骗策略。

参考文献

[1] 中华人民共和国公安部．重拳打击电信网络诈骗犯罪 坚决守好人民群众的“钱袋子”[EB/OL]．（2022.3.5）[2022-7-6]．https://www.mps.gov.cn/n2254098/n4904352/c8392739/content.html．

[2] 守护者计划，腾讯卫士，腾讯黑镜，等．2021 年电信网络诈骗治理研究报告[R/OL]．（2022.2.18）[2022-7-9]．https://new.qq.com/omn/20220218/20220218A0C2OV00.html．

[3] 蔡鹏程，张晓燕．电信网络诈骗犯罪治理研究[J]．学理论，2022（6）：73-76．

[4] 孙雅琼，任双波，王培清．冒充熟人实施诈骗 利用虚拟货币洗钱[J]．中国防伪报道，2019（7）：50-51．

[5] 张魏桔．防范提醒|“单”付出代价十万[N/OL]．平安焦作，（2022.7.1）[2022-7-6]．https://m.gmw.cn/2022-04/02/content_1302880305.html．

[6] 女子网购“剁手”后落入退换货骗局[J]．中国防伪报道，2020（7）：98-99．

[7] 李振．大学生防范网络诈骗及治理措施探析[J]．法制博览，2022（15）：21-23．

[8] 伍可珂．商业银行防控电信网络诈骗风险的措施建议[J]．中国信用卡，2021（11）：70-74．

移动边缘计算下智能化计算方法研究与探索

唐珊珊
（重庆电子工程职业学院）

课题项目：本文系重庆电子工程职业学院课题，课题名称：移动边缘计算下智能化垂直计算方法研究（课题编号：XJZK202104）。

摘要：移动终端功能越来越强大，数量也越来越多，为人们的生活带来了极大的方便，但移动终端的计算能力和资源是有限的，在完成计算密集型任务或时延敏感型任务时可能会显得能力不足。使用移动边缘计算架构可以补充移动终端的计算能力，有效解决这些问题。本文从移动边缘计算架构优化目标、卸载策略、智能化计算方法和适用场景等方面进行总结和阐述，并对移动边缘计算方法的发展进行展望。

关键词：移动边缘计算；计算卸载；卸载策略；人工智能

引言

随着移动通信技术的发展，数据流量越来越大，这也对移动设备的计算能力提出了新的挑战。在很多场景下，移动设备因其自身软硬件的限制，无法支持大规模的实时计算任务。但现如今，移动设备在我们的办公、学习和生活中都扮演着不可取代的角色，需要一种技术对移动设备的计算能力进行补充，以满足人们对美好生活的向往。传统云计算技术需要将海量数据上传至云服务器进行计算，虽然解决了计算问题，但移动设备到云服务器的距离较远，需要时间用于数据传输，网络延迟较高，不能满足用户高实时性的要求。

为了解决移动设备与云计算服务器距离较远、网络延迟高的问题，2014 年欧洲电信标准协会（ETSI）提出 MEC（Mobile Edge Computing）的概念，即移动边缘计算。移动边缘计算将网络边缘具有计算能力的设备利用起来作为小型计算云，既能够补充移动设备的计算能力，又能保障高实时性，满足用户流畅体验感和高标准服务质量的要求。相对于云计算，移动边缘计算在实时性上的表现要更好。但移动边缘计算并不是云计算技术的替代品，而是对云计算技术的一种补充和延伸。

传统的边缘计算服务器通常被安装在固定位置的蜂窝基站中，这使得该类边缘计算服务器在因自然灾害受损或面对突发大型户外活动时无法及时有效地为物联网移动设备提供计算卸载服务。随着无人机技术的不断突破和提高，将边缘服务器配备到无人机上成为一种好的方式，与传统架构相比，搭载边缘服务器的无人机凭借其部署速度快、可扩展性强、机动灵活等优势能够更加高效地为物联网移动设备提供计算卸载服务。

在基于无人机的边缘计算架构中，无人机可以作为用户节点将计算密集型任务卸载到位于地面基站的边缘服务器上，也可以作为空中的边缘服务器为多个地面用户节点提供计算卸载服务。随着物联网技术和智能化边缘设备的飞速发展（例如智能手机、平板电脑、可穿戴设备等物联网移动设备的数量呈爆炸式增长），物联网移动设备上新兴多样的智能应用程序，如人脸识别、增强现实、虚拟现实等让移动用户有了高质量的体验。但移动设备的计算资源和电池容量有限，用于执行计算密集型任务时，对其计算速度、网络延迟和能耗都提出新的要求。因此，可以借助基于无人机的边缘计算解决这些问题，优化用户体验。

对于云服务器、网络基站、无人机组成的移动边缘计算架构，计算任务对计算时间和能耗的要求不同，计算任务的执行策略和无人机移动轨迹的规划也不同。人工智能作为近年来的研究热点，让人工智能给移动边缘计算架构赋能，利用智能方法解决无人机边缘计算中的执行策略、资源管理等问题，使其在拥有计算能力的同时也具备良好的决策能力。无人机能够根据当前信道状态、地面节点分布状况以及无人机自身位置等环境信息为执行动作做出最优决策，使得基于无人机的移动边缘计算架构更加智能，更加快速灵活地为某一区域内的多个用户设备提供计算卸载服务。

一、基于无人机的移动边缘计算优化目标

在基于无人机的移动边缘计算框架中，无人机可作为终端，也可作为边缘服务器为地面的用户移动设备提供计算卸载服务，当无人机无法胜任全部计算任务时，可将部分任务卸载到计算能力更强的地面边缘服务器上。由于地面用户设备和无人机一样属于无线设备，无法持续供能，需要考虑完成计算任务时的能耗问题。除了能耗问题外，还需要考虑计算任务的时延和任务量等因素[1]。

1. 最小能耗

在基于无人机的移动边缘计算框架中，地面用户设备和无人机一般属于无线设备，因此主要考虑地面用户能耗和无人机能耗。

（1）最小地面用户设备能耗。地面用户设备电池用量不大，计算能力有限，若执行密集型计算任务，电池耗电较快，延时较高，从而影响用户体验。因此，当地面用户设备需要执行密集型计算任务时，可将该任务卸载到无人机边缘服务器上，让无人机分担计算任务，以此减少地面用户能耗。在任务卸载时，优先降低地面用户设备的能耗。

（2）最小无人机能耗。为了提高边缘计算的灵活性，补充部分地区边缘计算服务器的不足，可提高无人机计算性能，使其能够担任移动边缘计算服务器的角色。无人机毕竟是移动设备，其续航时间依赖于电池容量。地面用户将计算任务卸载到无人机上执行时，若无人机能耗过高则会中断服务，此时可以考虑将无人机的部分任务卸载到地面边缘计算服务器上，以此降低无人机能耗。在任务卸载时，优先降低无人机能耗。

（3）最小化用户设备和无人机加权总能耗。无人机和地面用户设备一般都是无线设备，主要依靠电池供电，但电池容量有限。当基于无人机的移动边缘计算框架中既有无人机又有地面用户设备时，哪一项能耗过高都无法顺利完成计算任务，因此实际场景中一般需要综合考虑无人机和地面用户设备的能耗。在任务卸载时，优先降低用户设备和无人机加权总能耗。

2. 最低时延

当计算任务实时性要求较高时，则需要在整个任务期间尽量降低计算时延。比如在网络直播、视频会议等场景，如果延迟很高必定会影响服务质量。此时，就需要考虑采用最低时延策略卸载任务，比如考虑卸载到无人机或地面边缘服务器的计算时间和网络传输时间最小化、优化无人机飞行路径等，以此来提升用户体验。

3. 最大化效用

除了从设备能耗和计算时间方面优化任务卸载策略外，还可以根据不同场景考虑能耗、时间、任务量等方面的因素，构建对应的效用表达式，再结合机器学习算法让基于无人机的移动边缘计算框架更加智能化。边缘计算框架根据不同的状态计算下一步动作的效用，然后在所有计算策略中选择最大效用，以实现计算任务产生的效用最大化。

二、基于无人机的移动边缘计算优化策略

1. 计算卸载过程及策略

根据移动边缘计算优化目标的不同，基于无人机的移动边缘计算框架可以将

计算任务按照一定的策略分配给不同层级的服务器执行，然后再从各执行计算任务的服务器将执行结果取回，这整个过程称为计算卸载。计算卸载可分为以下 6 个步骤[2]（如图 1 所示）：

（1）寻找计算节点：寻找当前空闲可用的移动边缘计算节点，用于后续执行卸载的计算任务。

（2）切割计算任务：将需要卸载的任务进行切割，以便进行后续任务的卸载和执行。

（3）卸载决策：根据优化目标和任务实际情况决定计算卸载策略，考虑全部卸载还是部分卸载计算任务，卸载哪些计算任务到移动边缘计算服务器节点。

（4）卸载计算任务：根据计算卸载策略，移动终端将计算任务卸载到移动边缘计算节点进行执行。

（5）执行卸载任务：在移动边缘计算节点上执行卸载的计算任务。

（6）回传计算结果：在卸载任务执行完毕后，移动边缘计算节点将计算结果传回移动终端[3]。

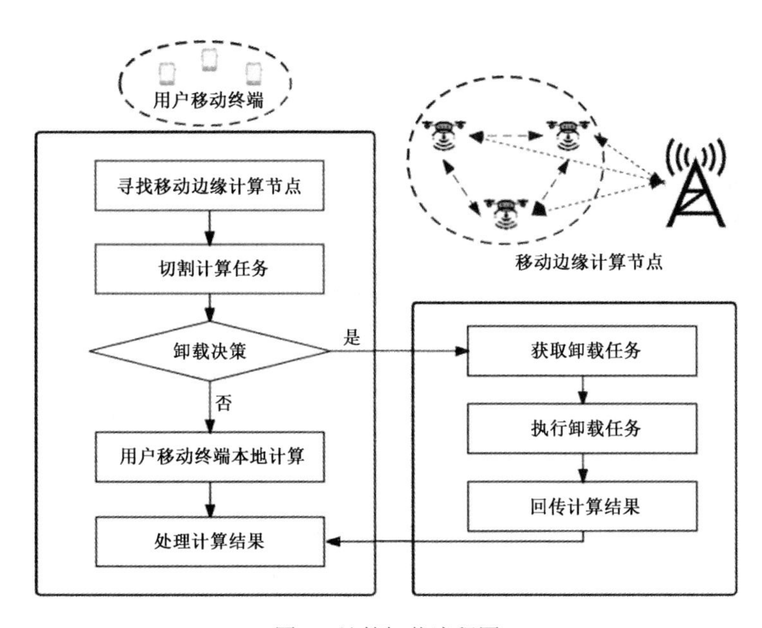

图 1　计算卸载流程图

在计算卸载的过程中，卸载决策至关重要，决定着是否能够有效地利用移动边缘计算服务器优化计算任务。根据任务卸载的情况，可将卸载策略分为以下 3 种：

（1）完全本地执行：全部计算任务由本地设备完成，无须卸载至移动边缘计算服务器。

（2）完全卸载：用户终端设备将全部计算任务卸载至边缘服务器或云服务器进行处理。

（3）部分卸载：用户终端设备执行部分计算任务，剩下的任务卸载到边缘服务器和云服务器进行处理。

2. 基于人工智能的计算卸载策略

在移动边缘计算架构中，移动边缘计算服务器和用户终端设备一样，其资源是有限的，因此用户终端设备能够向移动边缘计算服务器卸载的任务也是有限的。为提高移动边缘计算架构的计算性能，可将人工智能相关技术运用到计算卸载问题中，使其计算卸载更加智能，更好地适应复杂动态的网络环境，减少卸载过程中的能量损耗，降低延迟时间。

结合深度学习、Q-Learning、深度强化学习等技术来学习终端设备和用户的历史卸载方案与卸载内容，这样在研究计算卸载方案时可以不用预先假设终端设备和用户的未来移动性，通过学习信息推测得到终端设备和用户的移动路径信息。通过利用小规模移动边缘计算系统进行神经网络的训练再得到大规模移动边缘计算系统的策略采样，可以解决基于启发式算法的传统计算卸载方案不适用于大规模的移动边缘计算系统的情况。

对无人机群中各任务处理节点以及云资源池中的节点进行混合特征提取，构建深度分析特征矩阵作为深度神经网络的输入，并以任务队列中每个任务对应可用处理节点的概率分布作为输出。由于深度网络参数初始化是随机的，当前使得系统收益最大的任务部署方案不一定成为最终最优解。所以在模型建立初期可采取贪心策略暂时将系统收益最大任务部署方案作为次优解加入历史数据训练集，以便于模型训练与定期更新。当然，学习训练的结果不是百分之百的正确，正如不能保证机器学习的完全准确性一样。

3. 基于人工智能的无人机路径规划

针对偏远地区或自然灾害地区，移动边缘计算架构搭建所需成本依旧较高，因此需要基于无人机的移动边缘计算结合强化学习算法动态规划无人机飞行轨迹，使其在有限电量的限制下最大化系统效益和累计终端用户任务卸载量，提高终端用户服务质量，为偏远地区或自然灾害地区的终端用户提供计算任务卸载服务。

通过调度的方式分时或分频接入蜂窝基站进行负载分流，从无人机节点能耗的角度出发，将当前基站、协同处理节点以及无人机节点状态和任务需求形式化为当前状态，利用深度强化学习思想对当前状态数据进行分析，不断与环境交互迭代得到更优的无人机调度方案，并构建记忆回放池以便于深度网络训练。在各无人机节点的每一飞行时刻，对无人机节点与基站之间的数据信息比特分配、无人机的飞行路径、飞行速度及加速度等进行优化。

三、基于无人机的移动边缘计算适用场景

1. 应急保障通信

基于无人机的通讯网络相对于建设固定基站而言，其搭建成本低、部署灵活便捷等优势非常突出。在自然灾害或地理环境受限的情况下，基于无人机的通信网络用于应急保障通信极为合适[4]，当然在这种情况下，无人机的能量资源也是十分宝贵的，研究移动边缘计算下的智能化计算方法可以在有限的资源下让基于无人机的通信网络为抢险救灾的调度指挥和信息通信提供更长时间、更为可靠的保障。

2. 侦察检测

在未部署移动边缘计算的无人机网络中，无人机收集到图像、视频等数据后，无法在本地进行数据的处理，需要依靠地面的服务器完成数据的计算和处理，这一过程需要进行大量的数据传输，使得侦察检测任务时延长，无人机的能耗高。研究移动边缘计算下的智能化计算方法，可以在基于无人机的移动边缘计算架构中直接收集图像、视频等数据并进行处理，无须传输到地面远端数据中心，为侦察检测任务提供更为准确的实时信息。

3. 实况转播

5G 时代的到来也让更多的人感受到了 AR、VR 等技术的魅力，但 AR、VR 设备需要高带宽的通信传输视频、音频数据，这也对城市热点区域的网络提出了更大的挑战。基于无人机的移动边缘计算架构以其灵活部署的特点可以有效解决热点区域的网络拥堵问题。在大型演唱会、竞技比赛的场景下，大量观众需要上传下载、解码视频音频数据。研究移动边缘计算下的智能化计算方法可以使无人机边缘计算网络灵活地部署在城市上空，为观众提供计算服务和内容缓存服务，有效缓解地面网络回程链路拥塞问题。

四、结语

基于无人机的移动边缘计算发展迅速，解决了移动终端设备在运行计算密集型任务时计算时延和能耗过快的问题。基于无人机的移动边缘计算架构可根据计

算任务的具体情况选择不同的优化目标，使用人工智能技术为无人机的移动边缘计算架构赋能，制定智能化的计算卸载策略和无人机的最优飞行路径。但计算卸载策略也仍有一些问题需要解决，比如任务卸载过程中的信息安全保障、移动边缘计算服务器实现无线充电等。

参考文献

[1] 崔岩，姚叶．移动边缘计算系统中无人机和用户的分层博弈优化方法[J]．通信技术，2020，53（9）：2189-2194．

[2] 詹文翰．移动边缘网络计算卸载调度与资源管理策略优化研究[D]．电子科技大学，2020．DOI:10.27005/d.cnki.gdzku.2020.000035．

[3] 董思岐，李海龙，屈毓锛，等．移动边缘计算中的计算卸载策略研究综述[J]．计算机科学，2019，46（11）：32-40．

[4] 莫鸿彬，李猛．无人机边缘计算网络：架构、关键技术与挑战[J]．广东通信技术，2021，41（4）：54-59+79．

[5] 张依琳，梁玉珠，尹沐君，等．移动边缘计算中计算卸载方案研究综述[J]．计算机学报，2021，44（12）：2406-2430．

[6] 董超，沈赟，屈毓锛．基于无人机的边缘智能计算研究综述[J]．智能科学与技术学报，2020，2（3）：227-239．

基于双目标粒子群优化算法的云计算任务调度算法研究

危光辉
（重庆电子工程职业学院）

课题项目：中国通信工业协会信息安全与云计算校企联盟职业教育改革创新课题（高水平“双师型”教师队伍的标准及建设路径研究，项目编号：ZTXJGXM2021016）。

摘要：在云计算环境下，如何进行合理的资源调度，缩短任务执行时间，降低任务执行成本，已经成为研究的热点问题。本文将任务处理时间和成本为作优化目标，运用双目标粒子群优化算法（DOPSO）对任务处理时间和成本进行优化处理。最后将DOPSO中得到的结果在CloudSim中进行模拟。结果表明，与现有的调度算法相比较，发现所提出的算法（DOPSO）的综合调度性能具有明显的优势。

关键词：云计算；双目标优化；PSO；CloudSim

引言

云计算系统为用户提供了大量的计算及存储资源，但由于云计算系统资源众多、规模巨大，能够提供服务的效率也各不相同，如何有效利用云计算系统中的资源成了人们关注的核心焦点问题[1]。大量的研究表明，解决这个问题最有效的方法是设计一个高效的任务调度算法，调度算法具有分配处理器上的负载、最大限度地提高它们的利用率和最大限度地减少总执行时间的作用。调度算法已被证明是一个非确定多项式（Non-deter-ministic Polynomial，NP）问题[2]，具有很高的计算时间复杂度，为此研究者们提出了采用群智能优化算法对其进行求解，主要有遗传算法、蚁群算法和粒子群优化算法等[3]，它们具有较好的自适应性，但它们均存在各自的不足，因此寻找云计算资源调度最优解算法仍然是当前的主要研究方向。

一、文献综述

在云计算环境中，对云计算资源进行分配不仅是为了满足用户指定的服务需求，也是为了能减少执行用户任务的使用时间和资源消耗。因此，有效的任务调度技术对于提高云计算的效率是非常重要的。在此之前，云计算中的任务调度问题已有大量的相关研究。文献[4]对每个虚拟机的负载和计算能力进行了调度设计，是一种较为有效的调度算法，但增加了额外的硬件消耗；文献[5]中利用非支配排序遗传算法研究了云计算的节能调度问题；文献[6]利用粒子群算法来解决大规模的任务调度问题，并在文中对粒子群的相关操作进行了重新定义；文献[7]提出了用于保证服务质量的分组多态蚁群算法，该算法减少平均完成时间；文献[8]提出了解决云计算系统的高能耗问题方法，但对任务完成效率没有解决；文献[9]提出了在任务调度中使用一种基于改进粒子群优化算法，提高了调度算法的全局寻优能力和收敛能力，但粒子优化需要更长的时间。

由上可以发现，以前对任务调度的研究大多都集中在优化单一的目标，而缺乏将任务调度时间和成本进行同时优化的情况。为此，本文提出了一种双目标粒子群优化算法（DOPSO），可以同时对任务处理时间和任务执行成本进行优化处理。

二、云调度模型

为了使用云框架内的 DOPSO 算法解决资源优化问题，在此提出了一种典型的云调度模型，如图 1 所示。

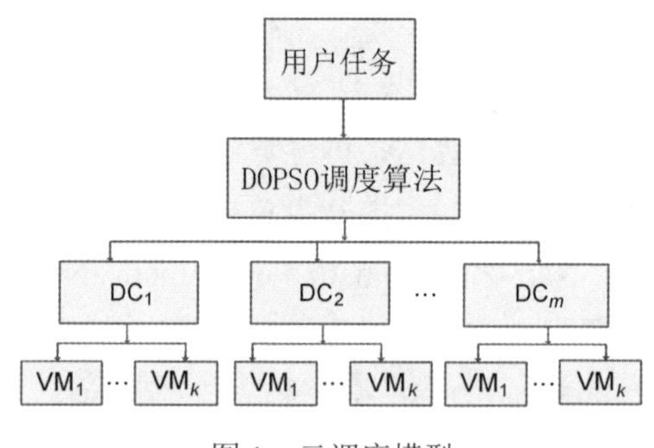

图 1　云调度模型

云系统中包含有多个数据中心（DataCenter，DC），它们在地理上是分布于全球各地的，并可以通过互联网进行访问。每个数据中心 DC_i 由许多虚拟机 VM_j 构成。在该模型中，为了达到优化任务处理时间和成本的目的，框架内所提出的任务调度算法模块对将用户任务有效地分配到不同的 VM 中是十分关键的。

三、问题编码

根据图 1 所示，假设有 M 个任务和 N 个数据中心，每个数据中心又有 K 个虚拟机 VM。

本文使用的期望运行时间 ETC[10]（Excepted Time to Compute）是一个 $n*m$ 的矩阵，其中某个元素 $ETC_{i,j}$ 表示任务 i 在第 j 个虚拟机上执行的时间。当任务 i 不在虚拟机 j 上执行时，$ETC=0$。用 REC 数组表示各个虚拟机在单位时间内的任务运行成本，REC_r 表示第 r 个虚拟机在单位时间内的任务运行成本。

第 r 个虚拟机执行分配到其上所有任务所用的时间可以表示为：

$$ST_r = \sum_{i=1}^{n} t_{r,i} \tag{1}$$

式中，$t_{r,i}$ 是第 r 个虚拟机执行第 i 个任务所用的时间，n 为分配到此虚拟机上的任务个数。对于一个数据中心来说，完成某个用户作业的所有任务的总时间可以表示为：

$$makespan = \sum_{i=1}^{k} \max_{r=1}^{n} t_{r,i} \tag{2}$$

用 $Cost_{r,i}$ 来表示在单位时间内第 r 个虚拟机完成第 i 个任务所需的各种资源的成本。对于一个虚拟机来说，需要计算的云服务成本 $Cost_{r,i}$ 主要包括 CPU 成本、内存成本、存储成本、传输成本等。单位时间成本 $Cost_{r,i}$ 可表示为：

$$Cost_{r,i} = \lambda_1 \times Cost_1 + \lambda_2 \times Cost_2 + \ldots + \lambda_j \times Cost_j = \sum_{r=1}^{j} (\lambda_r \times Cost_r) \tag{3}$$

式中，j 表示有 j 个计算成本。

在该数据中心上完成第 i 个任务所花费的云计算资源成本 $COST_i$ 可表示为：

$$\begin{aligned} COST_i &= \sum_{i=1}^{k} \left(\sum_{r=1}^{j} (\lambda_r \times Cost_r) \times \sum_{i=1}^{n} t_{r,i} \right) \\ &= \sum_{i=1}^{k} (Cost_{r,i} \times ST_r) \end{aligned} \tag{4}$$

完成该用户作业的所有任务的总成本可以表示为：

$$COST_T = \sum_{T=1}^{M}\left(\sum_{i=1}^{k}(Cost_i \times ST_r)\right) \quad (5)$$

式中，M 为该用户提交的任务数。

四、DOPSO 算法设计

现实生活中的各种优化问题都存在多目标优化问题，本文针对用户任务完成时间和成本的优化属于多目标优化问题中的一种。在过去的几十年里，研究者们已提出了多种解决多目标优化问题的方法。其中，进化算法（MOEAs）被认为在解决多目标优化问题方面非常成功，而在过去的几年中提出的粒子群优化（PSO）[11]也是一种非常有效的用于处理多目标优化问题的算法。

PSO 算法是 1995 年被提出的仿生优化算法。在 PSO 算法中，每个个体（粒子）代表一个 n 维空间的解决方案，每个粒子保存有它以前最佳经历的知识和了解整个群体的全局最佳解决方案。每一代粒子根据式（6）更新自己的速度，根据式（7）更新自己的位置：

$$v_{i,j} = \omega \times v_{i,j} + c_1 \times r_1 \times (p_{i,j} - x_{i,j}) + c_2 \times r_2 \times (p_{g,j} - x_{i,j}) \quad (6)$$

$$x_{i,j} = x_{i,j} + v_{i,j} \quad (7)$$

在式（6）中，ω 为惯性权重因子，其值随着计算迭代次数的增加，粒子的适应度值在不停地变化，当粒子位置分散时或粒子适应度值高于平均适应度时，ω 值将减小，反之则增加，使粒子向最优解方向集中；c_1、c_2 是取值在(1,2)内的学习因子[12]；r_1、r_2 为[0,1]间的随机数；$\omega \times v_{i,j}$ 为粒子先前的速度或惯性；$c_1 \times r_1 \times (p_{i,j} - x_{i,j})$ 表示粒子本身的思考能力；p_i 表示通过粒子 i 找到的最佳值（pbest）；$c_2 \times r_2 \times (g_{i,j} - x_{i,j})$ 表示粒子间的相互作用，也就是使用群体的最佳位置 p_g 去调整粒子飞行的最佳位置 p_i。每当速度更新之后，其 j^{th} 维度中的新位置 i 就被计算出来了，对于每个维度以及群中的所有粒子都重复这个处理，最后输出的 p_g 就是全局最优解（$gBest$）。

本文提出的双目标粒子群优化（DOPSO）算法就是把传统 PSO 算法与 MOEAs 中普遍使用的基于帕累托最优机制相结合而形成的，达到在降低执行时间的同时最大限度减少任务执行成本的目标。

设种群规模为 S，任务数量为 M，虚拟机数量为 K。由系统随机产生 S 个粒子，x_i 表示第 i 个粒子的位置，$x_i=\{x_{i1},x_{i2},\ldots,x_{in}\}$（$1 \leqslant n \leqslant M$，$1 \leqslant i \leqslant S$），$x_{ij}$ 表示任务 j 分配到节点 x_i 上，其初始化位置为[1,K]间的整数，粒子速度 $v_i=\{v_{i1},v_{i2},\ldots,v_{in}\}$（$1 \leqslant n \leqslant M$，$1 \leqslant i \leqslant S$），其初始化速度为[$-(K-1)$,$(K-1)$]间的整数。例如有 8 个任

务，其对应的粒子为（2，4，5，2，5，1，3，4），表示这 8 个任务被调度到 5 个处理节点上执行，任务 ID 与对应的粒子编码见表 1。在表 1 中，粒子速度 x_i 和位置 v_i 编码的长度即为任务数量 M=8，被调度到 5 个处理节点上，即 S=5。

表 1　任务 ID 与对应的粒子编码

任务 ID	1	2	3	4	5	6	7	8
粒子编码	2	4	5	2	5	1	3	4

本调度算法的目标是解决资源调度中最少的任务完成时间和任务完成成本，因此本文的算法属于解决最小优化问题，据公式（2）和公式（5）所定义，本调度算法的时间适应度函数和成本适应度函数可分别表示为：

$$F_i = \frac{1}{makespan_i} \quad 1 \leqslant i \leqslant S \tag{8}$$

$$E_i = \frac{1}{COST_i} \quad 1 \leqslant i \leqslant S \tag{9}$$

用于实现双目标 PSO（DOPSO）算法。

MOPSO()算法：

```
{
  初始化外部文件（file.out）      //file.out 是存储用于分配给数据中心任务的帕累托
                                  //前沿外部存档文件
  For j=1 to M（M 为粒子群规模）
  Initialize Sj&Vj                //初始化每个粒子群及其速度
  for k=1 to L（L 为迭代次数）
  {
    For j=1 to M
        E[j]=PSO(Sj)              //E[j]是粒子群 Sj 的存档，对标准 PSO 算法嵌套调用
                                  //更新非支配解的文件（file.out）
    Select leader particle        //从外部存档文件 file.out 中选择领导粒子
    Update vi,j & xi,j            //更新速度和位置
  }
  return（非支配解）
}
```

PSO(S_j)算法：

```
{ Sj 表示分配到不同数据中心（Di）的 j^th 个粒子用户任务的集合
  For i=1 to P                    //P 是云环境可用的数据中心数
  {
    For j=1 to N                  //N 是粒子群大小
    {
```

```
    Initialize S[i]                //初始化每个粒子 S[j]
    Initialize V[j]                //初始化每个粒子 V[j]
    Initialize pBest[j]=S[j]       //初始化每个粒子的最佳记录 pBest，评价每个粒子的
                                   //目标值 S[j]，用 N 个粒子中最好的一个来初始化全局
                                   //最佳粒子（gBest）：gBest=S 中的最佳粒子
  }                                //j 循环结束
    将 S 中的非支配解加入 EA[t]
    Initialize k=0                 //初始化迭代次数
    重复，直到 k>I                 //I 是迭代最大次数
    {
      For t=1 to N                 //N 是粒子群大小
      {
        从外部存档 EA[i]中为 S 随机选取全局最佳粒子，并将它的位置存储在 gBest 中
        根据公式（6）计算新的速度 V[t]
        根据公式（7）计算新的位置 S[t]
        If i<I*V                   //V 是变异概率
        则对 S[t]执行变异
        利用公式（8）和公式（9）评估 S[t]
        更新每个粒子 S[t]的最佳记录解
        更新外部存档 EA[i]
      }                            //t 循环结束
    }
  返回 EA[i]中的最佳帕累托解
 }                                 //i 循环结束
 返回(Min{EA[t].F_{i=1..P}},min{EA[t].E_{i=1..P}})
}
```

为了测试 DOPSO 算法的实际效果，在此将标准 PSO、文献[3]的遗传算法（GA）和 DOPSO 算法的性能进行对比，采用了 Matlab 平台下的两个测试函数 Rosenbrock 和 Griewank 来测试比较这三种粒子群优化算法。

Rosenbrock 函数：

$$f_1(x)=\sum_{i=1}^{n}\left[100(x_{i+1}-x_i^2)^2+(x_i-1)^2\right] \tag{10}$$

当 $x_i \in [-100,100]$，$x_i=1$ 时函数取得极小值 0。

Griewank 函数：

$$f_2(x)=1+\frac{1}{4000}\sum_{i=1}^{n}x_i^2-\prod_{i=1}^{n}\cos\left(\frac{x_i}{\sqrt{i}}\right) \tag{11}$$

当 $x_i \in [-600,600]$，$x_i=0$ 时函数取得极小值 0。这两个测试函数的参数设置见表 2。

表 2　测试函数参数设置

函数名称	粒子维数	维度	期望目标
Rosenbrock	20	[–100,100]	100
Griewank	20	[–600,600]	0.1

各个算法对应的适应度函数变化曲线如图 2 和图 3 所示。

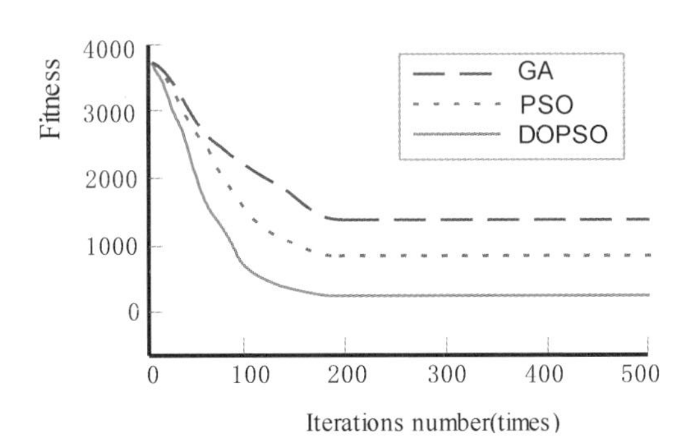

图 2　Rosenbrock 函数的收敛结果

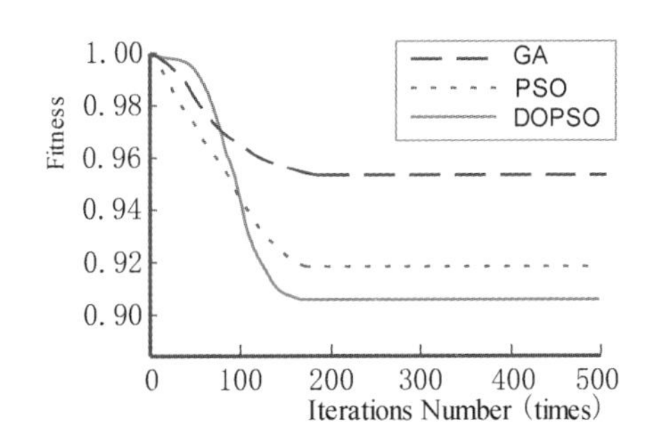

图 3　Griewank 函数的收敛结果

从图 2 和图 3 可知，DOPSO 算法的搜索能力和收敛速度明显优于标准 PSO 算法和 GA 算法，并避免了 PSO 算法和 GA 算法陷入局部最优的缺点。

五、结果与分析

为了分析和评价本文算法的性能，验证本文算法在云计算资源中调度的优越性，本文采用的测试平台为 CloudSim[13]，CPU 为酷睿 i7，内存为 8GB DDR4，操作系统为 Windows 10，仿真软件实验是采用 Matlab 2012 产生 ETC 矩阵，在实验中使用的 DOPSO 的主要参数见表 3。

表 3　算法的主要参数

名称	取值
粒子数 R	40
变异算子	0.5
外部文件大小 K	800
惯性因子 ω	0.8
学习因子 c_1	2
学习因子 c_2	2
最大迭代次数 t_{max}	500

将 CloudSim 用于评估 DOPSO 算法的调度性能。该仿真平台设置的负荷参数见表 4。

表 4　负荷参数

类型	参数	值
数据中心	数据中心数量	24
	每个数据中心的 PE 数	12～20
处理单元 PE	PE 速度（*MIPS*）	10000～200000
	能耗（*w*）	230～3000
任务	总任务数	100～300
	任务长度（*MI*）	4000～12000

为了评估 DOPSO 算法的性能，在此从任务完成时间和任务消耗成本两个方面对比标准的 PSO 算法和 GA 算法。

1. 任务完成时间的对比

在相同的仿真平台下，对这三种算法任务完成时间的对比如图 4 所示。

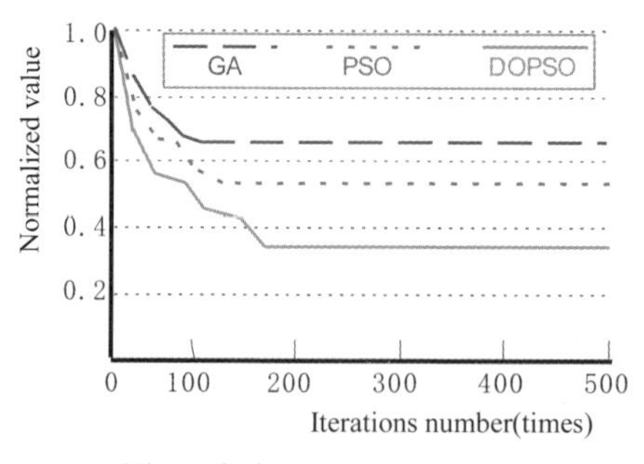

图 4　任务完成时间的对比

从图 4 的比较可见，DOPSO 算法相对于 PSO 算法和 GA 算法，其收敛速度更慢，这是因为 PSO 算法和 GA 算法迭代过程中过早地收敛到了局部最优所致，而 DOPSO 算法的任务完成时间减少了 25%～35%。

2. 任务消耗成本的对比

在相同的仿真平台下，对这三种算法任务消耗成本的对比如图 5 所示。

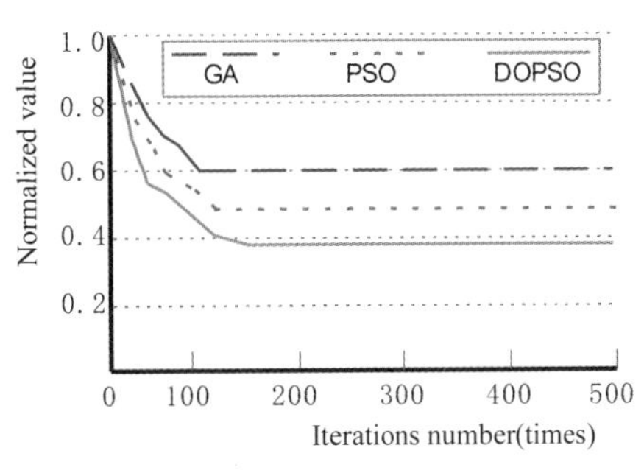

图 5 任务消耗成本的对比

从图 5 的比较可见，DOPSO 算法相对于 PSO 算法和 GA 算法，其执行任务所消耗的成本减少了 30%～35%。

可见 DOPSO 算法的综合调度性能具有明显优势，这在通常情况下能增强云计算环境的运算综合能力和提升云计算商的盈利能力。

六、结论

本文提出了一种基于双目标粒子群优化（DOPSO）算法，它可以解决在单一任务调度算法中综合调度性能相对不足的问题。因此，基于双目标粒子群优化（DOPSO）算法适用于云计算环境，它能够有效地利用系统资源以降低任务完成时间和任务消耗成本。实验结果表明，提出的算法（DOPSO）比标准 PSO 算法和 GA 算法具有更优的性能。下一步研究的目标是，在优化模型中增加更多的目标，如能耗、负载平衡、带宽、调度失效率等，并应重点关注鲁棒性更强的算法。

参考文献

[1] 肖建明，王波．基于资源监控统计的云计算主动调度方法[J]．计算机系统应用，2014，23（10）：69-72．

[2] Ullman J K.NP-complete scheduling problems[J].Journal of Computer and Systems Sciences, 1975, 10(3): 498-500.

[3] 刘卫宁，靳洪兵，刘波．基于改进量子遗传算法的云计算资源调度[J]．计算机应用，2013，33（8）：2151-2153．

[4] 王常芳，徐文忠．一种用于云计算资源调度的双向蚁群优化算法[J]．计算机测量与控制，2015，23（8）：2861-2863．

[5] 徐骁勇，潘郁，凌晨．云计算环境下资源的节能调度[J]．计算机应用，2012，32（7）：1913-1915．

[6] 李健，黄庆佳，刘一阳，等．云计算环境下基于粒子群优化的大规模图处理任务调度算法[J]．西安交通大学学报，2012，46（12）：116-121．

[7] 张春艳，刘清林，孟珂．基于蚁群优化算法的云计算任务分配[J]．计算机应用，2012，32（5）：1418-1420．

[8] 马学梅．基于云计算系统的数据节能算法[J]．现代电子技术，2015，38（24）47-49．

[9] 蔡琪，单冬红，赵伟艇．改进粒子群算法的云计算环境资源优化调度[J]．辽宁工程技术大学学报（自然科学版），2016，35（1）：93-96．

[10] Ali S, Siegel H J,Maheswaran M, et al. Representing task and machine heterogeneities for heterogeneous computing systems[J]. Journal of Science and Engineering, 2000, 3(3):195-207.

[11] Bratton D, Kennedy J.Defining a standard for particle swarm optimization[C]//Proceedings of the IEEE Swarm Intelligence Symposium, Honolulu, HI, 2007:120-127.

[12] 沈恺涛，胡德敏．基于云计算和改进离散粒子群的任务调度研究[J]．计算机测量与控制，2012，20（11）：3070-3072．

[13] Calheiros R N, Ranjan R,Beloglazov A, et al. CloudSim: a toolkit for modeling and simulation of cloud computing environments and evaluation of resource provisioning algorithms[J]. Software:Practice and Experience, 2010, 41(1):23-50.

用部分完全搜索进行属性约简的蚁群优化

叶坤，黄将诚，谷海月，肖宏平
（重庆电子工程职业学院）

摘要：信息安全中的入侵检测问题需要联系属性约简问题，而时间成本敏感的属性约简问题比经典约简问题更具挑战性，因为最优解更稀疏。蚁群优化（ACO）是解决这个问题的有效方法。然而效率并不令人满意，因为每只蚂蚁都需要寻找一个完整的解决方案。在本文中，我们提出了一种针对 ACO 的部分完全搜索技术并设计了 APC 算法。先锋蚂蚁通过仅选择几个属性来进行部分搜索以节省时间，而收割蚂蚁则进行完全搜索以获得完整的解决方案。

关键词：蚁群优化；属性减少；成本；启发式算法；部分完全搜索

引言

入侵检测问题面临着数据的不完全相关性、冗余性、概念上的模糊性等无意义信息等问题。使用属性约简方法可以解决这些问题。属性约简，也称为特征选择，是一个组合优化问题。优化目标包括最小化归约的大小、归约的测试成本[3]、考虑测试和错误分类成本的总成本、时间成本[1,5]等。启发式算法，例如添加、删除方法经常被用来加速搜索。启发式信息包括正区域、信息增益、基尼指数[7]等。

时间成本敏感的属性约简[1,5]近年来得到了一定的关注。在本文中，我们提出了一种使用部分完全搜索（APC）算法进行属性约简的蚁群优化。我们关注最小时间成本降低问题（MTCR）[1,5]。APC 的过程分为三个阶段，分别是初始化阶段、部分搜索阶段和完全搜索阶段。在初始化阶段，核心属性被计算为归约的基础。与其他启发式属性约简算法类似，该阶段提高了算法的效率。作为 ACO[2]算法，构建一个有 m 个节点的完整网络，其中每个节点对应一个属性。每条边上的信息素设置为相同的值。在部分搜索阶段，每只先锋蚂蚁选择一个大小为 k 的属性子集。属性是根据状态转换规则一一选择的。该规则由每个属性的信息增益和时间成本，以及边缘的信息素决定。在获得属性子集后，先锋蚂蚁在其爬过的路线上更新信息素。在完全搜索阶段，每只收割蚂蚁选择一个属性子集，保留决策系统的正区域。它们利用先锋蚂蚁产生的信息素进行收割，一旦收割蚂蚁停止爬行，它就会从其路线中删除冗余节点，然后更新新路线上的信息素。在所有的收割蚂蚁都终止后，输出最好的收割蚂蚁对应的子集。

一、决策系统与属性约简的定义

1. 决策系统

定义 1[3] S 是五元组：

$$S=(U,C,d,V=\{V_a \mid a\in C\cup d\},I=\{I_a \mid a\in C\cup d\}), \tag{1}$$

式中，U 是称为全域的有限对象集，C 是条件属性集，d 是决策属性，V_a 是每个 a 属于 C 并 d 的值集，I_a 是每个 U 到 V_a 的 a 属于 C 并 d 的信息函数。

表 1 表示一个 DS，其中 $U=\{x_1,x_2,x_3,x_4,x_5,x_6\}$，$C=\{a_1,a_2,a_3,a_4\}$，$a_1$ 的取值范围是{Common,Uncommon}，其他条件的取值范围为{Low,Middle,High}，d 的取值范围为{Y,N}。

有成本的 S 称为成本敏感决策系统。

表 1　一个 S 的例子

U	a_1	a_2	a_3	a_4	d
x_1	Common	Low	Low	Middle	Y
x_2	Uncommon	Middle	Middle	High	Y
x_3	Uncommon	Middle	Middle	High	Y
x_4	Common	Middle	Middle	Low	N
x_5	Common	High	High	Low	N
x_6	Common	High	High	Middle	N

定义 2[3] 一种成本敏感的决策系统 D 是六元组：

$$D=(U,C,d,V,I,\mathbb{G}), \tag{2}$$

式中，U、C、d、V、I 与定义 1 的含义相同，$\mathbb{G}$ 是成本集。

成本的类型根据不同的 w.r.t 应用而不同。

定义 3[4] F 是一个时间成本敏感的决策系统（TCS-DS）：

$$F=(U,C,d,V,I,\mathbb{G}=(t,w)), \tag{3}$$

式中，$t:C \to \mathbb{K}^+ \cup \{0\}$ 和 $w:C \to \mathbb{K}^+ \cup \{0\}$ 分别表示测试和等待时间成本函数。

表 2 一个 $\mathbb{G}=(t,w)$ 的例子

$\mathbb{C}$	a_1	a_2	a_3	a_4
t	15	24	100	92
w	374	239	394	110

表 1 和表 2 代表时间成本敏感的决策系统。$t(a_1)=15$ 表示 a_1 的测试成本为 15，$w(a_4)=110$ 表示 a_4 的等待成本为 110。

2. 属性缩减问题

已经彻底研究了属性约简问题的各种约束。这里我们重点关注保留正区域的约束。

定义 4[3] 给定一个 S 并且任何 E 属于 C 是 Siff 的决策相对约简：

（1）$POS_E(d)=POS_C(d)$；

（2）$\forall a \in E$，$POS_{E-\{a\}}(d) \subset POS_C(d)$。

原来的属性约简任务是找到一个尺寸最小的约简。

问题 1 最少的属性约简。

输入：$S=(U,C,d,V,I)$；

输出：$E \subseteq C$；

约束：① $POS_E(d)=POS_C(d)$；

② $\forall a \in E$，$POS_{E-\{a\}}(d) \subset POS_C(d)$；

优化目标：最小 $\mathbb{G}(E)$。

有各种类型的成本，在这里我们将时间成本测试和等待成本考虑在内。在这种情况下，当前测试的等待时间可能会与后续测试的测试时间重叠。测试和等待时间的交织意味着总的时间成本不能通过简单的相加得到。因此，属性集的总时间成本的计算定义如下：

定义 5[4] 给定一个六元组 D 和一个大小为 n 的属性集 E（是 C 的子集），E 的总时间成本为：

$$\mathbb{G}_T(E)=\max_{1 \leqslant i \leqslant n}\left(\sum_{j=1}^{i} t(a_j)+w(a_i)\right) \tag{4}$$

式中，$w(a_1) \geqslant w(a_2) \geqslant \cdots \geqslant w(a_i) \geqslant \cdots \geqslant w(a_n)$。

在这里，免费测试不在考虑之列，一个测试一个接一个地以任何顺序进行。例如，给定表 1 和表 2 中的 S 和 $B=\{a_2,a_3,a_4\}$。我们有 $w(a_2)=394>w(a_1)=239>$

$w(a_3)=110$ 和 $t(a_2)=100>t(a_3)=92>t(a_1)=24$。因此，我们有 $\mathbb{G}_T(E)=\max(100+394,100+24+239,100+24+92+15)=\max(494,363,231)=494$。即 $\{a_2,a_3,a_4\}$ 的总时间成本为 494。通过考虑定义 5，关于最小时间成本减少的问题可以定义如下：

问题 2[4] 最小的时间成本属性减少。

输入：$F=(U,C,d,V,I,\mathbb{G}=(t,w))$；

输出：$E\subseteq C$；

约束[8]：① $POS_E(d)=POS_C(d)$；

② $\forall a\in E$，$POS_{E-\{a\}}(d)\subset POS_C(d)$；

优化目标：$\mathbb{G}_T(E)$。

3. 相关作品

属性约简和成本敏感属性约简的工作卓有成效。在这里，我们只关注时间成本敏感属性减少的方法[1]。第一个是人工蜂群（ABC）算法，其中每个属性都表示为食物来源。引导蜜蜂的启发式信息是食物来源的时间成本。为了摆脱局部最优，采用去除率来调整搜索过程。然而，ABC 算法擅长探索，但不擅长利用。

后来，改进的 ABC 算法（IABC）[4]设计了一种新的食物来源更新策略。它考虑了关于全局最佳解决方案和个人最佳解决方案的信息。全局最佳解决方案来自全局最佳引导 ABC（GABC）算法[6]。因此，增强了蜜蜂的局部搜索能力。调整 IABC 以解决最小时间成本降低的二元优化问题。然而，它往往不能在中等规模的数据集上获得令人满意的结果。

二、APC 算法

下面介绍我们的算法和一个运行示例来说明算法的执行。

1. 算法描述

图 1 显示了我们算法的过程，该过程也在算法 1 中列出。输入包含时间成本敏感的决策系统 F 和蚂蚁的数量 m。输出是时间成本最小的约简。此外，从输入到输出主要有四个步骤。

第一步：从给定的时间成本敏感的决策系统 F 构建一个完整的网络。每个节点对应一个属性。它还存储属性的时间成本和信息增益。每条边存储信息素信息，信息素信息在开始时设置为常数（例如 10）。

第二步：首先计算核心属性并将其表示为假设属性，它是所有蚂蚁的起点。

与其他启发式算法类似，核心属性可以提高蚂蚁的搜索效率。然后使用 ABC 算法，我们可以得到一个初始约简，它的大小是 APC 的一个重要参数。最后，我们为下一步生成 m_p 先锋蚂蚁和 m_h 收割蚂蚁。

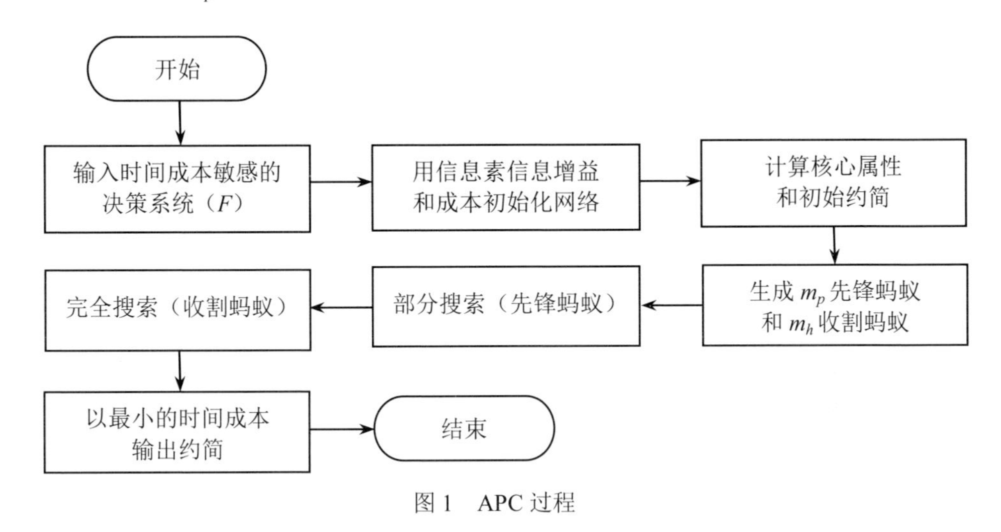

图 1　APC 过程

第三步：每个先锋蚂蚁选择一个大小为 k 的属性子集，$\frac{3}{5}$ 是初始归约的大小，注意 $\frac{3}{5}$ 是经验值，也可以设置为其他值（例如 $\frac{1}{2}$）。对于每只先锋蚂蚁，根据状态转移规则一一选择属性，即：

$$p_{ij}^{l}=\frac{[\tau_{ij}]^{\alpha}[\eta_{j}]^{\beta}}{\sum_{F\in allowed_k}[\tau_{is}]^{\alpha}[\eta_{s}]^{\beta}},\ j\in allowed_l \tag{5}$$

式中，l 为当前先锋蚂蚁的指数，τ_{ij} 为边缘 η_j 的信息素密度，η_j 为启发式信息，参数 α 和 β 分别控制信息素和启发式信息的相对重要性，$allowed_l$ 是一组没有被第 l 只先锋蚂蚁访问过的节点。

$$n_j\ \frac{f_e(E,a_j)\times 10^3}{t(a_j)+w(a_j)} \tag{6}$$

式中，$f_e(E,a_j)$ 是 a_j 相对于 E 的信息增益。为了加强完全搜索的随机性，我们采用蒙特卡罗方法来模拟先锋蚂蚁概率性地选择下一个属性的过程。在获得属性子集后，先锋蚂蚁在其爬过的路线上更新信息素。

第四步：每只收割蚂蚁选择一个属性子集，保留给定时间成本敏感的决策系统 F 的正区域。每只收割蚂蚁利用先锋蚂蚁产生的信息素。收割蚂蚁的搜索策略与先锋蚂蚁相同。当收割蚂蚁停止爬行时，它会从搜索路径中删除冗余节点。然后新路线上的信息素也随之更新。最后得到时间成本最小的子集。

算法 1 部分完全搜索的蚁群优化

输入：$F=(U,C,d,V,I,\mathbb{G}=(t,w))$，蚂蚁的数量 m
输出：R #可以使时间成本最小化
方法：APC-MTCR
1：计算核心属性集 C'
2：初始化网络
3：使用基于信息增益的贪心算法计算约简 R_0
4：$k=\lfloor |R_0|\times 0.6 \rfloor$
5：生成 m_p 先锋蚂蚁和 m_h 收割蚂蚁，其中 $m_p+m_h=m$
6：for(每个先锋蚂蚁 m_p):
7：　m_p 在网络上爬行并从 $C-C'$ 中选择 k 个属性
8：　信息素路径+=10
9：for(每个收割蚂蚁 m_h):
10：　$E=\varnothing$
11：　while($POS_{E\cup C'}(d)\neq POS_C(d)$):
12：　　m_h 在网络上又运行了一步
13：　　$E=m_h$ 对应的属性子集
14：　for(每个 $a\in E$):
15：　　if($POS_{E-\{a\}\cup C'}(d)=POS_C(d)$)
16：　　　$E=E-\{a\}$　　#删除多余的属性
17：　信息素路径+=10
18：　$R=$ 以最小的时间成本与收割蚂蚁相对应的减少
19：返回 R

2. 一个运行的例子

时间成本敏感的决策系统由表 1 和表 2 给出。我们在图 2 中说明了算法 1 的运行示例。

（1）初始化阶段。为了简单起见，核心顶点计算为 $\varnothing$ 并压缩为一个顶点作为初始位置。另外，我们假设 $\alpha=1$，$\beta=1$，$\tau=2$，$k=2$，$f_e(B,a)=1$。每个节点存储的时间成本信息见表 2。该网络的构建如图 2（a）所示。

（2）部分搜索阶段。现在先锋蚂蚁处于初始点，有 4 个属性可供选择，分别是 $\{a_1,a_2,a_3,a_4\}$。根据公式（5）选择概率的分母为：$1^1\times(1\times10^3/389)^1+1^1\times(1\times10^3/263)^1+1^1\times(1\times10^3/494)^1+1^1\times(1\times10^3/202)^1=13.3478$。

我们计算 4 个选择的概率：

$$p_{a_1} = 1^1 \times (1 \times 10^3 \ / \ 389)^1 \ / \ 13.3478 = 0.1926$$

$$p_{a_2} = 1^1 \times (1 \times 10^3 \ / \ 263)^1 \ / \ 13.3478 = 0.2849$$

$$p_{a_3} = 1^1 \times (1 \times 10^3 \ / \ 494)^1 \ / \ 13.3478 = 0.1517$$

$$p_{a_4} = 1^1 \times (1 \times 10^3 \ / \ 202)^1 \ / \ 13.3478 = 0.3708$$

因此，有 $p_{a_4} > p_{a_2} > p_{a_1} > p_{a_3}$。

状态转移规则和蒙特卡罗方法的结合意味着先锋蚂蚁更有可能（但并不绝对）选择高概率的属性。我们假设先锋蚂蚁选择属性 a_2。在这种情况下，先锋蚂蚁会将 a_2 添加到访问的属性集中。由于 $k = 2$，我们的先锋蚂蚁将继续爬行。候选顶点是 a_1、a_3、a_4。与上一步类似，我们假设先锋蚂蚁选择 a_4，现在先锋蚂蚁选择的属性数量等于 k。先锋蚂蚁停止工作，通过加 1 来更新边的信息素密度，如图 2（b）所示。

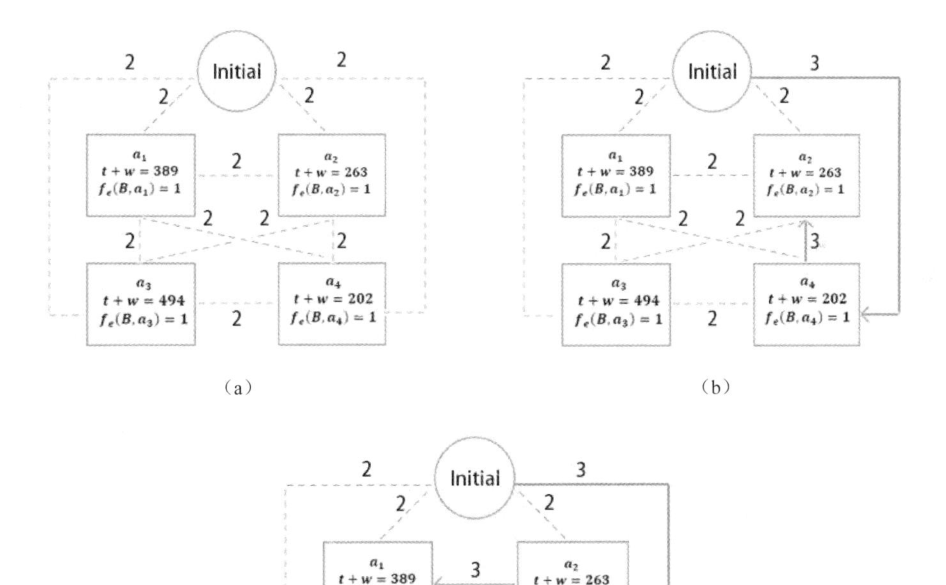

（a）

（b）

（c）

图 2　一个运行的例子

（3）完全搜索阶段。和一开始的拓荒者类似，第一只收割蚂蚁在初始点，有四个属性可供选择。根据公式（5）选择概率的分母为：$1^1\times(1\times10^3/389)^1+2^1\times(1\times10^3/263)^1+1^1\times(1\times10^3/494)^1+2^1\times(1\times10^3/202)^1=22.1006$。

我们计算 4 个选择的概率：

$$p_{a_1}=1^1\times(1\times10^3/389)^1/22.1006=0.1163$$

$$p_{a_2}=2^1\times(1\times10^3/263)^1/22.1006=0.3441$$

$$p_{a_3}=1^1\times(1\times10^3/494)^1/22.1006=0.0916$$

$$p_{a_4}=2^1\times(1\times10^3/202)^1/22.1006=0.4480$$

因此，有 $p_{a_4}>p_{a_2}>p_{a_1}>p_{a_3}$。

考虑蒙特卡罗方法，我们假设收割蚂蚁选择属性 a_4。可以发现，收割蚂蚁所获得的选定属性集不满足正区域条件，因此蚂蚁将继续爬行。在选择了另外两个属性 a_2 和 a_1 之后，我们假设属性集满足了正区域约束。我们现在获得了 C 的一个子集，即 $\{a_4,a_2,a_1\}$。收割蚂蚁停止工作并检查获得的子集中是否有任何冗余属性。假设 a_2 是冗余的，边上的信息素链接初始节点，a_1 和 a_2 增加 1，如图 2（c）所示。包含 a_1 和 a_2 的子集是第一个收割蚂蚁的收成。然后第二只收割蚂蚁开始爬动。在所有收割蚂蚁停止工作后，将选择时间成本最小的子集作为最优归约和输出。

三、总结

在本文中，为满足信息安全技术的需要，我们提出了用于时间成本敏感属性约简的 APC 算法，通过对启发式算法、蚁群算法等进行改进和优化，使属性集更加高效、快速地减少冗余和无效属性。通过例子分析，表明该算法是有效的。

参考文献

[1] J.-L.Cai,W.Zhu, H.-J.Ding, etc. An improved artificial bee colony algorithm for minimal time cost reduction, International Journal of Machine Learning and Cybernetics 5, 2014(5): 743-752.

[2] 吴永芬，杨明. 基于 ACO 及 PSO 的特征选择算法[J]. 江南大学学报（自然科学版），2007，（6）：758-762.

[3] F.Min, H.-P.He, Y.-H.Qian, etc. Test-cost-sensitive attribute reduction, Information Sciences 181, 2011: 4928-4942.

[4] J.-L.Cai, H.-J.Ding, W.Zhu, etc. Artificial bee colony algorithm to minimal time cost reduction,

Journal of Computational Information Systems 9, 2013(21): 8725-8734.

[5] J.Dong, H.Yang, Z.-H.Zhang, etc. Parameter learning using ant colony optimization for minimal time cost reduction, in: International Conference on Machine Learning and Cybernetics, 2015.

[6] G.-P.Zhu, S.Kwong. Gbest-guided artificial bee colony algorithm for numerical function optimization, Applied Mathematics & Computation 217, 2010(7): 3166-3173.

[7] 林永民，朱卫东．基尼指数在文本特征选择中的应用研究[J]．计算机应用，2007（10）：2584-2586，2590.

[8] 马昕，林丽清．蚁群算法在面向属性的数据约简中的应用[J]．计算机仿真，2007（9）：158-160.

认知无线供电反向散射通信的鲁棒资源分配算法

徐勇军，曹娜，唐瑜，黄东，陈量，叶荣飞
（重庆邮电大学）

摘要：无线供电反向散射通信因具有超低功耗、无线吸能、低成本等特点在计算机网络、物联网等领域具有重要意义，但现有算法忽略了信道不确定性的影响，为此本文提出了一种鲁棒资源分配算法，以提高频率效率与传输鲁棒性。

关键词：低功耗通信；反向散射通信；鲁棒资源分配；稳健传输

引言

在当今社会，物联网能够利用无处不在的感知与计算能力连接数百万智能终端到互联网中，因此被视为未来万物互联的重要组成部分，受到了学术界和工业界的广泛关注[1]。然而，由于稀缺的频谱资源和节点有限的电池容量，如何大规模部署物联网节点到各个不同应用场景中是一个巨大的挑战。

为了解决上述问题，无线供电反向散射通信技术应运而生[2-4]。具体来讲，在该网络中，物联网节点可以吸收周围环境中的电磁能量用于给自身设备充电，从而延长网络寿命[5]。另外，通过调节电路阻抗可以实现反向散射通信，从而对提高网络连接性具有非常重要的意义[6,7]。因此，无线供电反向散射通信网络的相关研究得到了国内外学者的广泛关注。例如，文献[8]研究了覆盖概率以及主用户和次用户的总可达速率。文献[9]和[10]通过联合优化反射系数和传输时间研究了所有次用户的和速率最大化问题。文献[11]考虑到主用户的干扰约束，提出了一种通过动态调整次发射机的传输功率在反向散射传输模式和主动传输模式之间切换以最大化网络吞吐量的算法。然而，上述工作的资源分配策略强烈依赖于完美的信道状态信息假设和频谱资源充足，忽略了信道不确定性的影响和现实紧张的频谱资源这一客观事实，从而导致实际算法中断概率较大和网络性能较差。

因此，为了提高网络的频率利用率和传输鲁棒性，本文提出了一种鲁棒资源分配算法，主要贡献如下：

（1）考虑次接收机的吞吐量中断概率约束和主接收机的速率中断概率约束，

通过联合优化反向散射传输模式和主动传输模式的传输时间、次发射机的发射功率和反射系数，建立次用户总吞吐量最大化鲁棒资源分配模型。该问题是一个难以求解的非凸优化问题。

（2）为求解上述问题，首先将概率约束转化为确定性约束，然后利用变量替换法将确定性问题转化为凸优化问题来求解。

（3）仿真结果表明，与传统资源分配算法相比，所提算法可以有效地降低接收机中断概率，提高系统总吞吐量。

一、系统模型和问题描述

1. 系统模型

我们考虑一个下垫式认知无线供电反向散射通信网络。该网络包含一对主用户和 N 对次用户，如图 1（a）所示。每个次发送机都配备一个能量收集电路以从主发送机收集射频能量，并配备一个反向散射电路以支持反向散射通信。假设在一个周期内主传输信道总是忙碌。因此，主发送机在所有时间都会向主接收机发送信息信号，如图 1（b）所示。定义 T 为时间帧，分为能量收集阶段 t_1、反向散射传输阶段 t_2 和主动传输阶段 t_3，并满足 $\sum_{i=1}^{3} t_i \leqslant T, t_i \geqslant 0, \forall i \in \{1,2,3\}$。在能量收集阶段 t_1，所有次发送机收集来自主发送机的射频信号。在反向散射传输阶段 t_2，次发送机通过反向散射通信以时分多址接入方式向次接收机传输主发送机发送的数据，并满足 $\sum_{n=1}^{N} \tau_n \leqslant t_2, \tau_n \geqslant 0$。在主动传输阶段 t_3，次发送机在主动传输模式下工作，通过时分多址接入方式向次接收机传输自己的信号，并满足 $\sum_{n=1}^{N} \alpha_n \leqslant t_3, \alpha_n \geqslant 0$。

在能量收集阶段 t_1，第 n 个次发送机收集的能量为：

$$E_n^{\mathrm{EH}} = t_1 \eta_n g_n P_0 \tag{1}$$

式中，$\eta_n \in [0,1]$ 表示第 n 个次发送机处的能量收集效率，g_n 表示从主发送机到第 n 个次发送机的信道增益，P_0 表示主发送机的发射功率。

在反向散射传输阶段，第 n 个次接收机的速率为：

$$R_n^{\mathrm{B}} = W \log_2\left(1 + \frac{\beta_n g_n h_n P_0}{\sigma_n^2}\right) \tag{2}$$

式中，W 表示信道带宽，β_n 表示次发射机的反射系数，h_n 表示从第 n 个次发送机到第 n 个次接收机的信道增益，σ_n^2 表示第 n 个次接收机的噪声功率。

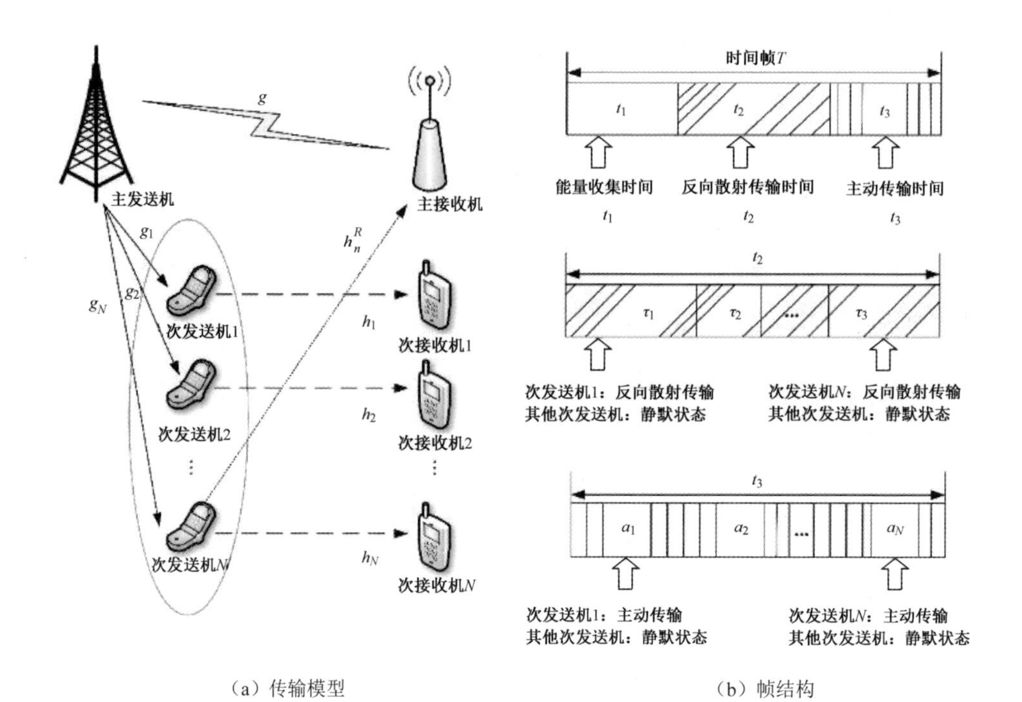

（a）传输模型　　　　（b）帧结构

图 1　多用户认知无线供电反向散射通信系统模型

基于图 1（b）的传输过程，第 n 个次发送机收集的总能量为：

$$E_n^{\text{total}} = E_n^{\text{EH}} + (1-\beta_n)\tau_n\eta_n g_n P_0 \tag{3}$$

在主动传输阶段，第 n 个次接收机的速率为：

$$R_n = W\log_2\left(1+\frac{P_n h_n}{\sigma_n^2}\right) \tag{4}$$

式中，P_n 表示第 n 个主发送机的发送功率，并满足 $\tau_n E_n^{\text{C}} + \alpha_n(P_n + p_n^{\text{C}}) \leqslant E_n^{\text{total}}$，且 E_n^{C} 和 p_n^{C} 分别表示在反向散射传输模式和主动传输模式下第 n 个主发送机的电路功率消耗。

2. 问题描述

考虑高斯信道不确定模型，我们有如下信道不确定集合：

$$\begin{cases}\mathcal{R}_n = \{\Delta h_n \mid h_n = \bar{h}_n + \Delta h_n, \Delta h_n \sim \mathcal{CN}(0,\sigma_h^2)\} \\ \mathcal{R}_n^{\text{R}} = \{\Delta h_n^{\text{R}} \mid h_n^{\text{R}} = \bar{h}_n^{\text{R}} + \Delta h_n^{\text{R}}, \Delta h_n^{\text{R}} \sim \mathcal{CN}(0,\epsilon_h^2)\}\end{cases} \tag{5}$$

式中，$\bar{h}_n$ 和 $\bar{h}_n^{\text{R}}$ 表示信道估计增益，$\Delta h_n \sim \mathcal{CN}(0,\sigma_h^2)$ 和 $\Delta h_n^{\text{R}} \sim \mathcal{CN}(0,\epsilon_h^2)$ 表示相应的信道估计误差，σ_h^2 和 ϵ_h^2 表示相应信道估计误差的方差。

我们的目标是通过联合优化主发送机的发射功率、次发送机的反射系数和时间分配因子最大化次用户的总吞吐量。该优化问题可表述为：

$$\begin{aligned}
&\max_{t_i,\tau_n,\alpha_n,\beta_n,P_n} \sum_{n=1}^{N}(\tau_n R_n^{\mathrm{B}}+\alpha_n R_n)\\
&s.t.\ C_1:\sum_{i=1}^{3}t_i\leqslant T,t_i\geqslant 0,C_2:\sum_{n=1}^{N}\tau_n\leqslant t_2,\tau_n\geqslant 0\\
&C_3:\sum_{n=1}^{N}\alpha_n\leqslant t_3,\alpha_n\geqslant 0,C_4:0\leqslant\beta_n\leqslant 1,C_5:\tau_n E_n^{\mathrm{C}}+\alpha_n(P_n+p_n^{\mathrm{C}})\leqslant E_n^{\mathrm{total}}\\
&C_6:\Pr\{R_n^{\mathrm{B}}\leqslant R_n^{\mathrm{B,min}}\}\leqslant\omega_n,\ C_7:\Pr\{R_n\leqslant R_n^{\min}\}\leqslant\upsilon_n\\
&C_8:\Pr\left\{\frac{P_0 g}{P_0 g_n h_n^{\mathrm{R}}\beta_n+\sigma_{\mathrm{R}}^2}\leqslant\gamma^{\min}\right\}\leqslant\zeta,C_9:\Pr\left\{\frac{P_0 g}{P_n h_n^{\mathrm{R}}+\sigma_{\mathrm{R}}^2}\leqslant\gamma^{\min}\right\}\leqslant\zeta\\
&C_{10}:\Delta h_n\in\mathcal{R}_n;\Delta h_n^{\mathrm{R}}\in\mathcal{R}_n^{\mathrm{R}}
\end{aligned}\tag{6}$$

式中，g 和 h_n^{R} 分别表示主发送机到主接收机的信道增益和第 n 个次发送机到主接收机的信道增益，$R_n^{\mathrm{B,min}}$ 和 $R_n^{\min}$ 分别表示在反向散射传输模式和主动传输模式下次接收机的最小速率门限，$\omega_n\in[0,1]$ 和 $\upsilon_n\in[0,1]$ 分别表示相应的中断概率门限，$\gamma^{\min}$ 表示主接收机的信噪比门限，$\zeta\in[0,1]$ 表示主接收机的中断概率门限，C_1～C_3 是传输时间约束，C_4 是每个次发送机的发射系数约束，C_5 是每个次发送机的能量收集约束，C_6 和 C_7 是次发送机的速率中断概率约束，C_8 和 C_9 是在信道不确定下保证主接收机服务质量的中断概率约束，C_{10} 是不确定约束。

二、鲁棒资源分配算法设计

由于耦合变量和中断概率约束，式（6）是非凸优化问题。为了求解它，将概率约束转化为确定性约束。然后利用变量替代法得到凸优化问题。最后利用拉格朗日对偶理论进一步推导出封闭解。

为了处理 C_6 的不确定性，我们有：

$$\begin{aligned}
\Pr\{R_n^B\leqslant R_n^{B,\min}\}\leqslant\omega_n &\Rightarrow \Pr\left\{\Delta h_n\geqslant\frac{(2^{\frac{R_n^{B,\min}}{W}}-1)\sigma_n^2}{\beta_n g_n P_0}-\bar{h}_n\right\}\geqslant 1-\omega_n\\
&\Rightarrow F_{\Delta h_n}\left(\frac{(2^{\frac{R_n^{B,\min}}{W}}-1)\sigma_n^2}{\beta_n g_n P_0}-\bar{h}_n\right)\geqslant 1-\omega_n
\end{aligned}\tag{7}$$

式中，$F_{\Delta h_n}(\cdot)$ 表示 Δh_n 的累积分布函数。基于式（7），我们有：

$$\tilde{h}_n \geqslant \frac{\left(2^{\frac{R_n^{B,\min}}{W}}-1\right)\sigma_n^2}{\beta_n g_n P_0} \tag{8}$$

式中，$\tilde{h}_n = \bar{h}_n + \sigma_h Q^{-1}(1-\omega_n)$，$Q^{-1}(\cdot)$ 是 Q 函数的逆函数。结合式（7）和式（8），C_6 可以重写为：

$$W\log_2\left(1+\frac{\beta_n g_n \tilde{h}_n P_0}{\sigma_n^2}\right) \geqslant R_n^{B,\min} \tag{9}$$

同理，C_7～C_9 可以被重新描述为：

$$W\log_2\left(1+\frac{P_n \hat{h}_n}{\sigma_n^2}\right) \geqslant R_n^{\min} \tag{10}$$

$$\frac{P_0 g}{P_0 g_n \tilde{h}_n^R \beta_n + \sigma_R^2} \geqslant \gamma^{\min} \tag{11}$$

$$\frac{P_0 g}{P_n \tilde{h}_n^R + \sigma_R^2} \geqslant \gamma^{\min} \tag{12}$$

式中，$\hat{h}_n = \bar{h}_n + \sigma_h Q^{-1}(1-\upsilon_n)$，$\tilde{h}_n^R = \bar{h}_n^R + \epsilon_R Q^{-1}(1-\zeta)$，基于式（9）～式（12），式（6）变为：

$$\begin{aligned}
&\max_{t_i,\tau_n,\alpha_n,\beta_n,P_n} \sum_{n=1}^{N}(\tau_n R_n^B + \alpha_n R_n) \\
&s.t.\ C_1 \sim C_5,\ \bar{C}_6: W\log_2\left(1+\frac{\beta_n g_n \tilde{h}_n P_0}{\sigma_n^2}\right) \geqslant R_n^{B,\min} \\
&\bar{C}_7: W\log_2\left(1+\frac{P_n \hat{h}_n}{\sigma_n^2}\right) \geqslant R_n^{\min},\ \bar{C}_8: \frac{P_0 g}{P_0 g_n \tilde{h}_n^R \beta_n + \sigma_R^2} \geqslant \gamma^{\min} \\
&\bar{C}_9: \frac{P_0 g}{P_n \tilde{h}_n^R + \sigma_R^2} \geqslant \gamma^{\min}
\end{aligned} \tag{13}$$

由于 τ_n 和 β_n 是耦合的，α_n 和 P_n 是耦合的，所以式（13）仍然是非凸优化问题。定义 $\bar{\beta} = \tau_n \beta_n$ 和 $\bar{P} = \alpha_n P_n$，式（13）可等价转化为：

$$\begin{aligned}
&\max_{t_i,\tau_n,\alpha_n,\bar{\beta}_n,\bar{P}_n} \sum_{n=1}^{N}\{W\tau_n \log_2(1+\gamma_n^B) + W\alpha_n \log_2(1+\gamma_n)\} \\
&s.t.\ C_1 \sim C_3, \hat{C}_4: \tau_n \geqslant \bar{\beta}_n \geqslant 0 \\
&\hat{C}_5: (t_1+\tau_n-\bar{\beta}_n)\eta_n P_0 g_n \geqslant \tau_n E_n^C + \bar{P}_n + \alpha_n p_n^C \\
&\hat{C}_6: W\tau_n \log_2(1+\gamma_n^B) \geqslant \tau_n R_n^{B,\min}, \hat{C}_7: W\alpha_n \log_2(1+\gamma_n) \geqslant \alpha_n R_n^{\min}
\end{aligned} \tag{14}$$

$$\hat{C}_8: P_0 g\tau_n \geqslant \gamma^{\min}(P_0 g_n \tilde{h}_n^R \bar{\beta}_n + \tau_n \sigma_R^2), \hat{C}_9: P_0 g\alpha_n \geqslant \gamma^{\min}(\bar{P}_n \tilde{h}_n^R + \alpha_n \sigma_R^2)$$
$$\hat{C}_{10}: \alpha_n \geqslant \bar{P}_n \geqslant 0$$

式中，$\gamma_n^B = \bar{\beta}_n g_n \tilde{h}_n P_0 / \tau_n \sigma_n^2$，$\gamma_n = \bar{P}_n \hat{h}_n / \alpha_n \sigma_n^2$。式（14）是一个凸优化问题，可以用拉格朗日对偶理论或梯度下降法进行求解。

三、仿真结果与分析

为了验证本文算法的有效性，通过与传统算法对比来进行评估。传统非鲁棒算法是指在本文相同目标函数下不考虑信道不确定性的影响（假设理想的信道状态信息）；纯反向散射算法是指在传输模型中忽略了主动传输阶段的吞吐量优化（无主动传输过程），纯收集—传输算法是指只考虑收集再转发传输，忽略了反向散射过程。仿真环境与参数如下：假设系统存在一对主用户收发机、两对次用户收发机，且主用户收发机之间的最大距离为 7m，主发送机到次发送机 1 和次发送机 2 的距离分别是 4m 和 3m，次发送机 1 到次接收机 1、次发送机 2 到次接收机 2 的距离分别为 3.5m、5m，次发送机 1 到主接收机、次发送机 2 到主接收机的距离分别为 5m、5.5m。信道模型服从瑞利分布 d^{-x}，其中 d 表示发送机与接收机之间的距离，x=3 是路径损耗指数[12]。其他参数为：N=2，$\sigma_n^2 = \sigma_R^2 = 10^{-8}$ W，$R_n^{B,\min} = 0.3$ bit/s/Hz，$\gamma^{\min} = 0.5$ dB，$\varsigma = 0.1$，W=10MHz，$E_n^c = P_n^c = 0.001$ W，T=1s，$w_n = 0.1$，$v_n = 0.1$。

图 2 描述了主接收机的实际中断概率与不确定性参数 $\triangle h_n^{\mathrm{R}}$ 的标准差 ϵ_{R} 之间的关系。从图中可以看出，不同算法下的实际中断概率随着 ϵ_{R} 的增加而增大。因为 ϵ_{R} 的增加意味着较大的信道估计误差，这会降低网络的通信性能。此外，由于所提算法考虑了参数不确定性对系统的影响，因此所提算法的实际中断概率比传统非鲁棒算法低，并且不超过中断阈值。

图 3 给出了系统总吞吐量与信道估计误差 σ_{h} 的关系。随着 σ_{h} 的增加，所提算法、纯反向散射算法和纯收集—传输算法的吞吐量随之下降。信道估计误差 σ_{h} 的增加导致参数不确定性对系统的摄动提高，因此会有更多的吞吐量补偿系统。然而，传统非鲁棒算法忽略了信道不确定性，系统吞吐量将会保持不变。此外，所提算法的吞吐量在纯反向散射算法和纯收集—传输算法之上，可以看出所提算法具有较高的吞吐量和有效性。

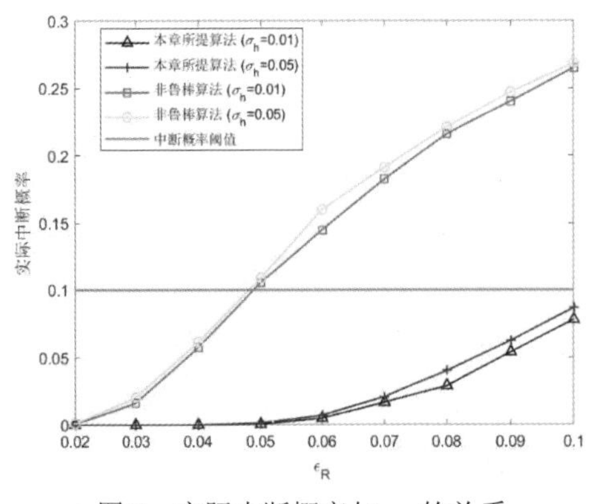

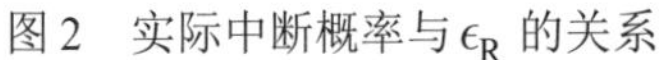
图 2　实际中断概率与 ϵ_R 的关系

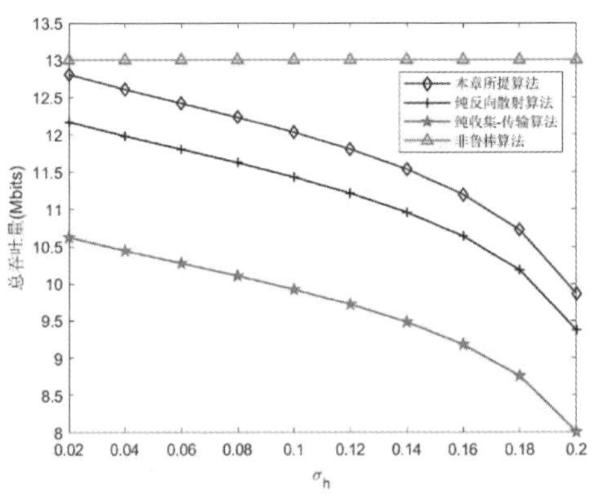

图 3　系统总吞吐量与标准差 σ_h 的关系

四、结论

本文针对现有物联网频谱资源紧张、传输可靠性差的问题提出了一种全新的认知无线供电反向散射通信网络架构，并设计了一种鲁棒资源分配算法，克服信道估计误差的影响，并使整个通信系统吞吐量最大。仿真结果表明，所提算法具有很好的鲁棒性和抗扰性。

参考文献

[1] D. C. Nguyen etc. 6G Internet of Things: A Comprehensive Survey, IEEE Internet of Things Journal, 2022, 9(1): 359-383.

[2] Y. Xu, Z. Qin, G. Gui, etc. Energy Efficiency Maximization in NOMA Enabled Backscatter Communications With QoS Guarantee, IEEE Wireless Communications Letters, 2021,10(2): 353-357.

[3] 徐勇军，杨浩克，叶迎晖，等．反向散射通信网络资源分配综述[J]．物联网学报，2021，5（3）：56-69.

[4] Y. Xu, G. Gui, H. Gacanin, etc. A Survey on Resource Allocation for 5G Heterogeneous Networks: Current Research, Future Trends, and Challenges, in IEEE Communications Surveys & Tutorials, 2021, 23(2): 668-695.

[5] Y. Xu, G. Gui. Optimal Resource Allocation for Wireless Powered Multi-Carrier Backscatter Communication Networks, IEEE Wireless Communications Letters, 2020, 9(8): 1191-1195.

[6] Y. Xu, B. Gu, R. Q. Hu, etc. Joint Computation Offloading and Radio Resource Allocation in MEC-Based Wireless-Powered Backscatter Communication Networks, IEEE Transactions on Vehicular Technology, 2021, 70(6): 6200-6205.

[7] Y. Xu, B. Gu, D. Li. Robust Energy-Efficient Optimization for Secure Wireless-Powered Backscatter Communications With a Non-Linear EH Model, IEEE Communications Letters, 2021, 25(10): 3209-3213.

[8] L. Xu, K. Zhu, R. Wang, etc. Performance analysis of ambient backscatter communications in RF-powered cognitive radio networks, in Proc. WCNC, Barcelona, Spain, 2018: 1-6.

[9] D. T. Hoang, D. Niyato, P. Wang, etc. Ambient backscatter: A new approach to improve network performance for RF-powered cognitive radio networks, IEEE Transactions on Communications, 2017, 65(9): 3659-3674.

[10] B. Lyu, H. Guo, Z. Yang, etc. Throughput maximization for hybrid backscatter assisted cognitive wireless powered radio networks, IEEE Internet of Things Journal, 2018, 5(3): 2015-2024.

[11] Y. Zhuang, X. Li, H. Ji, etc. Optimal resource allocation for RF-powered underlay cognitive radio networks with ambient backscatter communication, IEEE Transactions on Vehicular Technology, 2020, 69(12): 15216-15228.

[12] Y. Ye, L. Shi, R. Q. Hu, etc. Energy-efficient resource allocation for wirelessly powered backscatter communications, IEEE Communications Letters, 2019, 23(8): 1418-1422.

高职学生在线学习体验优化与改进策略研究

刁海军，黄健，刘利萍
（江苏安全技术职业学院）

基金项目：2022年江苏高校哲学社会科学研究项目“高职学生在线学习能力评价与发展研究”；2020年江苏高校“大学素质教育与数字化课程建设”专项课题“移动学习情境中高职课程教学形态重构研究”（编号：2020JDKT162）。

摘要：互联网+情境下的教学更具有现场感、互动感，也为教学形态的改变带来了别样的生机。互联网+情境下学习者对学习环境和学习资源都提出了更高的要求，围绕学习者的学习体验设计在线教学就变得非常重要。要提升并优化高职学生的课程学习体验，必须要以学生为中心，适应学生的可持续发展需求。互联网+教育情境下的课程必然要在课程内容、课程形态、课程实施、课程结构、课程供给方式、课程体系等方面做出一些改变。文章以增强互联网+情境下的课堂互动和知识建构为突破口，基于增强互动的视角和知识建构的视角，尝试优化高职学生学习体验并给出相应的实施策略，为在线课程建设提供新的视角和依据。

关键词：学习体验优化；在线学习；互联网+；高职学生

疫情期间的大规模在线学习实践是教育领域努力适应在线学习虚拟形态的一场体验之旅，构建线上线下教育常态化融合发展的新机制成了教育工作者热议并亲身实践的热点，也为在线教育的发展描绘了美好的未来与憧憬。互联网+时代，在线学习打破了传统教学模式，技术的更新和迭代也带领我们进入了一个新的体验时代，在线学习领域正在发生翻天覆地的变化。随着学习环境的变化，重视用户体验、注重学习者感受、注重内部知识的逆向流动、关注如何把学习内部的知识挖掘出来并分享出去成为在线学习的新方向，如何围绕学习者这一主体，在内容引导与推荐、学习发生场景中找到平衡点，让互联网+情境成为实现教学设计者与学习者之间有机联合的连接器。本文试图立足于互联网+的时代大背景，就如何优化和提升高职学生在线学习体验展开相关研究，试图为在线课程建设提供新的视角和依据。

一、学习体验与学习体验优化

学习体验是学习者在正式或非正式学习场景中的主观感受，这种主观的感受主要受学习者的学习期待与实际效果间差异的影响。学习设计是否能满足学习者的学习需求、学习者在学习过程中是否有愉悦的过程感受，这种体验受到多方面因素的影响。调查数据统计结果显示：平台的易用度、学习的有效度、过程的愉悦度、教师的教学设计成为影响互联网+学习体验满意度的几个重要因素。互联网+情境为在线学习者提供了包括学习情境、学习活动、学习交互等多重感知和反应，这种由技术变化引发的多元、协作的强互动机制不仅优化了沟通机制，而且为深度学习和意义学习创造了条件，这种学习体验是开放、有目的且兼具内聚性的交流体系。

现有研究中，关于学习体验影响因素的研究相对较为集中。江毓君等通过研究给出了师生互动、同伴互动、协作、教师教学技能等方面的影响因素，并且从强到弱依次进行了排序。通过设计相关量表观察学习者的在线学习体验满意度，在此基础上提出正向影响在线学习体验的相关因素。张露等就学习体验这一概念进行了核心内容阐释，就常见的学习体验进行分类并构建了相关的理论框架。这些研究通过抽象的、数据化的结果呈现出影响在线学习体验的因素，但是对于学习者的动态变化、学习体验生成规律以及学习者个体发展等方面的因素考虑不足。

互联网+学习情境中，学习体验的主体是发生学习行为并产生学习体验的学习者，其主观感受主要表现为其学习需求方面的满意度，包括心理感知、外显行为和主观感受。良好的学习体验是激励学习者深入开展学习的前提，可以为向学习者提供最合适、最精准的个性化教育服务奠定基础。在实际的学习环节中，无论是教学设计者还是学习者都非常关注学习体验的反馈，进而提高学习活动的效能。

良好的学习体验不仅可以有效激发学习者的学习内驱力，还有助于提升其自我效能感。作为在线学习的直接参与者、体验者和评价者，学习者的学习体验会直接影响其参与程度、学习内驱力、学习效果和学习质量。

互联网+情境下的在线教学，如果仅是在传统教学设计、教学内容的基础上加上了一层技术的外包装，忽略对学习者的学习体验设计，那么往往很难取得突破性的成效。互联网+教育情境下，我们的课堂应当如何转变成为一个更有组织与效能的学习空间呢？教师、学生、技术、教学评价、学习过程和学习活动发生的空间都需要加以改变，我们需要在改变现有教学范式的基础上满足学生在互联网+情境下所体现出的新的学习需求和实践诉求。

二、互联网+教育情境下高职学生学习体验优化的切入点

我们以 12 所不同类型和不同层次的职业院校学生、教师的 374 份问卷和访谈数据作为样本数据源，通过数据统计分析发现：大学生的学习影响因素（性别、生生交互、师生交互、课程资源交互、软件界面交互）与其学习满意度存在正向的显著性关系，且大学生的学习满意度持续影响着他们的学习愿望，满意度越高，其学习愿望就越强烈。要实现互联网+教育情境下高职学生学习体验优化，我们可以从以下几方面入手：

（1）互联网+学习需要依托相应的技术平台实现学习者、学习资源和教师之间的多方交互，作为交互的载体，技术情境将贯穿学习者参与学习活动的全过程。这些平台是不是可以满足学习者的学习习惯、是不是可以满足学习者的学习需求、是不是可以能够吸引学习者持续进行学习等，都会对互联网+学习的体验产生很大影响。

（2）互联网+情境下的教学要完成从知识传递到认知建构的转型，完成从面向内容的设计到面向学习过程的设计，完成从技术中学习到用技术学习的转变。面对不同的知识内容，采用多种模式优势互补的混合式教学将成为主流。学习交互是互联网+情境下教与学的重要影响因素，这一观点已经被教育界所关注并通过实践得到了证实。与线下教学活动相比，互联网+情境下的教学应该更注重互动，注重知识建构和知识创造。

（3）教师要充分了解互联网+情境中教学设计的痛点和难点，重塑教师角色，充分了解学习者的学习动机、学习需求，将技术与技巧相结合，针对互联网+情境开展教学设计，实施教学活动，提高教学互动，创造学生的临场感，让学习以一种易于理解、容易接受的方式来进行。通过有效的互动支持和及时反馈增强有意义的学习体验，有效提升学生的学习参与度。

三、互联网+教育情境下高职学生学习体验优化策略

互联网+教育情境下，要提升并优化高职学生的课程学习体验，必须要以学生

为中心，适应学生的可持续发展需求，适应社会的发展需求。从这一角度来看，我们的课程必然要发生变革。这种变革主要体现在课程内容、课程形态、课程实施、课程结构、课程供给方式、课程体系等方面。

互联网+情境使课堂形态发生了变化，也改变了教师与学生的交互方式。课堂互动的形式越来越多元，学生之间的互动越来越自主。这里我们以增强互联网+情境下的课堂互动和知识建构为突破口，尝试优化高职学生学习体验并给出相应的实施策略。

（一）基于增强互动的视角

互联网+课堂中的互动结构涵盖了同步互动和异步互动，一般呈现为网络型。师生互动的形式得到了空前的丰富，既可以是一对一的单向和双向互动，也可以是一对多、多对多的单向和双向互动。互动手段可以是简单的文字，也可以选择语音、视频等方式。承载教学内容的介质多样化，也使得学生与教学内容的互动变得多元化。学生不仅可以通过浏览文字、图片与教学内容互动，也可以通过观看视频、动画与教学内容互动，甚至可以利用腾讯课堂、视频会议等方式实现教师、学生、教学内容、教学平台之间的实时互动。让学生在积极与他人和事物的互动中建构意义，并将知识应用于实践，从而在知识建构和实践中开展社会性互动。

互联网+时代的课堂教学中学生的自主能力需要加强，学生参与互动的积极性和程度都需要被激励。教师不应是教学互动的完全掌控者，应该成为教学互动的促进者、激励者和参与者，成为与学生平等的互动主体。互联网+时代，社会性互动更加丰富和快捷，类型也越来越多样化。包括教师、专家、企业导师、学习同伴在内的人员能够在某些方面代替教师满足学生的部分需求。在这种情况下，师生之间的交互就变得非常灵活，学生在交互中的自主能力也会进一步得到增强。互联网+时代的课堂，我们要更加注重学生的学习互动过程和互动体验，激励学生主动探索知识，激励学生成为互联网+课堂互动的主导者。当学生学习活动的主动性被有效激发、在学习过程中的悦纳度得到有效提升后也会显著影响学生的学习体验。

互联网+情境下的教与学需要学生积极主动参与。我们在实践中通过讨论热门议题、表扬积极的学生并与学生进行情感互动来鼓励和维持学生持续在网络上参与讨论。实践证明，对学生互动的激发、肯定也是对在线教学局限性进行补充和完善的一种重要机制。我们经常在课堂教学中给学生足够的发言机会，积极吸取和尊重学生的意见。教师适时给予学生鼓励、师生之间的情感互动，对激发和保持学生积极向上的学习情感、激发并维持学生的学习兴趣和学习动机、促进学生人格的健康发展都有非常重要的意义。学生一旦得到老师的肯定，学习体验感得到满足、学习情趣得到激发，必然会激起新一轮的学习动力，从而完成有效学习和意义学习。

（二）基于知识建构的视角

建构主义认为的学习是基于先知经验、心理结构，通过“同化”和“顺应”完成知识建构的心理过程。学生对于知识的学习是内生的，而不是外界强加的。学生要完成知识的建构，必须要有先知经验作为基础，同时辅助外界的刺激，最终形成自己对知识的理解和认知的进阶。与行为主义和认知主义等“接受认知”的学习理论不同的是，建构主义所认为的学习过程更强调学生的自主知识建构，而不是依靠外界的输入。对应的教学设计应该更加关注学习过程中学习者学习主动性的激发，任务也应该体现探究性，学习活动的设计以及问题的设计都应该围绕学习者学习兴趣、学习动机的激发展开。这些都给我们基于知识建构的视角优化互联网+情境下学生的学习体验提供了理论指导。

我们在进行线上+线下混合式教学活动设计时，经常会设计一些探究性实践、小组协作问题解决、分组交流讨论、在线智能答疑等教学活动。这些教学活动一般会参照已经设计好的课程目标、课程内容及其呈现形式，以及教学的进度有针对性地选择和设计。教学活动的设计充分考虑如何为学生创造具体的学习情境，激发学生主动参与知识的建构，并加强师生、生生之间的交流互动。在教学设计时，我们经常选择用一些探究性问题设计不确定的问题情境，以激发和维持学生的注意力。教师提出与课程内容相关的疑问，并在一定程度上给出相关提示或提供一些材料，激励学生利用已有知识经验和实践技能生成新知，通过师生、生生之间的互动讨论得出答案。

四、结语

互联网+情境下的教与学方式的重构使学生在学习过程中拥有自由的时空选择、丰富的教学策略、充分的社会交互、实时的远程协作与协同。学生在享受技术支持的个性化学习服务的同时，还能生成丰富的优质资源。互联网+情境下的课堂教学不仅带来了更强的课堂互动，注重知识建构和知识创生，也催生出多种教学模式，不断丰富学习者的学习体验，对学生学习效果的影响有非常明显的现实意义和实践价值。

参考文献

[1] 江毓君，白雪梅，伍文臣，等．在线学习体验影响因素结构关系探析[J]．现代远距离教育，2019（1）：27-36．

[2] 张露，尚俊杰．基于学习体验视角的游戏化学习理论研究[J]．电化教育研究，2018，39（6）：11-20，26．

[3] 王帆，郝祥军，张迪，等．在线学习内驱力的外引策略设计与效果分析[J]．电化教育研究，2020，41（8）：67-73．

[4] 钟启泉．“能动学习”与能动型教师[J]．中国教育学刊，2020（8）：82-87，101．

[5] 王繁．学习者视角下在线开放课程使用体验与提升策略研究[J]．中国教育信息化，2021（17）：11-16．

基于服务机器人平台的语音交互功能设计

王泽良
（四川仪表工业学校）

摘要：服务机器人专业新兴、热门、科技含量高，应用于无人机、自动驾驶等前沿项目。针对职业学生门槛高、入门难、容易放弃等特点，本文设计一款语音交互应用，让机器人能够被唤醒，并针对话题给出回应，达到对话聊天交流的效果，实现提高学习兴趣、了解 Linux 系统基本操作、掌握基本指令和程序简单编写与执行的目的。

关键词：UBUNTU；ROS；讯飞；图灵；服务机器人

一、设备平台与环境准备

我校服务机器人有树莓派系统和 UBUNTU 两种，本文基于 UBUNTU 18.04 安装的 ROS-MELODIC-DESKTOP-FULL 需要配置安装库和选择国内的源，在终端使用命令 rosrun turtlesim turtlesim_node 能成功启动小海龟实例，则表示安装完毕。在系统设置中测试声音输入输出，查看麦克风和音响是否正常。

要设计语音对话系统，需要到科大讯飞网站（xfyun.cn）注册账号并下载对应 SDK 源码，到图灵机器人网站（turingapi.com）注册账号，让机器人能理解收到的话题语义，并在线做出回答。其中编程需要讯飞的 appid 和图灵机器人的 key。

二、模块整体设计

该应用使用三个节点两个话题，在终端使用 rqt_graph 命令可以查看到整体结构（见图 1），分别用于录音并在线识别人类语音、图灵机器人语义理解和在线文本转语音。

机器人被唤醒后，iat_publish 节点开始录音并进行语音识别，把语音转为文本，并作为发布名为 tuling_nlu_topic 的话题的消息，在终端使用 rostopic list 命令可以查看到话题名。tuling_nlu_node 节点订阅该话题，发送 httpPost 请求，等待图灵服务器返回结果，在线调用图灵机器人语义理解并接收json数据格式的回答。tuling_nlu节点把回传的文本作为发布名为tts_text的话题的消息。tts_subscribe节点订阅该话题，通过科大讯飞在线语音合成功能生成wav文件，调用play命令播放合成的wav文件。实现机器人与人类对话流程整体框架如图2所示。

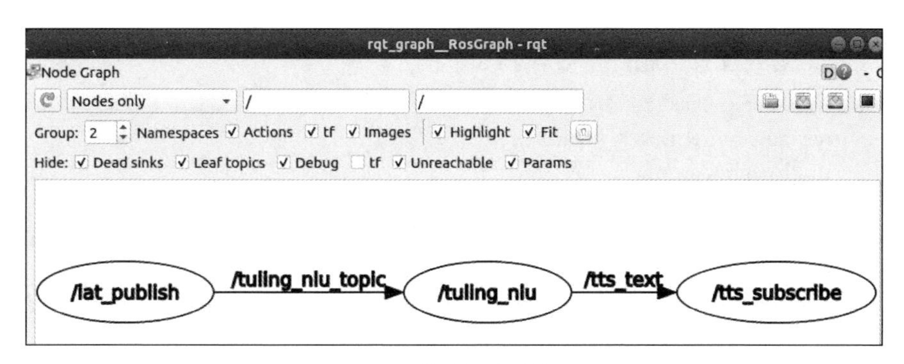

图1　模块整体结构

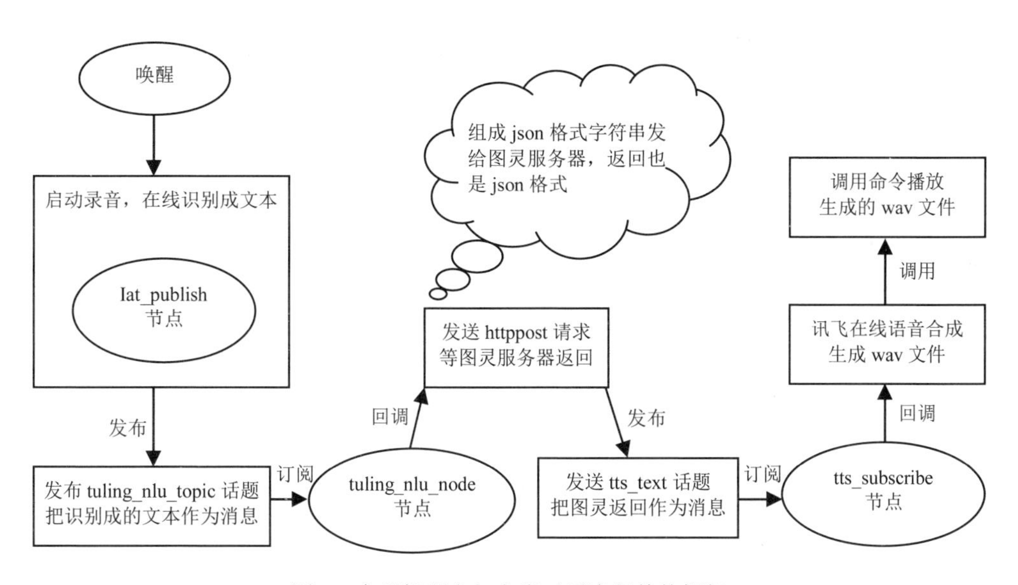

图2　实现机器人与人类对话流程整体框架

三、功能包下载并编程

通过mkdir -p命令创建工作空间，用catkin_create_pkg创建一个名为robot_voice的功能包，把下载的SDK中iat_online_record_sample文件夹里的

formats.h/linuxrec.h/speech_recognizer.h 放到 robot_voice 包的 include 目录下，把 libs/x64 里的 libmsc.so 放到系统 libs 目录下，功能包中 src 目录下的 iat_publish.cpp/ linuxrec.c/speech_recognizer.c 作为语音识别源代码，tuling_nlu.cpp 作为语义理解并回答源程序，tts_subscribe.cpp 是文本转语音源代码。

（1）语音听写（iFly Auto Transform）技术：能够实时地将语音转换为对应的文字。主函数发布话题的主要代码如下：

```
int main(int argc, char* argv[])
{    ros::init(argc, argv, "iat_publish");
     ros::NodeHandle n;
     ros::Rate loop_rate(10);
     ros::Publisher iat_text_pub = n.advertise<std_msgs::String>("tuling_nlu_topic", 1000);
     while(ros::ok())
     {    if (wakeupFlag){
               demo_mic(session_begin_params);
               wakeupFlag=0;
               MSPLogout(); }
          if(resultFlag){resultFlag=0;
               std_msgs::String msg;
               msg.data = g_result;
               iat_text_pub.publish(msg); }
     }
}
```

（2）语义理解：通过 curl_easy_setopt(pCurl,CURLOPT_URL,"http://www.tuling123.com/openapi/api")代码设置图灵机器人调用接口，设置 http 发送的内容类型为 JSON，当 tuling_nlu_topic 话题有消息时调用 HttpPostRequest 向图灵服务器发送内容，返回结果。主函数中订阅 tuling_nlu_topic 话题和发布 tts_text 话题的主要代码如下：

```
int main(int argc, char **argv)
{    ros::init(argc, argv,"tuling_nlu_node");
     ros::NodeHandle nd;
     ros::Subscriber sub = nd.subscribe("tuling_nlu_topic", 10, arvCallBack);
     ros::Publisher pub = nd.advertise<std_msgs::String>("tts_text", 10);
     ros::Rate loop_rate(10);
     while(ros::ok())
     {    if(flag)
          {    std_msgs::String msg;
               msg.data = result;
               pub.publish(msg);
               flag = 0; }
```

```
        ros::spinOnce();
        loop_rate.sleep(); }
}
```

（3）语音合成（Text To Speech，TTS）技术：能够自动将任意文字实时转换为连续的自然语音，是一种能够在任何时间、任何地点向任何人提供语音信息服务的高效便捷手段，非常符合信息时代海量数据、动态更新和个性化查询的需求。

其中设置参数有注册应用的 appid 和语音特征（如 rdn 为合成音频数字发音方式，volume 为合成音频的音量，pitch 为合成音频的音调，speed 为合成音频对应的语速，voice_name 为合成发音人，sample_rate 为合成音频采样率，text_encoding 为合成文本编码格式），详细参数说明请参考“讯飞语音云 MSC_API”文档。主函数订阅 tts_text 话题的主要代码如下：

```
int main(int argc, char* argv[])
{    int ret = MSP_SUCCESS;
     const char* login_params = "appid = 53a5e471, work_dir = .";
     ret = MSPLogin(NULL, NULL, login_params);
     ros::init(argc,argv," tts_subscribe");
     ros::NodeHandle n;
     ros::Subscriber tts_text_pub =n.subscribe("tts_text", 1000,ttsCallback);
     ros::spin();
}
```

（4）测试结果：能正确识别语音、理解语义、播放回答，达到预期目标，如图 3 所示。

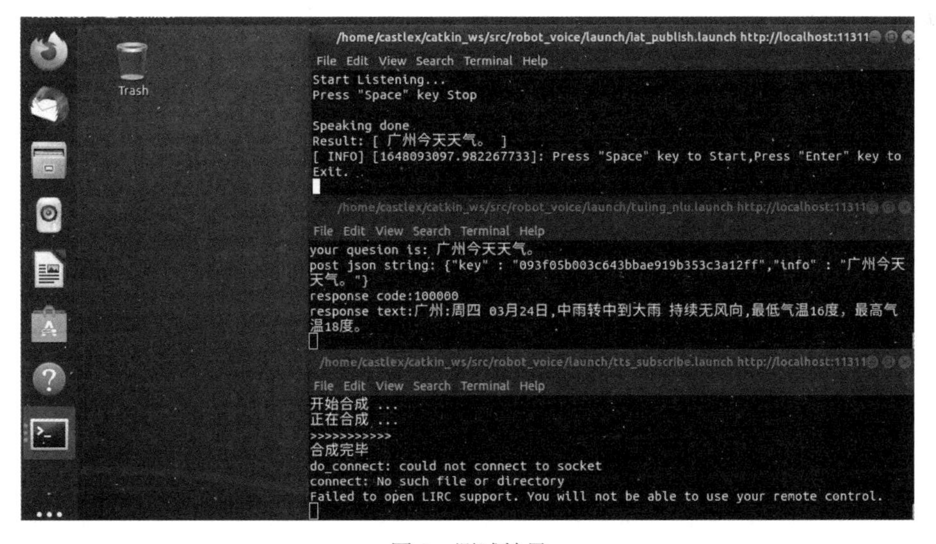

图 3　测试结果

四、结语

本文通过具体的服务机器人实训平台搭建项目环境，通过修改 SDK 源码完成语音交互目标，分别对应 iat_publish、tuling_nlu_node 和 tts_subscribe 三个节点源代码的编写实现语音转文本、文本语义理解回答、文本转语音等功能，达到机器人与人类对话的目的。

参考文献

[1] 张文艺．基于 ROS 的人机语音交互系统设计与实现[D]．西安电子科技大学，2017．
[2] 胡赛．基于语音交互的视频会议智能遥控器的研究与实现[D]．华南理工大学，2016．
[3] 张绮琦．机器人语音交互和语义识别的实现[D]．暨南大学，2017．

信创背景下 HBase 交互式用户终端设计与实现

张海龙
（武汉软件工程职业学院）

基金项目：本论文是作者所在单位 2021 年校级立项课题“课程思政示范课程建设”项目的阶段性成果。

摘要：信创产业的内涵是建立核心技术自主可控的信息基础架构、核心标准和产业生态。在国内大数据领域，HBase 分布式数据库为海量数据的存储和数据读写服务，得到了广泛的应用。HBase 内置交互式终端的鲁棒性不高且存在数据安全风险。基于 Apache 开源 HBase 项目进行二次开发，设计实现一个核心源码自主可控的 HBase 分布式数据库交互式用户终端，为国内运维工程师提供一个安全、便利的 HBase 数据库运维工具。

关键字：信创产业；自主可控 HBase；交互式用户终端

一、引言

信创（信息技术应用创新产业）是重要的国家战略，涉及 IT 基础设施（如 CPU）、基础软件（如操作系统）、应用软件（如 OA）等领域。为避免 IT 核心技术受制于人，必须大力发展信创产业，这是国家数据安全、网络安全的重要保障。

大数据时代，大数据技术在各行业的应用越来越广泛和深入。国内很多互联网公司使用 HBase 分布式数据库存储管理海量数据，服务于各种实时在线系统及离线分析系统，已经部署数千节点规模的 HBase 集群。HBase 的业务场景包括订单系统、消息存储系统、用户画像、搜索推荐、安全风控和物联网时序数据存储等。

交互式用户终端是 HBase 开放给用户的重要操作接口，为 HBase 运维工程师提供了方便的系统交互界面，为 HBase 数据库的日常管理和运维工作带来了便利。HBase 内置交互式终端的鲁棒性不高且存在数据安全风险。HBase 运维工程师使用内置交互式终端进行日常运维管理工作，可能因为操作不当或终端故障而导致数据丢失，甚至集群宕机等风险。因此实现 HBase 交互式用户终端的国产化具有重要意义。

二、HBase 原理

1. HBase 简介

HBase（Hadoop Database）分布式数据库是 Apache 顶级开源项目，能在普通计算机集群上部署出一个大规模、高可靠、高性能、面向列、可伸缩的分布式存储系统。HBase 的目标是处理大表，可利用普通计算机集群进行水平扩展，能处理上亿行、上百万列数据组成的数据表。Hadoop 无法满足低延时的数据访问，而 HBase 可实现实时随机访问超大规模数据集。HBase 是以键值对方式、面向列存储的非关系型数据库。

2. HBase 基本架构

HBase 本质上是一个由多组件构成的数据库系统软件。它的每个组件运行时体现为一个可以独立的守护进程（daemon）。HBase 运行时主要有 HMaster 和 HReginServer 两个守护进程。HBase 的正常运行依赖于 ZooKeeper，HBase 运行时可以使用内置 ZooKeeper，也可以使用外部 ZooKeeper 集群，不同的选择会有不同的 ZooKeeper 守护进程。在生产环境中 HBase 通常使用外部 Hadoop 集群的 HDFS 作为底层存储。HBase 的基本架构如图 1 所示。

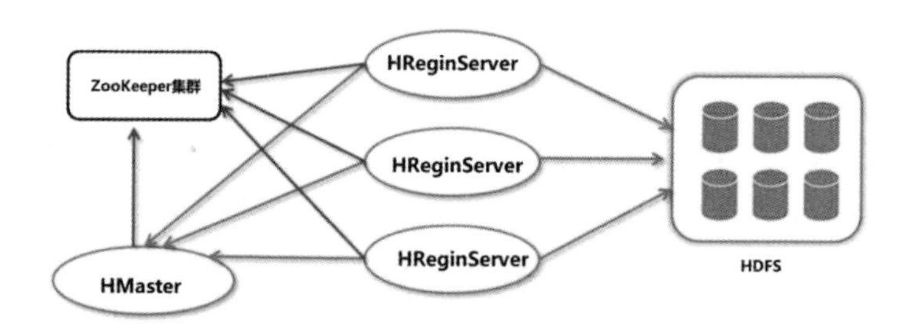

图 1　HBase 的基本架构

3. HBase 数据模型

HBase 不采用传统关系数据库的面向行数据存储方式，而采用面向列数据存储方式。HBase 物理存储模型是由行键、主列名、子列名、时间版本四个字段共同唯一确定一个单元格值。最准确的 HBase 物理存储模型是一个四维数据模型，增加了时间版本维度，因此具有保存数据历史版本的能力。

三、HBase Java API 接口

HBase 是用 Java 语言开发的分布式数据库。HBase 和 Hadoop 一样也对外提供 Java 应用编程接口（HBase Java API），以方便开发者使用 Java 编程语言进行 HBase 应用程序的开发。HBase Java API 提供了很多功能强大的操作类（Class）或接口（Interface），操作类中很多操作方法（Method）能够实现对 HBase 表数据的插入、更新、删除等 DML 操作和表结构模式更新的 DDL 操作，还能实现 HBase 集群管理、过滤器、协处理器等高级功能。

基于 HBase Java API 实现的客户端应用程序对 HBase 的一般访问步骤如下：

（1）配置：获取访问 HBase 集群所需的配置参数。

（2）连接：执行对 HBase 的 HMaster 服务的连接访问。

（3）操作：执行对 HBase 数据库的 DDL 管理操作和数据表的 DML 读写操作。

客户端对 HBase 操作需要调用 HBase Java API 提供的各种操作类、接口和方法。应用程序 HBase Java API 调用如图 2 所示。

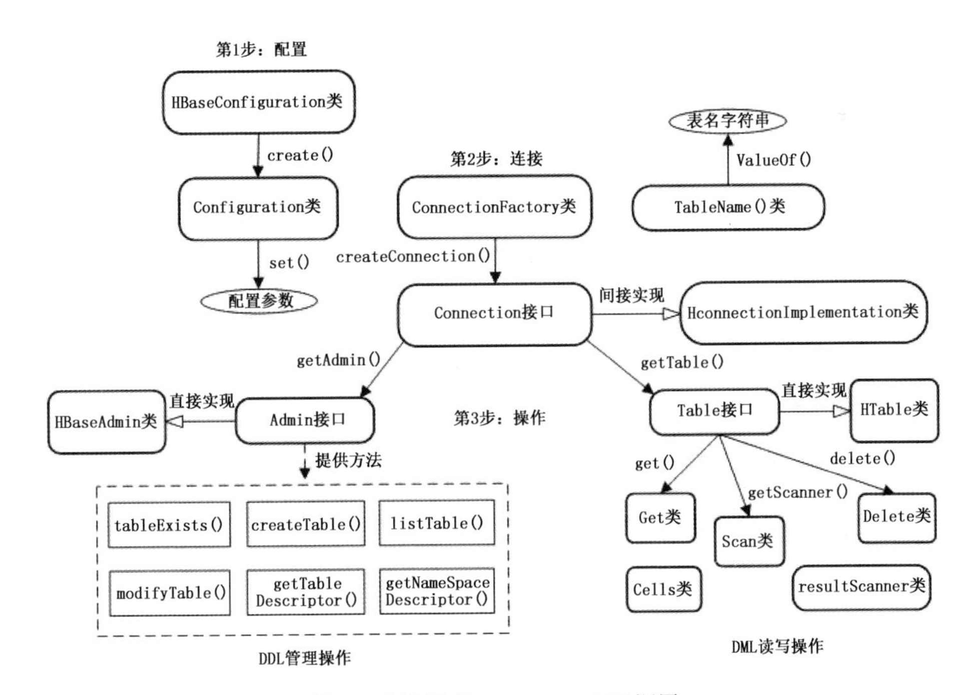

图 2　应用程序 HBase Java API 调用

HBase Java API 提供的常用操作类及接口的作用如下：

（1）Configuration：实现对 HBase 数据库的连接访问。

（2）HBaseConfiguration、Connection、ConnectionFactory、Admin：实现 HBase 数据表管理。

（3）HBaseAdmin、HTableDescriptor：实现对 HBase 数据表的访问和操作。

（4）TableName、Table、HTable、HColumnDescriptor：实现对列族的访问和操作。

（5）Put：实现 put 命令的写入数据操作。

（6）Get：实现 get 命令的获取数据操作。

（7）Scan：实现 scan 命令的表扫描操作，可以全表扫描，也可以指定列族和列扫描。

（8）Delete：实现 delete 命令的删除数据操作。

（9）Result：实现对单行数据扫描结果的封装。

（10）ResultScanner：接收 ResultScanner 类的扫描结果，可视为 Result 类的多个实例的集合。

（11）NamespaceDescriptor：实现对名字空间的访问和操作。

四、终端设计

1. 需求分析

自主开发一款能够替代 HBase 内置 HBase Shell 交互式终端的应用程序，实现数据库交互式操作终端技术的自主可控。需要能够模拟 HBase 分布式数据库自带的 HBase Shell 命令行终端的主要功能，实现 DDL 分组和 DML 分组的常用操作命令。主要实现的操作命令如下：list 命令（列出表）、exists 命令（判断表存在）、scan 命令（扫描表）、create 命令（创建表）、drop 命令（删除表）、disable 命令（禁用表）、alter 命令（修改表）、list_namespace 命令（列出名字空间）、create_namespace 命令（创建名字空间）、list_namespace_tables 命令（查看指定名字空间的表）、put 命令（向 HBase 表插入数据）、get 命令（从 HBase 表读取数据）、scan 命令（从 HBase 表扫描数据）、delete 命令（删除 HBase 表的一列数据）、deleteall 命令（删除 HBase 表的一行数据）等。

HBase Shell 终端模拟程序需要满足以下要求：

（1）能在 Windows 或 Linux 系统中独立运行，具有干净整洁的交互式终端界面。

（2）界面操作提示清晰，操作方便，用户友好，运行不崩溃。

（3）对用户输入进行合法性检查，对各种程序异常情况进行处理，避免错误输入和错误逻辑导致程序崩溃。

2. 架构设计

程序采用“前台交互模块”和“后台服务模块”的整体程序架构。前台交互模块负责接收用户输入的命令，后台服务模块负责输入命令的处理。

（1）前台交互模块设计。前台开发一个基于 Java 控制台的交互模块，能够接收用户的终端输入命令，根据不同的输入命令调用后台服务模块执行不同的命令响应，并将执行结果返回给用户，实现交互式命令行终端的效果。

（2）后台服务模块设计。后台开发一个基于 HBase Java API 的服务模块，能够将前台接收的用户输入命令转化为对 HBase 数据库和数据表的操作访问请求，并将对 HBase 数据库表的操作结果返回给前台交互模块。

（3）用户输入合法性设计。为确保 HBase 交互式终端的鲁棒性，确保程序运行不崩溃，对用户在终端输入的命令和参数进行合法性检查，需要满足以下输入规则：

- 用户不输入任何内容直接按 Enter 键，重新显示终端提示 hbase shell>。
- 限定命令名和参数只能包含大小写字母和数字，否则应判断为无效命令。
- 命令名和参数之间允许用一到多个空格符进行分隔。
- 正确的表名只能是 t1 和 ns1:t1 两种情况。
- 执行参数包含表名、名字空间和列族的命令，应确保该表、名字空间或列族存在。
- 执行创建名字空间的命令，应确保要创建的名字空间不存在。
- 执行在指定名字空间创建表的命令，应确保名字空间存在且表不存在。
- 执行删除名字空间的命令，应确保要删除的名字空间存在且不包含表。
- 执行删除表的命令，应确保该表存在且已被禁用。
- 执行删除表列族的命令，应确保列族存在且不唯一。

用户输入合法性检查的主要方法声明：

boolean isTableNameFormatCorrect(String strTableName)　　检查输入参数的表名字符串的格式是否正确，只允许大小写字母、数字和下划线。

boolean isTableExist(String strTableName)　　判断是否存在指定的表。

boolean isNameSpacesExists(String strNameSpace)　　判断是否存在指定名字空间。

boolean isNameSpacesHasTable(String strNameSpace)　　判断指定的名字空

间里是否存在表。

boolean isTableAllowDrop(String strTableName)　判断指定的表是否允许被删除。

boolean isTableAllowCreate(String strTableName)　判断指定的表是否允许被创建。

boolean isColumnFamilyExists(HTableDescriptor tableDescriptor, String strFamiliyName)判断是否存在指定名称的列族。

boolean isTableHasOnlyOneFamily(HTableDescriptor tableDescriptor)　判断指定表中是否只有唯一列族。

五、终端实现

1. 前台交互模块的实现

前台交互模块的实现类 hbaseshell 负责接收用户的输入，根据参数个数和命令名称的不同对不同的输入命令分别进行处理。前台交互模块的自定义命令和对应的原版 HBase Shell 命令存在一一对应关系。前台交互模块的处理逻辑如图 3 所示。

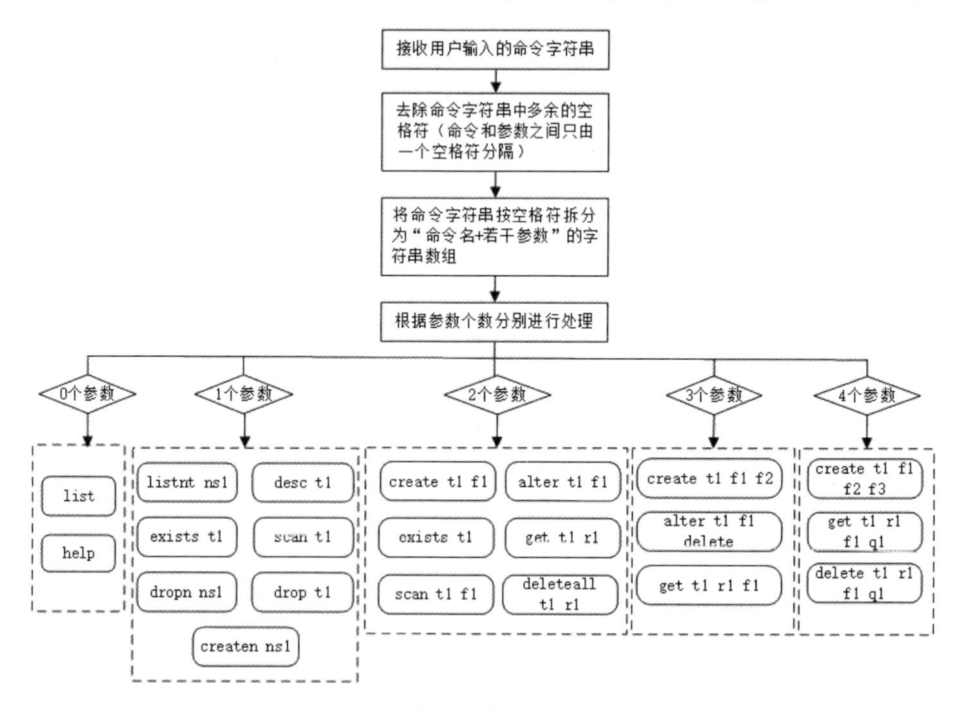

图 3　前台交互模块的处理逻辑

2. 后台服务模块的实现

后台服务模块实现类 hbaseutil 负责将用户输入的命令转化为对 HBase 数据库和数据表的操作访问请求，调用 HBase Java API 编程接口完成对命令的响应。后台服务模块实现类 hbaseutil 的方法定义见表 1。

表 1 后台服务模块实现类 hbaseutil 的方法定义

方法定义	说明
void init(String host)	执行配置和连接 HBase 的初始化操作
void close()	关闭连接配置和释放管理对象
void helpinfo()	给出所有命令用法的帮助信息
void listTables()	列出默认名字空间 default 和自定义名字空间中所有表的表名
boolean isTableExist(String strTableName)	判断是否存在指定的表
void descTable(String strTableName)	描述指定表的属性信息
void listNameSpaces()	列出 HBase 中所有的名字空间
void listNamespaceTables()	列出指定名字空间的所有表
void createNameSpace(String strNameSpace)	创建一个新的名字空间
void dropNameSpace(String strNameSpace)	删除一个指定的名字空间
void dropTable(String strTableName)	删除指定的表
void scanTable(String strTableName)	扫描指定的表
void scanTable(String strTableName, String columnFamily)	扫描指定表的指定列族
void scanTable(String strTableName, String columnFamily, String column)	扫描指定表的指定列族的指定列
void createTable(String strTableName, String[] strColumnFamilyNames)	创建指定表名且包含一至多个列族的新表
void alterTable(String strTableName, String newColumnFamily)	给指定表增加一个新列族
void alterTable(String strTableName, String delColumnFamily, String method)	删除指定表中的一个列族
void getCellValue(String strTableName, String rowKey)	指定表名、行键，读取某一行的所有列的单元格值
void getCellValue(String strTableName, String rowKey, String columnFamily)	指定表名、行键和列族，读取某列族的所有列的单元格值
void getCellValue(String strTableName, String rowKey, String columnFamily, String column)	指定表名、行键、列族和列名，读取某一列的单元格值

续表

方法定义	说明
void printCellValueByGet(Cell[] cells)	按hbase shell的get命令输出格式输出单元格对象数组的内容
void printCellValueByGet(Cell[] cells)	按 hbase shell 的 scan 命令输出格式输出单元格对象数组的内容
void deleteCellValue(String strTableName, String rowKey)	指定表名、行键删除单元格值
void deleteCellValue(String strTableName, String rowKey, String columnFamily, String column)	指定表名、行键、列族、列名删除单元格值

六、结束语

HBase 交互式命令终端提供了 12 个分组的近百个操作命令，能够完成各种 HBase 运维和管理操作，为运维工程师的数据库日常运维管理带来了便利。“中国要强盛、要复兴，就一定要大力发展科学技术，努力成为世界主要科学中心和创新高地”“实践反复告诉我们，关键核心技术是要不来、买不来、讨不来的”。信息技术从业者应该发扬科技攻关精神，实现核心信息技术的独立研发和自主可控。因此信创背景下自主开发 HBase 交互式用户终端，实现 HBase 运维管理工具的自主可控，具有重要的现实意义。

参考文献

[1] 胡争，范欣欣．HBase 原理与实践[M]．北京：机械工业出版社，2019．

[2] Lars George．HBsae 权威指南[M]．代志远，刘佳，蒋杰，译．北京：人民邮电出版社，2013．

基于ENSP的企业双出口网络可靠性实验的设计与实现

刘燕
（武汉信息传播职业技术学院）

摘要：讲述企业基于在IPv4中使用路由器的虚拟冗余协议VRRP的工作原理，通过实验教学模拟软件ENSP介绍IPv4中的VRRP的配置技术和操作流程，实现企业双出口处网关冗余，提高企业对网络安全的可信度和稳定性，丰富了计算机网络技术教学过程中路由器配置实验的教学案例。

关键词：IPv4；OSPF协议；VRRP协议；网关；网络可靠性

一、引言

随着5G互联网的普及和应用，各行各业伴随互联网+的链接开始逐渐整合成一个整体，人类已经进入一个万物互联的时代。计算机网络技术在行业的应用蓬勃发展，计算机网络技术人员需要量也将日益扩大。我国高等职业学校都开办有计算机技术及相关学科，为我国培育社会主义新时期信息化技术型人才。《国家职业教育改革实施方案》明确规定，职业院校的实践教学学时一般要达到总学时的百分之五十以上，顶岗实习期限通常为六个月。职业教育和学校人才培养过程中的重点是教学内容的实用性、专业性和可持续性。实验、实训、实习是学校的三项重点工作，因此必须注意毕业生在校学习和实践工作情况的一致性和可持续发展性。但由于各高职院校对校内专业实训室和校内外实习基地的建设重视程度不够，加之现实工作岗位条件和学校投入的经费有限等多种因素的制约，在学校规定的期限内还没有尽快建立出与实际工作情况相吻合的实训实习基地。而且由于计算机网络技术专业的网络设备和配件成本都比较高、更新速度快，导致我国在进行计算机网络技术专业人才培养的过程中存在重理论知识、轻实际操作、理论和实际脱节的现象。ENSP 是华为公司推出的一款基于交换机和路由器配置的模拟环境工具软件，在实践项目中通过采用 ENSP 的模拟环境，既可以在一定程度上缓解网络设备短缺和更新不及时的情况，也可以进一步了解和研究交换机、路由器等主要网络设备的运行特点和设置调试技巧，从而增强对重要的设备配置知识和技术的运用水平。

二、IPv4与路由器的VRRP协议实现企业双出口处网络可靠性的分析

1. IPv4

IPv4，是现代互联网技术的第4版，是最早被广泛采用而构成现今网络发展的基础技术。IPv4是现代因特网的基础，也是目前应用最为普遍的网际协议版本，其后继版本为IPv6。

IPv4是一个无链接的协议，执行于利用分组互换的链接层上。该协议会尽最大能力运送任何数据信息包，因为它既不会确保每个数据信息包均能送到目标，也不会确保每个数据信息包都按准确的次序无反复地发送，所以通常被称为尽力而为转发，这方面是由最上层的传输协议负责的。

IPv4技术既应用于局域网也适用于广域网。一条IP包从传送方开始到接方收到，通常要跨越使用同一路由器相连的多个结构不同的网络。各个路由器都具有怎样传输IP包的基本知识，这种知识记载在路由器的路由表中，而路由表中则记载着通往各个网络系统的途径，在这里各个网络系统都被视为一种目标网络。

2. OSPF协议

开放的短路由优先（OSPF）协议是由IETF负责发布的开放性标准协议，它是一种管理链路状态的网关路由协议。执行OSPF协议的路由器会把自身所有的链路状态数据经由开启了该OSPF网络的端口传送给其他OSPF设备。在一个OSPF范围内的每台机器都会负责所有链路状态数据的产生、传输、接收和转发，直到这个区域中的所有OSPF设备获得了相同的链路状态信息为止。OSPF是一个基于链接状态的路由协议，而链接状态就是指路由器的连接状况。其核心思想是，每台路由器都可以把自身的所有连接的接口位置共享到其他路由器，在此基础上每台路由器就能够根据自己的连接状况以及与其他路由器的连接状况计算出去到不同目的地的路径。

3. VRRP协议的原理

虚拟路由冗余技术（VRRP）协议是由IETF所提供的缓解局域网中应用静态网关时产生单点失效现象的路由协议，在1998年就已发布正式的RFC2338协议规范。VRRP应用于边缘网络上，其技术宗旨在于保证某些情形下IP的流量失败传递不会造成混淆，允许路由器采用单网络路由，并且即便在现场第一跳网络使

用错误的情形下仍然可以保持路由器之间的连通性。

VRRP 是一个路由与容错协议，也被称为备份路径协议。在有线局域网中的每个路由器上均设有默认状态路径，如果局域网内路由器所发送的目的地址不在该入侵行为中，报文就会利用默认状态路径传至外部路由器，这样就完成了内部计算机与外界互联网的通信。而如果默认状态路由器挂掉后，内部路由器也将不能再与外界联系，当内部路由器选择了 VRRP 时，那么此时虚拟路由就是将开启的备份路由器，这样就完成了全网通信，提高了网络的可靠性，使企业内部网络更加稳固。

三、仿真实验设计与实现

1. 实验拓扑

网络拓扑图如图 1 所示。

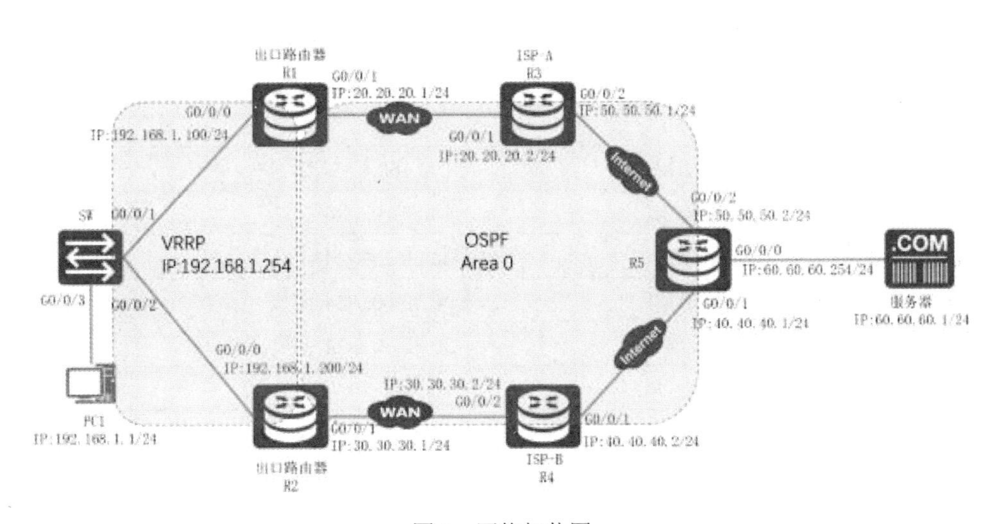

图 1　网络拓扑图

2. 实验要求

某公司原采用 ISP-A 作为接入服务商，用于内部计算机访问互联网的出口。为提高接入互联网的可靠性，现增加 ISP-B 作为备用接入服务商，当 ISP-A 的接入链路出现故障时自动启用 ISP-B 的接入链路。

3. 实验规划设计

R1 和 R2 为连接服务商 ISP-A 和 ISP-B 的出口路由器，其中 R1 为主路由器，

R2 为备份路由器。为实现出口路由器的主备自动切换，首先需要在 R1 和 R2 上启用 VRRP 功能，设置虚拟网关 192.168.1.254/24，并将 R1 的优先级设置为 110，即优先级最高，R2 的优先级设置为默认的 100，此时 R1 为主路由器。其次，配置对 R1 路由器 G0/0/1 接口的链路状态跟踪，当链路状态为 DOWN 时，R1 的 VRRP 优先级下降 50，此时 R2 切换为主路由器。内网终端方面，在连接到网络后，将默认网关指向 VRRP 虚拟网关 192.168.1.254，此时计算机的出口链路会根据 VRRP 的状态选择主路由器作为出口。在互联网连接方面，由于 ISP-A 和 ISP-B 均采用 OSPF 协议，所以所有路由器均配置 OSPF 协议并设置为 Area0 区域。

4. 拓扑图中各网络设备的名称、端口及对应的 IP 地址

设备的名称、端口及对应的 IP 地址见表 1。本端设备和对端设备数据见表 2。

表 1　设备的名称、端口及对应的 IP 地址

设备	端口	IP 地址
R1	G0/0/0	192.168.1.100/24
R1	G0/0/1	20.10.10.1/24
R2	G0/0/0	192.168.1.200/24
R2	G0/0/1	30.30.30.1/24
VRRP	VRRP1	192.168.1.254/24
R3	G0/0/1	10.10.10.2/24
R3	G0/0/2	20.20.20.2/24
R4	G0/0/1	40.40.40.2/24
R4	G0/0/2	30.30.30.2/24
R5	G0/0/0	100.200.30.2/24
R5	G0/0/1	40.40.40.1/24
R5	G0/0/2	20.20.20.1/24
PC1	Eth0/0/1	192.168.1.1/24
服务器	Eth0/0/1	60.60.60.1/24

表 2　本端设备和对端设备数据

本端设备	本端端口	对端设备	对端端口
R1	G0/0/0	SW	G0/0/1
R1	G0/0/1	R3	G0/0/1
R2	G0/0/0	SW	G0/0/2

续表

本端设备	本端端口	对端设备	对端端口
R2	G0/0/1	R4	G0/0/2
R3	G0/0/1	R1	G0/0/1
R3	G0/0/2	R5	G0/0/2
R4	G0/0/1	R5	G0/0/1
R4	G0/0/2	R2	G0/0/1
R5	G0/0/0	服务器	Eth0/0/1
R5	G0/0/1	R4	G0/0/1
R5	G0/0/2	R3	G0/0/2
SW	G0/0/1	R1	G0/0/0
SW	G0/0/2	R2	G0/0/0
SW	G0/0/3	PC1	Eth0/0/1
PC1	Eth0/0/1	SW	G0/0/3
服务器	Eth0/0/1	R5	G0/0/0

5. 实验的关键配置

（1）配置路由器接口。

1）路由器 R1 的配置。

```
<Huawei>system
[Huawei]sysname R1
[R1]interface G/0/0
[R1-G0/0/0] ip address 192.168.1.100 255.255.255.0
[R1]interface G0/0/1
[R1-G0/0/1] ip address 10.10.10.1 255.255.255.0
```

2）路由器 R2 的配置。

```
<Huawei>system
[Huawei]sysname R2
[R2]interface G0/0/0
[R2-G0/0/0] ip address 192.168.1.200 255.255.255.0
[R2]interface G0/0/2
[R2-G0/0/2] ip address 30.30.30.1 255.255.255.0
```

3）路由器 R3 的配置。

```
<Huawei>system
[Huawei]sysname R3
[R3]interface G0/0/1
```

```
[R3-G0/0/1]ip address 10.10.10.2 255.255.255.0
[R3]interface G0/0/2
[R3-G0/0/2]ip address 20.20.20.2 255.255.255.0
```

4）路由器 R4 的配置。

```
<Huawei>system
[Huawei]sysname R4
[R4]interface G0/0/1
[R4-G0/0/1]ip address 40.40.40.2 255.255.255.0
[R4]interface G0/0/2
[R4-G0/0/2] ip address 30.30.30.2 255.255.255.0
```

5）路由器 R5 的配置。

```
<Huawei>system
[Huawei]sysname R5
[R5]interface G0/0/0
[R5-G0/0/0]ip address 100.200.30.2 255.255.255.0
[R5]interface G0/0/1
[R5-G0/0/1]ip address 40.40.40.1 255.255.255.0
[R5]interface G0/0/2
[R5-G0/0/2]ip address 20.20.20.1 255.255.255.0
```

（2）配置 OSPF 协议，应用进程号 1，且所有网段均通告于区域 0 中。

1）路由器 R1 的配置。

```
[R1]ospf 1
[R1-ospf-1]area 0
[R1-ospf-1-area-0.0.0.0]network 192.168.1.0 0.0.0.255
[R1-ospf-1-area-0.0.0.0]network 10.10.10.0 0.0.0.255
```

2）路由器 R2 的配置。

```
[R2]ospf   1
[R2-ospf-1]area 0
[R2-ospf-1-area-0.0.0.0]network 192.168.1.0 0.0.0.255
[R2-ospf-1-area-0.0.0.0]network 30.30.30.0 0.0.0.255
```

3）路由器 R3 的配置。

```
[R3]ospf 1
[R3-ospf-1]area 0
[R3-ospf-1-area-0.0.0.0]network 10.10.10.0 0.0.0.255
[R3-ospf-1-area-0.0.0.0]network 20.20.20.0 0.0.0.255
```

4）路由器 R4 的配置。

```
[R4]ospf 1
[R4-ospf-1]area 0
[R4-ospf-1-area-0.0.0.0]network 30.30.30.0 0.0.0.255
[R4-ospf-1-area-0.0.0.0]network 40.40.40.0 0.0.0.255
```

5）路由器 R5 的配置。

```
[R5]ospf 1
[R5-ospf-1]area 0
[R5-ospf-1-area-0.0.0.0]network 20.20.20.0 0.0.0.255
[R5-ospf-1-area-0.0.0.0]network 40.40.40.0 0.0.0.255
[R5-ospf-1-area-0.0.0.0]network 100.200.30.0 0.0.0.255
```

（3）配置 VRRP 协议。

在 R1 和 R2 上配置 VRRP 协议，使用 vrrp vrid 1 virtual-ip 命令创建 VRRP 备份组，指定路由器处于同一个 VRRP 备份组内，VRRP 备份组号为 1，配置虚拟 IP 为 192.168.1.254。

1）路由器 R1 的配置。

```
[R1]interface G0/0/0
[R1-G0/0/0]vrrp vrid 1 virtual-ip 192.168.1.254
```

2）路由器 R2 的配置。

```
[R2]interface G0/0/0
[R2-G0/0/0]vrrp vrid 1 virtual-ip 192.168.1.254
```

3）配置 R1 的优先级为 110，R2 的优先级保持默认 100 不变，这样使得 R1 成为 Master，R2 成为 Backup。

```
[R1-G0/0/0]vrrp vrid 1 priority 110
```

（4）配置上行接口监视。

在 R1 上配置上行接口监视，监视上行接口 G0/0/1，当此接口断掉时，将优先级减掉 60，使其变为 50，小于 R2 的优先级 100。

```
[R1-G0/0/0]vrrp vrid 1 track interface G0/0/1 reduced 60
```

（5）配置各部门计算机的 IP 地址，如图 2 和图 3 所示。

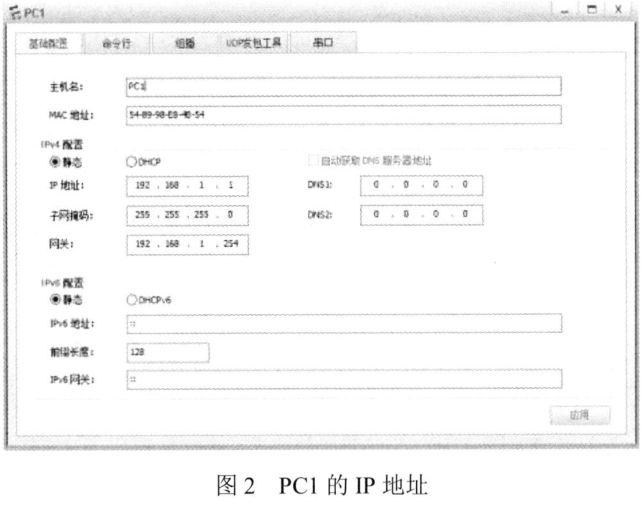

图 2　PC1 的 IP 地址

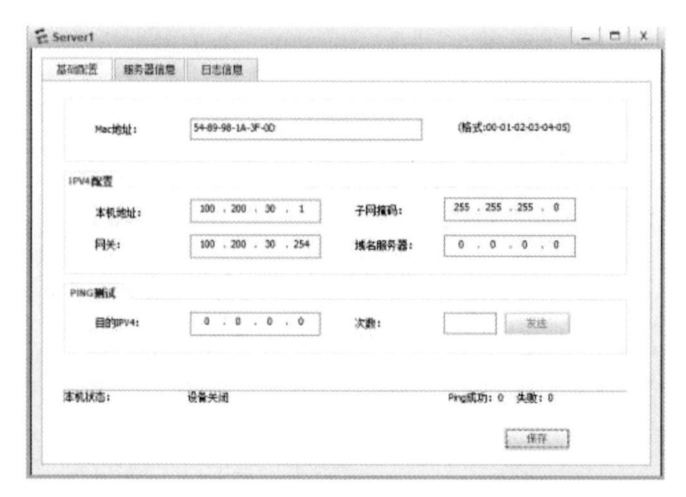

图 3　Server1 的 IP 地址

四、实验验证

（1）验证路由器 R1 和 R2 的 VRRP 信息。

```
[R1]dis vrrp
  GigabitEthernet0/0/0 | Virtual Router 1
    State : Master
    Virtual IP : 192.168.1.254
    Master IP : 192.168.1.100
    PriorityRun : 110
    PriorityConfig : 110
    MasterPriority : 110
    Preempt : YES   Delay Time : 0 s
    ......
```

```
<R2>dis vrrp
  GigabitEthernet0/0/0 | Virtual Router 1
    State : Backup
    Virtual IP : 192.168.1.254
    Master IP : 192.168.1.100
    PriorityRun : 100
    PriorityConfig : 100
    MasterPriority : 110
    Preempt : YES   Delay Time : 0 s
    ......
```

可以观察到现在 R1 的 vrrp 状态是 Master，R2 的 vrrp 状态是 Backup，两者都处在 vrrp 备份组中。

（2）测试 PC 访问服务器时的数据包转发路径。

```
PC>tracert 100.200.30.1

traceroute to 100.200.30.1, 8 hops max
(ICMP), press Ctrl+C to stop
```

```
 1  192.168.1.100    47 ms  31 ms  47 ms
 2  10.10.10.2    47 ms  47 ms  47 ms
 3  20.20.20.1    31 ms  47 ms  47 ms
 4  100.200.30.1    31 ms  47 ms  47 ms
```

（3）验证 VRRP 主备切换。

将 R1 的 G0/0/1 接口关闭。

```
[R1]interface GigabitEthernet 0/0/1
[R1-GigabitEthernet0/0/1]shutdown
```

经过 3 秒左右，使用 display vrrp 查看 R1 和 R2 的 VRRP 信息。

路由器 R1 的配置。

```
[R1-GigabitEthernet0/0/1]dis vrrp
  GigabitEthernet0/0/0 | Virtual Router 1
    State : Backup
    Virtual IP : 192.168.1.254
    Master IP : 192.168.1.200
    PriorityRun : 50
    PriorityConfig : 110
    MasterPriority : 100
Preempt : YES   Delay Time : 0 s
......
```

路由器 R2 的配置。

```
[R2]dis vrrp
  GigabitEthernet0/0/0 | Virtual Router 1
    State : Master
    Virtual IP : 192.168.1.254
    Master IP : 192.168.1.200
    PriorityRun : 100
    PriorityConfig : 100
    MasterPriority : 100
    Preempt : YES   Delay Time : 0 s
    ......
```

可以观察到 R1 切换成 Backup，R2 切换成 Master，且 R1 的 vrrp 优先级被减掉 60，变成 50，小于路由器 R2 的优先级 100。测试 PC 访问服务器时的数据包转发路径。

```
PC>tracert 100.200.30.1

traceroute to 100.200.30.1, 8 hops max
(ICMP), press Ctrl+C to stop
 1  192.168.1.200   31 ms  47 ms  31 ms
 2  30.30.30.2   47 ms  31 ms  47 ms
 3  40.40.40.1   47 ms  62 ms  63 ms
 4  100.200.30.1   62 ms  47 ms  47 ms
```

发现数据包发送路径已经切换到 R2。

五、结论

在计算机网络技术专业的招生人数逐渐扩大、对网络设备需要量逐渐递增等实际原因的影响下，职业院校实验资源已逐渐难以适应企业高效率、高质量的实验要求。通信电子产品更新换代较快，同时购买硬件实验设施成本相对高昂，本文通过华为 ENSP 仿真软件系统进行了企业双出口网关可靠性实验的方案设计和实现，新的仿真教学方法不但提高了学生学习的积极性和主动性，而且大大提高了学习效果和教学效益，从而达到理论和实际的紧密联系，真正实现了讲、练、做合一的高职模式。

参考文献

[1] Regis Desmeules. Cisco Self-study Implementing Cisco IPv4 Networks(IPv4)[M]. 北京：人民邮电出版社，2016.

[2] Rick Graziari. IPv4 Fundamentals[M]. 北京：人民邮电出版社，2013.

[3] JosephDavies. 深入解析 IPv4[M]. 2 版. 苏啸鸣，译. 北京：人民邮电出版社，2009.

浅谈物体检测在工业芯片缺陷检测中的应用

邓裴，胡静
（重庆电子工程职业学院）

摘要：针对人工检测芯片技术检测效率低、误检率高、检测系统装置难度高和检测方法效能低等缺陷，本文梳理了芯片缺陷检测的流程，推出了一种以物体检测为基础的工业芯片缺陷检测方法。计算机视觉的经典问题是物体检测，通过物体检测技术实现芯片在线高速、精确的缺陷检测，提高了工作效率，降低了人工成本，保证了工业芯片的良品率。部分实践案例证明，基于物体检测的工业缺陷检测能够有效解决芯片缺陷检测问题。

关键词：工业芯片；缺陷检测；物体检测；计算机视觉

随着深度学习等一系列人工智能技术的不断升级，工业芯片的外观缺陷检测也可以通过人工智能技术来实现。由于人工目视检测存在检测效率低、检测精确度不高、劳动成本高、劳动强度大和标准不统一等缺点，且在每个节点上芯片的特征尺寸越来越小，缺陷更难发现。传统的解决方案采用影像测量机，一个一个进行人工测量分级，不仅需要在人力上投入大量的财力，并且无法保证良品率。面对日益增加的巨大工作量，亟须使用一条自动化的测量分拣料线来实现自动检测和筛选，同时保证高精度的测量结果。基于物体检测的工业芯片缺陷检测能够更好地取代传统检测方法。因此，本文主要就物体检测的工业芯片缺陷检测展开研究。

一、传统工业芯片缺陷检测的弊端

目前，工业芯片外观缺陷检测方法主要有两种：一是原始的人工检测方法，重点依赖人的手和眼睛在工业芯片生产制造过程中进行分拣，运用这种方式可行性不高、劳动强度大、检测效率低，不能适应大批量的生产需要；二是运用激光扫描技术对工业芯片外观进行检测，该方式对整个系统的硬件要求较高，其设备成本也相对较高，而且该机器易出故障，维修成本也比较高[1]。各工艺流程环环相扣，技术复杂，材料、环境等因素的微变常导致工业芯片产生缺陷，影响产品的良品率和性能。工业芯片质量检测作为芯片生产线中的关键环节，可以积极地反馈产品质量信息，以便及时了解各生产环节的健康状况，有利于质量检测技术的提高。相较于国外，国内对工业芯片缺陷检测方面的研究起步较晚，目前缺陷检测系统并不常见。而基于物体检测的工业芯片缺陷检测由于检测系统硬件具有检测精度高、检测速度快、维护较便利的特点，能满足大批量生产制造需求。

二、基于物体检测的工业芯片缺陷检测的原理及应用

1. 基于物体检测的工业芯片缺陷检测的原理

工业芯片缺陷检测是基于物体检测的。计算机视觉的经典问题之一是物体检测，是用框去标注图像中物体的具体位置，并对物体进行分类。从原始的人工设计特征加浅层分类器的框架，到以深度学习为基础的端到端的检测框架，物体检测技术正在变得越来越成熟。物体检测技术具体是指计算机从视频或图片中找到目标物体的具体位置并识别以为之分类的过程。物体检测是其他图像处理任务（如行为识别、目标追踪、图像分割等）的第一步，拥有着非常重要的基础价值，是计算机视觉领域的重要基础问题[2]。随着芯片缺陷检测速度和精度的提高，物体检测所需要的神经网络模型也越来越多，多数的网络模型也为工厂车间内的工业芯片检测提供了新的可能[3]。

2. 物体检测在工业芯片缺陷检测中的应用

在工业芯片检测过程中，操作控制、工艺参数、环境等因素都会对芯片质量产生一定的影响，产生的缺陷表现出类型多样、形态各异、背景复杂等特点。工业芯片制造过程中产生的表面缺陷大致可以分为三个：封装体缺陷（刮痕、污迹、破损、未灌满、外溢等）、印刷缺陷（错字、偏移、漏印、多印、模糊、倾斜、位移、断字、双层印、无字模等）、管脚缺陷（管脚缺失、管脚间距、管脚站立高、管脚长度差异、管脚倾斜、管脚共面度、管脚宽度、管脚破损等）。在当今工业市场上，芯片种类非常多，并且不断增加，每种芯片产量少则几千件，多则上万件。依据工业芯片检测的需要，首先要对工业芯片进行管脚检测，然后再在 IC 芯片厂家对 IC 芯片进行封装。图 1 展示了工业芯片的首要缺陷。其中图（a）所示为正常工业芯片，图（b）所示为工业芯片管脚缺失，图（c）和图（d）所示为管脚不

共面，其管脚的长度大于（上翘）或小于（下翘）正常芯片管脚的长度，图（e）所示为管脚左右偏移，该管脚的重心间距和正常芯片管脚的重心间距发生偏移[4]。

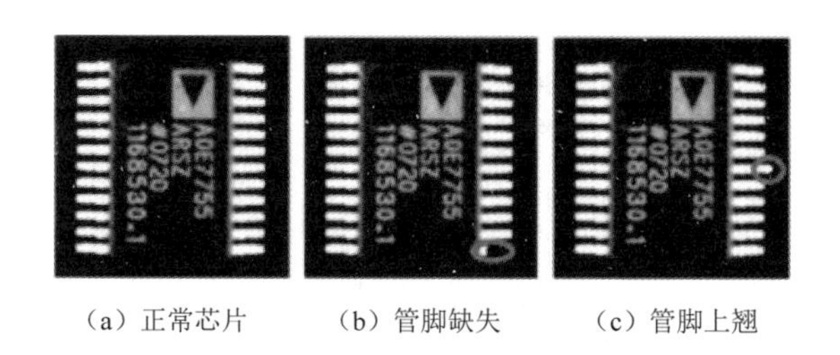

（a）正常芯片　　（b）管脚缺失　　（c）管脚上翘

（d）管脚下翘　　（e）管脚偏移

图 1　工业芯片的主要缺陷

基于物体检测的工业芯片缺陷检测系统可以根据镜头光源来获取产品的表面图像，针对产品图像进行精准定位、分辨、缺陷分类等一系列操作，及时处理并解决存在的问题。物体检测是指计算机从图片或视频中确定目标物体的位置并识别其种类的过程。

3. 物体检测工作流程

芯片缺陷检测技术研究主要分为基于二值化后的芯片引脚长度的尺寸检测和以边缘检测为基础的芯片引脚宽度的间距尺寸检测。其中以边缘检测为基础的工业芯片引脚和间距尺寸检测在使用边缘检测算法得到精确的引脚轮廓的基础上，使用垂直灰度投影方法得到芯片引脚宽度和间距信息。而基于二值化后的芯片引脚长度的尺寸检测，第一步对芯片图像进行二值化处理，运用初始的最大类间方法差，第二步对引脚边缘图像进行去噪优化，运用形态学操作，第三步对芯片引脚二值化后得到的图像进行标注并且得到每个芯片引脚的长度信息，最终得到一个完整的工业芯片缺陷各方面的数据，对工业芯片进行比较和判断[5]。

工业芯片生产需要经历数道工序，其中各工艺流程环环相扣。工业芯片生产对材料、环境、工艺参数等敏感，每个环节都有可能产生缺陷。所以，深度得知工艺流程是进行芯片表面缺陷检测研究的前提。工业芯片生产线主要包括芯片设计、制造、封装和检测四大环节[6]，流程如图 2 所示。

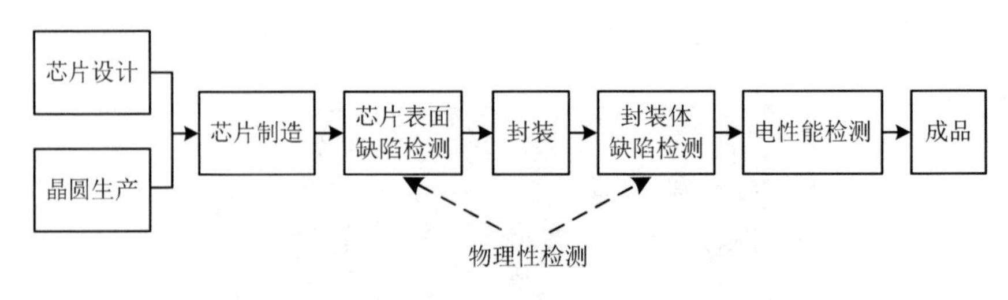

图 2　芯片制造流程

工业芯片缺陷检测主要分为四个流程：测量、定位、检测、识别。首先通过图像采集模块从生产线对芯片进行拍照得到图像，然后缺陷检测模块检测缺陷，对图像进行特征提取并对缺陷进行分类、定位，通过 PC 管理端记录缺陷情况并将缺陷信息发送给生产线进行识别。基于物体检测的工业芯片检测常规示例如图 3 所示。随着机器视觉相关技术逐渐受到重视，多种基于人工设计特征的特征选择算法和模式识别分类算法被应用于工业芯片缺陷检测领域，可实现对芯片的自动识别，提高了工作效率，降低了人工成本，同时还具有结构简单、制造成本低、能通过机器对缺陷进行标注和告警并通知人工处理的特点。

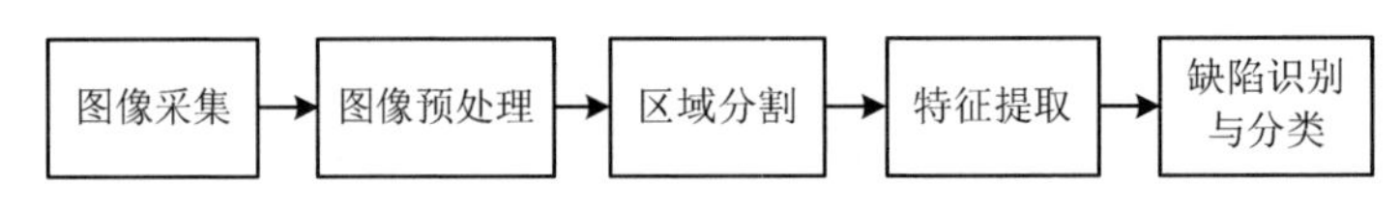

图 3　基于物体检测的工业芯片检测常规示例

芯片在生产过程中会产生引脚缺失、表面划痕等缺陷问题，严重影响产品的质量和使用。通过引入物体检测和机器视觉技术在生产线上对芯片表面拍照，进行图像采集，在线进行精确的、高速的工业芯片缺陷检测，并且和报警装置相结合，标记缺陷位置，进行残次品处理等，为芯片生产企业生产的信息化和自动化发展提供了高效率、低成本的解决方案。

三、结论

本文基于物体检测的方法对工业芯片缺陷检测进行了研究，介绍了传统工业芯片缺陷检测的弊端以及基于物体检测的工业芯片缺陷检测的优势：检测速度快、检测精度高、能够节省时间和降低人工成本、能够有效解决工业芯片缺陷检测问题。该检测方法能够广泛应用于工业芯片缺陷检测上，前景十分广阔[7]。

参考文献

[1] 刘建峰，李承峰. 基于机器视觉的 IC 芯片外观检测系统[J]. 电子制作，2015（15）：77-78.

[2] 孙鹏. 基于改进 SSD 模型的小目标检测研究[D]. 南京邮电大学，2021. DOI:10.27251/d.cnki.gnjdc.2021.001493.

[3] 柴斌. 基于深度学习的工件检测和定位系统的研究与实现[D]. 中国科学院大学（中国科学院沈阳计算技术研究所），2021. DOI:10.27587/d.cnki.gksjs.2021.000016.

[4] 邓海涛，吴捷，李建辉，等. 基于机器视觉的芯片引脚缺陷检测研究[J]. 工业控制计算机，2017，30（3）：69-70，73.

[5] 王伟华. 基于机器视觉的表贴芯片缺陷检测系统的研究[D]. 西安建筑科技大学，2017.

[6] 王新宇，蒋三新. 芯片缺陷检测综述[J]. 现代制造技术与装备，2022，58（5）：94-98.

[7] 杨桂华，唐卫卫，卢澎澎，等. 基于机器视觉的芯片引脚测量及缺陷检测系统[J]. 电子测量技术，2021，44（18）：136-142.

基于云计算技术的虚拟化存储技术研究

胡春霞，叶坤，彭麟涵，蔡俊祁
（重庆电子工程职业学院）

摘要：由于信息技术的高速发展，云计算已成为当前国内外研发的重要对象。基于云计算技术的虚拟化服务主要包含服务虚拟化、桌面虚拟化、存储虚拟化和应用虚拟化，而云存储一般是指与虚拟化存储技术和分布式存储技术进行整合使用的新型存储技术。通过对云计算技术下的大数据业务储存方式的探讨，可以比较科学高效地利用存储资源和网络资源，推动云计算能力的研究开发。基于此，本文对云计算技术的基本理论和主要关键技术及其组成特点进行分析，对云计算技术中的虚拟化关键技术和虚拟化存储技术的实现方法展开了探讨与研究。

关键词：云计算技术；虚拟化；存储技术

一、云计算概念及技术组成分析

1. 云计算的概念

云，是对网络、互联网的一个比喻概念，即计算机网络与构建现代互联网所必需的底层信息技术基础设施的抽象体现。“计算技术”指的是一个功能强大的机器供给的计算服务（资源、存储）。“云计算”指通过网络使用功能强大的机器向使用者供给的公共服务，而这些公共服务的数量可以通过统一的数字形式来表述。

当前，随着现代计算机技术的不断发展，云计算技术正逐步运用在现代信息技术领域中。云计算作为一个动态的、易扩充的运算方法，主要是利用网络上提供的某种虚拟网络资源而实现计算[1]。根据互联网的服务功能，云计算是一个服务，而这种业务使用者是不需要了解云内部知识的，因为它是一个计算的服务。

云计算的应用和服务的形式有多种类型，如基础设施服务、应用软件服务、平台服务等，这些业务都可以通过互联网或者根据用户的需要提供定制。

2. 云计算的组成与核心技术介绍

对于信息化领域，云计算系统以层次化方式构成了一个基本结构形式，主要分层有六种：基础建设层、存储层、网络平台层、应用层、服务层、客户端层[2]。其中，基础建设层构成了一个虚拟化的网络平台环境，以实现满足用户要求的服务；存储层支持进行数据的存储业务，作为一个云计算的业务结果或是数据的存储业务；网络平台层实现数据处理运算并给出问题处理的方法；应用层支持使用者在不安装相关应用软件或运行相应业务的前提下能够成功获取所需要的计算业务；服务层反映了云计算技术的实质功能，在利用互联网技术、资源的基础上来创造更好的业务；客户端层有云计算客户端系统，主要承载和执行以简单消息和相应界面显示的任务[3]。

云计算技术是一个新型的计算方法和运算方式，不但是高度密集型并行计算，而且对大量信息资源实现高速运算，这适应了时代潮流，也满足了中国大数据高速发展的需要。云计算技术也为企业管理信息化平台、大客户的电子支付平台和军事信息化提供了科技保障。云计算技术与一般信息相比，其运算的速度稳定性和安全可靠性都得到了质的突破。云计算技术中包含了许多信息，是一个知识的大集合体，当中包含了网络空间存储科技、热备份冗余科技、拟化的存储科技、高性能的存储科技、分布式的运算存储科技等，这些信息都确保了云计算技术的稳定性、安全性。

3. 云计算的特点及发展

云计算的重要特点包括按需求自助服务、无处不在的互联网连接、与位置无关的资源池、快速弹性伸缩、按使用付费。其中，按需求自助服务是在整个下载或购买过程中基本不需要他人帮忙，我们可以自行完成下载或购买；无处不在的互联网接入条件是网络基本能够覆盖到全世界每一个有人的角落，而人们基本能够使用任何电子产品——个人电脑、Pad、手机等连接到互联网中，这也就说明了人们基本可以使用所有电子产品并使用云计算技术，所以在人们能够连接互联网的地方就有云计算技术；与位置无关的资源池是将同类的资源转换为资源池的形式，将所有的资源分解到最小单元，屏蔽不同资源的差异性；快速弹性伸缩是能够按照预定的方案实现自动增加或减少，提高或降低主机容量，甚至是对单台服务器进行能力的提高或降低；按使用付费是云计算中的服务都是可测量的，可以根据时间、资源配额、流量等进行收费，这样就能准确地根据客户的业务进行自动控制和优化资源配置。

云的最基本功能包括一体化自动数据管控、分布式计算/数据库架构。目前云计算技术的发展主要有以下 4 个方面：

（1）虚拟化科技发展：计算虚拟化、存储虚拟化、网络系统与安全虚拟化。

（2）私有云：自动化控制、大数据弹性调整、建立大集群的 HA 和 DRS。

（3）多数据中心融合：多级备份容灾、SDN 网络虚拟化。

（4）混有云：通过 OpenStack/AWS 双引擎硬件/虚拟化资金池管理软件定义的数据中心。

二、云计算中的虚拟化分析

1. 虚拟化简介

虚拟化的实质是分区化、隔离、封装、相对的服务器硬件完全独立。其中，分区化是指在同一个物理系统上只能安装多台虚拟化机；隔离是指在同一个主机上的虚拟机间彼此隔绝；封装是指全部虚拟机被保存在文档中，并且能够使用迁移和拷贝这些文档的方法来迁移和拷贝它们；相对的服务器硬件独立是指无须更改即可在一个服务器上安装虚拟机。

业界将虚拟化技术按不同标准进行细分。按使用场合分为控制系统虚拟化、桌面虚拟化；按硬件资源使用模式分为全虚拟化、半虚拟化、硬件辅助虚拟化。控制系统虚拟化有 VMware 的 VSphere、Microsoft 的 Hyper-V、Citrix 的 XenSerVer；桌面虚拟化有 Microsoft 的 Hyper-v、Citrix 的 XenDesktop、Vmware 的 VMware View。全虚拟化的特点是将虚拟控制系统和下层硬件全部分离，并从其中的 Hypervisor 层转换为虚拟客户操作系统中对下层硬件部分的调度程序，全部虚拟化后无须修改客户端控制系统，且兼容性较好，典型代表是 VMware WorkStation、早期的 ESX Server、Microsoft Virtual Server；半虚拟化的方法是由于在虚拟机客户操作系统上添加专门的命令，使用这种命令就能够利用 Hypervisor 层使用的硬件资源，因而避免了在 Hypervisor 底层交换命令的运行费用；硬件辅助虚拟化的方法是在 CPU 中加入了最新的命令集和管理器工作模式，以实现在虚拟操作系统中对硬件信息的直接调度，典型技术为 IntelVt 和 AMD-V。

2. 虚拟化分析

在企业信息化产品、体系构建阶段中，数据中心构建始终是核心和基础。相关的信息资产得到有效整合、分配后就成了信息化平台构建的关键，虚拟化思想与方法正是在这样的历史前提下产生的。虚拟化概念与技术在云计算中的实现很大程度上改善了信息数据处理的复杂度，同时进行了对数据资产的优化与分配，对于提升数据资产的有效利用效果具有非常重要的意义。与此同时，在云的服务体系中，倘若我们将虚拟化的服务看作云计算技术的一个服务手段，并开放给所有使用者，它将对提高所有使用者的服务能力具有极大的积极作用。

数据中心技术发展的趋势是资源集中（集中管理）、虚拟化（硬件解耦）、资源池（资源整合）、云服务（共享服务中心）、业务定义数据中心（业务定义）。

三、基于云计算的虚拟化存储技术分析

一般情形下，云计算技术中的业务保护主要是在将物理资源通过概念和抽象的手段转变为一个虚拟资源的过程中，而这种物理资源的概念与抽象转换手段主要是与虚拟资源转换的实现手段、地理位置、基础数据和其他的物理资源有较大的关联[4]。实现虚拟化后的企业能够利用有限的硬件和软件资源重新加以设计配置，对提高硬件能力、改善配置和资金使用等有着积极的影响和价值。云计算技术中的虚拟化应用功能主要是指利用虚拟化的监视器与系统通信连接，利用虚拟化技术架构在物理设备和操作系统间实现功能切换，从而完成虚拟化数据的访问控制和集中管理。

基于云计算技术的虚拟化信息存储技术的实现，是在互联网技术发展与应用日益发达的大背景下，在信息存储要求和存储系统需要之间的矛盾不断凸显的形势下，为提升信息的有效利用和存储质量而进行研发的。而云存储是指利用集群技术、互联网技术和分布式技术等手段，将网络上不同的信息数据进行存储。对使用者来说，云存储是一种数据访问服务，是一个由众多存储设备和服务器构成的系统集合，核心是应用软件与存储设备的结合[5]。它配置了大容量存储空间的云计算系统，增加了一个存储层，提供数据管理和数据安全等功能。

利用将软件技术集成到一起并进行工作的运行服务方式，让使用者实现对相应的数据存储、访问乃至整个软件系统的管理，并完成对数据资料的保存。至于空间的保护技术方面，也同样需要考量成本的问题等。在云存储过程中，所使用的科技一般分为最开始时使用的直连式存储技术和由于网络存储技术的发展应用而相继产生的网络连接存储、区域网存储，乃至基于 IP 的存储技术等各种不同存储方案科技，在实际存储使用过程中有着各种不同的特点和优势。

四、结语

综上所述，在开展云计算技术的同时，对虚拟化的存储技术进行相应的探索是非常必要的，因为它不仅可以适应计算机技术的进一步发展，同时还可以加大对云计算服务的存储能力，从而进一步推动云存储的应用发展，并将它应用到不同行业中。开展基于云计算技术的虚拟化与存储技术的分析研究不仅是为了顺应计算机技术发展趋势研究的重大趋势，而且对改善云计算存储服务、促进云存储研究进展等都有积极的影响和意义。

参考文献

[1] 朱光磊．基于云计算的虚拟存储系统方案及安全研究[J]．电脑知识与技术，2017．
[2] 熊永平．基于云计算的虚拟存储技术研究[J]．电子测试，2022（3）：98-100．
[3] 徐达飞．基于云计算的虚拟化存储技术[J]．电子技术与软件工程，2017（3）：187．
[4] 张殿奎．基于云计算的虚拟化存储技术研究[J]．科技传播，2013，5（16）：218-209．
[5] 黄晓云．基于 HDFS 的云存储服务系统研究[D]．大连海事大学，2010．

高职院校产教融合背景下软件技术创新型人才培养模式的探究

黎娅，徐薇
（重庆电子工程职业学院）

基金项目：该论文为重庆市教委2022年教改重点项目“高职院校助力青少年科技创新模式研究”和重庆市教育科学“十四五”规划2022年度一般课题职业本科电子信息类专业“四体协同”“四链融合”人才培养研究与实践（项目编号：K22YG309305）的阶段性成果之一。

摘要：产教融合对软件技术创新型人才培养有重要意义。因此，本文对高职院校软件技术创新型人才培养现状进行调研，发现存在着软件技术创新型人才供给不足、软件技术创新型人才培养平台薄弱、缺乏软件技术创新型人才培养有效途径的问题，分别从实施“产学制”、采用“项目制”和建立“导师制”三个方面去解决软件技术创新型人才培养问题，以此促进软件技术创新型人才培养，满足当前教育改革的迫切要求。

关键词：高职院校；软件技术；创新型人才；产教融合

近年来，我国相继出台《关于深化产教融合的若干意见》《国家职业教育改革实施方案》等方案，明确提出“校企协同，合作育人”，以充分调动企业参与产教融合的积极性和主动性，构筑起校企合作的长效机制，进一步办好新时代职业院校教育[1]。由此可见，产教融合已是高职院校职业教育发展中人才培养方面的必然选择，同时我国也多次出台相关政策促进高职院校人才培养模式改革，提升高职院校大学生的创新思维，以培养出更加适应创新型社会发展需要的创新型人才。

一、基本概念界定

1. 创新型人才的定义

目前，人们对创新型人才的定义多种多样，绝大多数人更偏向于以不同专业性质的创新型人才培养模式进行探究，从而提出符合不同专业特色的人才培养模式。一般来说，创新型人才主要是敢于突破传统、敢于探索的人才，这类人至少具有以下几个特点：具有独立思考和勇于批判的能力、强韧的意志力、良好的调节能力、自主学习能力和善于把握机会的能力等，这些能力相辅相成，共同打造创新型人才。

2. 产教融合的内涵

产教融合主要是以培养创新型人才为目标，以发展创新素养、培养创新能力为中心，以“教师引导学生探究学习”为主要方式的教学，这对于我国高职院校创新型人才培养具有重要的意义[2]。基于产教融合的学习是指高职院校学生围绕来自真实环境的企业项目，充分利用企业项目的知识长期持续地进行自我创新性学习，实现岗课融通和教育教学水平再提升，从而推动高职院校学生创新素养发展。

二、产教融合背景下软件技术创新型人才培养的现状

目前，我国创新型人才培养处于积极探索阶段，高职院校作为职业技能人才培养的主力，在软件技术创新型人才培养上也尚处于起步阶段。通过调研，笔者发现目前仍存在以下三个方面的问题：

（1）软件技术创新型人才供给不足。

创新驱动就是人才驱动。我国是人力资源大国，人才短缺问题十分严重，形势严峻。近年来，随着软件行业的快速发展，人才短板逐渐凸显，软件技术的创新型人才缺乏，据测算，我国目前存在 80 万的软件技术人才缺口，而对软件技术人才的迫切需求仍在以每年 20%左右的速度增加[3]，其中高素质的软件技术创新型人才更是处于极度短缺的状态。尽快培养能够适应信息产业发展需要的高素质软件技术创新型人才已经成为信息化工作中的重中之重[4]。

（2）软件技术创新型人才培养平台薄弱。

实现软件技术创新型人才培养，需要在物理空间上建立平台支撑，构建产教融合的软件技术实训基地。我国高职院校普遍存在科研经费不足、产教融合度不够的问题，因此产教融合基地建设并不完善。

（3）缺乏软件技术创新型人才培养途径。

虽然我国出台了大量创新人才支撑项目，聚焦于软件行业，然而这些举措解决的基本都是“存量”问题，高职院校作为软件技术创新型人才培养的主力方应该发挥核心作用。但是软件技术创新型人才培养是新鲜事物，少有成熟的借鉴模式，高职院校在这方面处于积极摸索阶段，从而导致了软件技术创新型人才培养

缺乏有效的抓手和途径。

软件技术创新型人才培养是为企业的具体岗位定制人才，更具有针对性和实用性。以产教融合方面拓宽软件技术创新型人才培养的广度和维度，确保高职院校专业定位与企业岗位高度契合，破除人才培养缺乏途径的桎梏，全面提升高职院校学生的能力。

三、产教融合背景下软件技术创新型人才培养的策略

产教融合是促进我国经济社会协调发展的一项重要举措，代表了现代职业教育的发展趋势。校企协同，合作育人，企业积极参与产教融合，构建起校企合作长效机制，有利于深化产教融合的主要目标，全面推行校企协同育人[5]。高职院校是实施“产教融合”的主要力量，学校寻找合适的企业对接，促成校企深度合作，把企业项目资源提供给学校，双方协同培养学生的创新实践能力[6]。

1. 以“产学制”营造环境

为解决高职院校以软件技术为中心的传统教学环境与校企分离的难题，校企要把开展软件技术理论教学的传统教室与开展实践教学的实训室融为一体，共建协同创新实践基地和创新指导教师团队等，构建产学研创机制，始终坚持创新教学、生产实践、技术研究与产品创造相结合，为重新联系企业与学校的产教关系，实现教学和产业深度融合提供保障[7]。理论与实践并行，为软件技术专业学生提供既能自我学习又能开展集体学习的环境，通过考虑学生的多重需要配置多种设备和设计制作工具。开展软件技术活动的实践基地既能支持软件技术教师进行创新教育活动和真实企业创新项目的学习活动，又能满足软件技术专业学生对开展软件技术协作交流、创新实践和评价活动的需要。

2. 以“项目制”驱动创新

解决创新驱动的问题，以协同创新基地为依托，以软件开发项目为载体，按项目完成进度分阶段完成基于企业真实软件项目的“选题、调查、研究、构思、建构知识、优化设计、制作原型、测试、评价”全生命周期。其中，项目分为学习型项目、技术服务型项目和科研型项目，三类项目在三年六个学期分阶段实施，贯穿软件技术创新型人才培养全过程。软件技术专业学生在实际操作体验、探索新方法、吸收教学知识的过程中进行长期持续的自主创造性学习，促使教学过程和生产过程有效连接，为软件技术专业学生的学习创造了具有重要意义的经历，增强学生的创新精神、创新意识和能力，更大限度地激发每一位学生的潜能。

3. 以“导师制”作为保障

以协同创新实践基地为基础，以项目为载体，双导师在软件技术创新型人才培养中分别实施“导学”“导做”和“导研”活动，加强实践教学改革，使软件技术最终与课程进行有效整合，提高学生的软件技术综合应用能力，解决软件技术创新型人才培养管理手段有效保障的问题。

四、结语

为满足社会对软件技术创新型人才的迫切需求，职业院校必须深化软件技术教育改革，大力推动产教融合，以产教融合营造环境，为软件技术专业学生搭建优秀真实的实践基地，鼓励他们去探索，在实践中总结反思并举一反三，不断尝试将创新思维应用于实际，培养出具备软件技术非凡工作与科研能力和创新意识的软件技术人才，让软件技术创新型人才的培养进入良性循环，为未来发展提供新动力。

参考文献

[1] 陈春蕙．职教改革背景下高职院校社会培训机制创新研究[J]．科技创新导报，2019，16（30）：203-204.

[2] 农先文．设计类专业“以研促发展”教学模式实践[J]．大观，2021（9）：124-125.

[3] 中国青年网．软件产业热潮背后：技术人才为先[EB/OL]．2019-12-5[2022-8-1]．https://cy.youth.cn/dtxw_138178/201912/t20191206_12136354.htm.

[4] 邓一星．以软件工程课程改革为基础建设有特色的独立学院软件工程专业[J]．大众科技，2009（9）：182-183，188.

[5] 徐英帅，万智辉，陈志新，等．产学合作协同育人模式下“机器人技术”课程创新教育探究[J]．东华理工大学学报（社会科学版），2021，40（1）：81-84.

[6] 王丽亚．高校会展专业校企合作创新研究——基于教师、企业、学生的调查分析[J]．齐鲁师范学院学报，2021，36（4）：1-8.

[7] 陈鹏，陈勤．大学创客教学的内涵、特征和实践——以天工创客空间为例[J]．现代教育技术，2019，29（7）：113-119.

高职院校密码专业教学方法与课程思政设计

龙兴旺，丰俊杰，刘锐

（重庆电子工程职业学院，重庆对外经贸学院，重庆电子工程职业学院）

摘要：本文针对现代密码学课程教学中出现的问题进行了分析，并从教学方法创新和课程思政两个方面给出建设性解决方案，提出教学过程中应当融合课程思政，并结合多种趣味性教学方法提升课堂的趣味性和教学质量，进而激发学生的学习兴趣和研究兴趣。

关键词：密码导论；课程思政；教学方法；创新

引言

随着计算机技术的发展和应用，信息安全与人们生活的关系越来越密切，各种安全隐患随之而生[1]。如何高效可靠地为人们提供信息安全保障服务成为密码工作者的一项挑战[2]。然而，从现在的市场需求以及人才储备的情况分析，与密码技术相关的技术人员十分匮乏，密码方向的社会需求存在巨大缺口[3]。2019年，习近平同志在“国家网络安全宣传周”做出重要指示，强调提升全民网络安全意识和技能是国家网络安全工作的重要内容[4]。我校对这一指示进行深入学习，并加强了密码学专业的建设，“密码导论”就是该专业的基础和核心课程[5]。2020年6月，教育部印发《高等学校课程思政建设指导纲要》，全面推进各高校各学科专业课程思政建设。要用好课堂教学这个主渠道，将高校思想政治工作融入到专业课程教学当中来。所以，结合密码学专业实际情况，加快密码学专业的全面建设，必须对核心课程即密码导论课程的教学方法和课程思政设计进行全面深入的分析探讨，寻找密码方向专业课程的共性特征，为今后开设更多密码方向的课程做好充足的准备。

一、密码学教学研究现状

密码学涉及的学科比较多且学习难度较大，因此有很多密码学教育工作者长期致力于密码学的教学改革。文献[6]提出可以打造关联性强的应用场景并结合形象的描述来完成密码学整个发展过程的讲解与介绍。文献[7]提出可以将课程内容划分为课题模块，能够更好地结合科研教学过程，同时也可让教学内容更加清晰。文献[8]提出可以将教学内容分为经典和前沿两部分进行讲解，并通过教学和讨论相结合的方式进行学习。文献[9]提出可以参考国外著名高校的人才培养和教学方式，围绕学生注意力曲线来设计教学过程从而提高课程效率。文献[10]提出可以通过整合教学内容、划分教学项目和目标层次，通过项目驱动和目标达成的教学方法，找到适合网络安全方向中密码学专业的教学模式。文献[11]提出了在密码学课程中融入爱国主义教育和人文素质教育的重大意义。不难发现，大多数的学者更加关注传统教学策略的优化，而对于如何优化具体的教学实施方法的研究则较少，并且关于密码学课程思政方面的设计研究还比较不成熟。

二、存在的问题

1. 师资的匮乏性

密码学也是一门专业性极强的学科，每年密码学领域都会出现很多的研究成果，包括最新的一些理论和算法，但如果要理解这些最新的成果，则需要扎实的基础理论和技术背景作支撑，还要具备敏锐的学术能力和大量的时间。想要将最新的研究成果或理论知识在课堂上讲授给学生并不是一件轻松的事情，需要教师具备相应的学术能力和专业能力。除此之外，学校经费缺乏也会导致密码学专业教师的缺乏，即使专业建设方案再优秀，没有对应的教师，那么一切也只是纸上谈兵。即便是其他专业的老师能够将密码学课程教完，但由于没有系统化的专业知识，所讲授的内容容易杂乱无章且无重难点，教学效果甚微。

2. 学生的兴趣低

由于密码学课程偏理论，各章节中穿插了许多晦涩难懂的知识点，老师在课堂上讲解清楚之后，如果不给予充足的时间进行巩固和复习，知识点很容易会被淡忘，无法让学生产生成就感。另外，大多数教师由于知识储备有限，选择在课堂上照本宣科地传授理论知识，学生只能被动接受，从而产生枯燥感。还有，密码学所涉及的证明方法与数学中的证明方法在表达上有所不同，学生普遍感觉接受起来有一定困难，导致课堂氛围不高，学习的积极性不高，最终导致教学效果不理想。

三、问题解决

1. 课程思政设计

通过课程思政设计能够改善课程乏味性，一方面能抓住学生的注意力，提高课程授课效率；另一方面能达到对学生进行思想政治教育的效果。在课程思政设计之前，先要解决教师课程思政的能力，包含教师育人理念和能力的改善和提升。在学校层面，应当积极出台相关制度，如一些实际性的奖惩制度来鼓励教师开展思政工作。此外，学校也应该周期性地开展和举办课程思政培训课，并邀请专业的思政课教师进行交流。在教师层面，应主动结合密码学专业课程的要求和特色，通过多媒体平台或网页寻找既符合思政教育又符合密码学知识的素材案例，并主动了解最新的行业动态、密码领域的最新成果，及时更新学习内容，因材施教，培养学生树立正确的三观，提升学生的爱国情怀，引导学生确立社会责任感。课程思政设计举例见表 1。

表 1 课程思政设计举例

授课要点	挖掘思政元素	预期效果
密码学概论	通过“虎符”的来源的故事介绍引入密码以及密码学的概念，牢记习近平总书记的网络安全观	启发学生信息保密对国家安全的重要意义，提升学生信息保密的意识
分组密码	组织学生绘制 DES 加密流程图，思考如何绘制 DES 解密流程图	阐述实践的重要性，教导学生从实践中寻找答案
Hash 函数	讲述我国王小云教授等研究人员成功攻击美国的著名散列密码算法—SHA-1 算法的故事	提升学生的民族自豪感，弘扬爱国情怀
公开密钥密码	讲解公开密钥密码的起源背景，比较对称密码与非对称密码的不同	引导学生确立竞争意识，培养创新精神
认证	寓道于教，在对同学们展示密码协议构造时引入不忘初心、牢记使命的主题教育	教导学生树立工匠精神——精益求精，方得始终

2. 教学方法设计

通过教学方法的设计和实施提高课堂的趣味性，同时研讨出适合密码学方向的一套教学体系，为后续新教材的编写提供思路和素材。在教学方法设计之前，需要补充缺乏的师资力量。一方面积极调动现有教师参与到密码学专业的建设和相关科研工作中来，从内部解决问题；另一方面，在资金充足的情况下，面向一流高校招聘高学历专精尖的青年教师，从外部引进师资解决问题。两方面双管齐下，必然能打造出具有每个学校特色的密码学专业。教学方法设计举例见表 2。

表 2 教学方法设计举例

授课节点	使用教学方法	预期效果
课前环节	线上平台——预习作业发布 线上平台——课件素材发布 线上平台——精品课堂发布	充分利用课前空余时间，让学生对重难点知识有初步的了解
课上环节	线下课堂——项目驱动法 线下课堂——任务驱动法 线下课堂——小组教学法 线下课堂——实例演示法 线下课堂——角色扮演法	综合运用教学实例、教学视频、思政素材等资源，结合不同的教学方法，提高课堂的趣味性和课堂教学效果
课后环节	线上平台——课后作业发布 线上平台——考核测试发布	反复循环地利用线上资源，加深学生对知识要点的掌握

四、总结

随着国家对网络空间安全人才的培养越来越重视，密码导论作为网络空间安全方向的理论基础，其教学效果直接影响了人才培养的质量。本文针对高职院校密码导论教学中出现的师资力量薄弱、课堂趣味性不强、学生学习积极性低等问题，有针对性地进行分析并提出了建议性的解决方法，以供高职院校密码导论课程教师参考。

参考文献

[1] 李景涛，刘洋．面向密码学基础的互动式教学方法研究[J]．计算机教育，2018（9）：4.

[2] 马秀文．密码学课程教学方法的探究——以天津工业大学为例[J]．课程教育研究，2018（37）：2.

[3] 来齐齐，段红娟．针对计算机类专业本科学生的密码学课程教学探索[J]．科技资讯，2019，17（16）：2.

[4] 边胜琴，姚宣霞，崔晓龙，等．现代密码学教学实践探索与改革[J]．中国教育技术装备，2020（10）：3.

[5] 杨小东，麻婷春．信息安全专业人才培养模式的研究[J]．教育教学论坛，2018（8）：2.

[6] 彭长根．现代密码学趣味之旅[M]．北京：金城出版社，2015．

[7] 路秀华，张全雷，周霞，等．现代密码学课程的课题化教学方法研究[J]．计算机教育，2020（3）：1-7．

[8] 陈华瑾，张昊，王中孝．高层次密码学课程实践探索[J]．计算机教育，2020（3）：16-18．

[9] 李功丽，彭晚红，张聪品，等．高效的信息安全教学模式探索：与德国高校教学交流后的总结与反思[J]．计算机教育，2020（3）：30-34．

[10] 刘杨，王佰玲．面向网络空间安全新工科的密码学教学研究[J]．高教学刊，2018（12）：19-21．

[11] 窦本年，许春根，金晓灿．密码学课程中的人文素质教育[J]．计算机教育，2019（3）：5-7，11．

基于 CNN 的智慧消防系统 V2.0 在区域安全管理中的应用

王姗[1]，丁香，李泽鹏

（重庆电子工程职业学院，重庆　401331）

基金项目：书证融通视域下新工科应用型创新人才培养的研究与实践——以“智慧消防”创新创业项目为例（项目编号：Z213074）。

摘要：智慧消防是实现当代消防安全管理自动化、规范化、智能化、精准化的重要理念和技术手段。本文对现行的智慧消防管理系统 V1.0 的架构及技术特点进行分析后，提出了智慧消防系统 V2.0 的建设理念——一种基于卷积神经网络（CNN）的火灾检测及处理方法。运用帧差法，以火灾的时间性和空间性为研究对象，获取更多有效现场信息并综合分析应用，实现火灾的量化动态监测。这一理念在早期的火灾监测应用中表现效果更佳。依托重庆 E 校的应用研究分析进一步表明，该系统在区域安全管理中具有较强的理论研究价值和实用推广意义。

关键词：智慧消防 V2.0；卷积神经网络（CNN）；帧差法

一、智慧消防的建设发展

消防安全，作为人民安居乐业的基础保障和经济发展建设的重要前提，是一项社会性、全民性、基础性的工作。一旦发生火灾，将对人民的生命财产安全造成极大威胁。2017 年 10 月，应急管理部消防救援局在《消防信息化“十三五”总体规划》（简称《消防十三五》）中首次提出了“智慧消防”的理念。同年出台的《关于全面推进“智慧消防”建设的指导意见》，强调要推动信息化条件下火灾防控和灭火应急救援工作转型升级，实现“传统消防”向“智慧消防”的转型。故而自 2017 年起，我国的“智慧消防”建设开启了 V1.0 时代。此阶段的建设特点主要解决的是“从无到有”的问题，技术手段以“传感器”为主，运用集成管理的方式接驳场所内现有的烟感报警器、喷淋头等装置的电信号，对消防安全变

---

[1] 作者简介：王姗（1989—），女，硕士，讲师。

量进行监测，希冀建设起“大数据·一张图”的消防蓝图。

但智慧消防 V1.0 历时 5 年建设发展，其应用表现仍有欠佳之处。根据我国应急管理部消防救援局官网发布的年度数据整理而成的图 1 可以看出，全国火灾基本情况（2017—2021）火灾四项指数中的火灾死亡人数（死）和受伤人数（伤）虽略有下降，但接报火灾起数（量）和直接财产损失（财）却呈现上升趋势，2021 年数据显示量、财相较 2020 年分别上升 9.7%和 28.4%，且呈现出工商文娱场所火灾荷载高、大火时有发生、电气类原因继续强力影响火灾走势等特点。

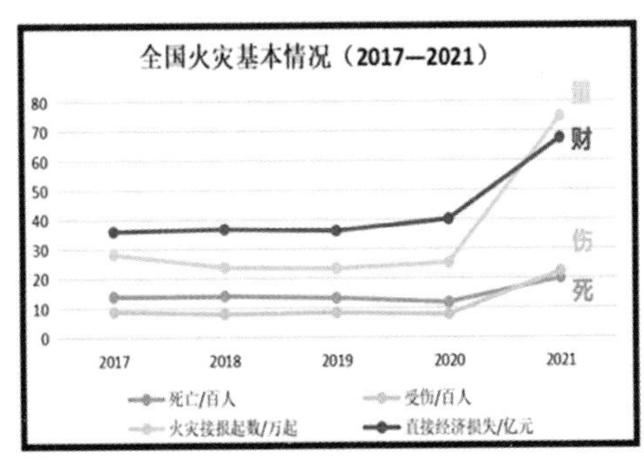

（a）火灾四项指数曲线图

全国火灾基本情况（2017—2021）				
年份	火灾四项指数			
	死亡/百人	受伤/百人	火灾接报起数/万起	直接经济损失/亿元
2017	13.9	8.81	28.1	36
2018	14.07	7.98	23.7	36.74
2019	13.35	8.37	23.3	36.12
2020	11.83	7.75	25.2	40.09
2021	19.87	22.25	74.8	67.5
*数据来源：中国应急管理部消防救援局（2022.7）				

（b）火灾四项指数对比表

图 1　全国火灾基本情况（2017—2021）

综上所述，现行的智慧消防 V1.0 确实小幅控制了火灾的“死”“伤”情况，但在火灾发生起数（量）和直接财产损失（财）两项指标维度上并未产生行之有效的改善，即“人可逃，物难保”。如何进一步降低“量”和“财”两项指标的数据是现阶段消防建设需要关注的首要问题。

二、智慧消防的技术目标

“智慧消防”是相对传统消防概念中人工观察、手动报警的方式而提出的，相较于传统消防存在的监管缺位、人工查询、统计误差、监控盲区、运维滞后、信息孤岛、分析缺失、警情模糊八大弊端，其“智”主要体现在综合运用物联网、AI、互联网、区块链等技术，注重打通各系统间的信息孤岛，提升感知预警能力和应急指挥智慧能力，实现了实时动态、互动融合的消防信息采集、传递和处理，通过环境感知、行为管理、流程把控、智能研判、科学指挥等环节达成更早发现、更快处理、将火灾风险和影响降到最低的建设目标。智慧消防，既是建设智慧城市的“先头兵”，又是发展智慧城市的“保护伞”。传统消防与智慧消防的对比如图 2 所示，传统消防常见问题与智慧消防解决方案如图 3 所示。

图 2　传统消防与智慧消防

传统消防		智慧消防	
弊端	存在的问题	解决方案	特点
监控盲区	报警主机对消防信息缺乏动态监控，设施参数不明	发现异常自动报警	智慧防控（火灾防控自动化）
信息孤岛	不同厂家报警主机的信息数据无法互联互通	提升信息传递的效率	
运维滞后	运维工作机制处于盲目和被动状态	保障消防设施的完好	智慧管理（消防维保规范化）
监管缺位	消防责任人机制有职责条例，但监督管理手段缺位	系统化日常管理	
警情模糊	处置突发事件时告警位置描述出错	实施动态数据	智慧作战（灭火救援智能化）
分析缺失	无法对报警源的报警信息进行统计评估分析	更高效精准的作战	
人工查询	消防系统运行信息查询完全依靠人工	现场可视化动态图像	智慧指挥（监管对象精准化）
统计误差	报警信息依赖值班人员的文字记录，统计误差大	实现调度智能化	

图 3　传统消防常见问题与智慧消防解决方案

三、智慧消防 V1.0 的技术特点

现行智慧消防系统（V1.0）大多依托温度传感器、烟雾传感器等感知终端，

将物理量信号转换成电信号，通过电路将信息传送至执行单元或中控中心。这样的系统在一定程度上解决了传统消防中的信息孤岛、分析缺失等问题[1]，也小幅降低了火灾中“死”和“伤”两项指标，说明智慧消防 V1.0 确实能在火灾发生后对人员的预警逃生产生有效作用，即在火灾初期的“逃生阶段”发挥出一定作用。但对“量”和“财”两项指标的无效作用说明智慧消防 V1.0 仍存在着一定的局限性，或者可以说对火势发展为火灾之前的有效干预不足和对火势的有效控制不足，即无法有效实现“大火化小，小火化了”，这是由智慧消防系统 V1.0 的技术局限所导致的。

以感知层为例，智慧消防系统 V1.0 多以传感器为主，存在着三大共性局限。一是功能局限，即一种传感器只能检测一种变量，但实际火灾是一个多指征、发展性的研究对象，单一检测变量并不能实现对火灾的有效分析。二是属性局限，传感器是典型的感应元件，其工作效能很大程度上取决于敏感单元，灵敏度越高、信号物浓度越大，则检测感应速率和准确度就越高。以烟感传感器为例，在实际应用中多安装于天花板上，当有火灾发生时，可燃物周围已产生大量烟雾，但烟雾扩散至传感器周围需要一定的时间，当传感器烟雾浓度达标触发警报时，可燃物周围或已进入充分燃烧阶段。此时的警报也仅能预警人员逃生，对资产则无法形成有效保护。三是应用局限，传感器的作用机理就是对敏感单元周围的信号变化产生感应，故敏感单元需要在干净稳定的环境下使用才能保证灵敏度，延长使用寿命，所以传感器只能应用于室内环境，室外环境的污染、雨水等都会影响传感器的寿命和探测精度。以重庆 E 校为例，校园总占地面积 1371 亩，而校舍面积仅占 62.46 万平方米，即仅有 68%为室内环境。智慧消防 V1.0 的应用局限会使得 32%的室外环境成为智慧消防盲区。智慧消防 V1.0 的技术瓶颈如图 4 所示。

局限性	说明	结果
功能局限	(一种传感器) 1v1 (一种变量) 即一种传感器只能检测一种变量，实际火灾判断需安装多种传感器共同作用	死↓ 伤↓ √火灾时人员得到有效疏散 √受伤人员的数量得以控制
属性局限	寿命、精度、易失灵、…… 作业范围占比小，无法迅速检测并作出反应	量↑ 财↑
应用局限	√室内环境（环境稳定，不易损坏） ×室外环境（干扰性强，影响较大）	×火→火灾之前的有效预警 ×火势在发生后的反应时间

图 4　智慧消防 V1.0 的技术瓶颈

四、智慧消防 V2.0 的技术特点及应用

1. 智慧消防 V2.0 的 IoT 结构

在此基础上，提出智慧消防 V2.0 的理念，以完善智慧消防 V1.0 的诸多局限。从 IoT 结构来说，即在现有 V1.0 的基础上，在感知层增加图像感知即摄像头；在传输层采用 Wi-Fi 传输或 NB-IoT 技术，以便将图像画面有效即时地传送至中控中心；在应用层，加入以卷积神经网络（CNN）为架构的 AI 识别算法模型，从而实现在不同环境下对小火、远火的快速、有效感知，从而针对性地改善“量”和“财”两项指标。智慧消防 V2.0 应用于重庆 E 校的 IoT 结构如图 5 所示。

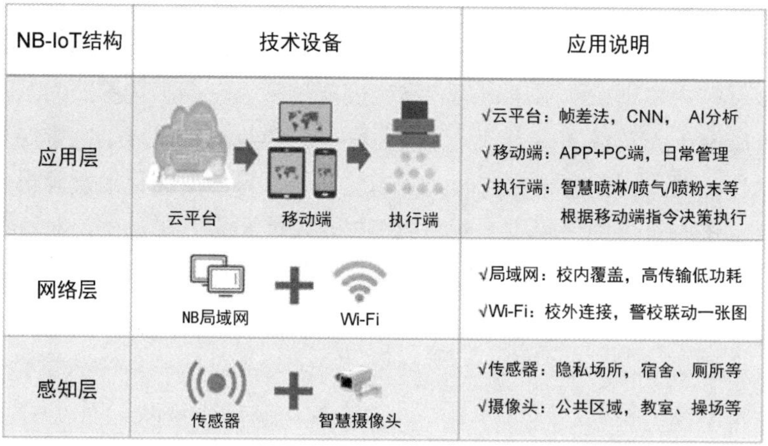

NB-IoT结构	技术设备	应用说明
应用层	云平台　移动端　执行端	√云平台：帧差法，CNN， AI分析 √移动端：APP+PC端，日常管理 √执行端：智慧喷淋/喷气/喷粉末等 根据移动端指令决策执行
网络层	NB局域网 + Wi-Fi	√局域网：校内覆盖，高传输低功耗 √Wi-Fi：校外连接，警校联动一张图
感知层	传感器 + 智慧摄像头	√传感器：隐私场所，宿舍、厕所等 √摄像头：公共区域，教室、操场等

图 5　智慧消防 V2.0 应用于重庆 E 校的 IoT 结构

2. 核心技术的实施

在 AI 深度学习算法中，有一种非常适合做图像识别特征的学习算法——卷积神经网络（Convolutional Neural Networks，CNN）。CNN 是一种专门用来处理矩阵类数据的网络算法，可运用帧差法来提取火灾的视频语义。

（1）帧差法提取关键帧。以教室 A 为例，通过智慧摄像头持续性拍摄和记录教室内的环境情况，形成视频再通过网络层传送全应用层以进行分析处埋。一般来说，视频内容的分析主要分为两个步骤：分割和提取。

第一步，视频的结构化分析，即分割。将教室摄像头所拍到的无序视频分割为帧，帧是构成视频的最小单位，再结合形成不同的镜头或场景，按需选取不同的片段作为研究的基本单元。第二步，视频语义的提取，即提取。提取视频的有

效特征，输入给智慧消防系统 V2.0 决策单元，进而指导执行单元产生相应动作。

视频的分割，即对视频作结构化分析是检索离线处理部分的前提和基础，按组成部分可将视频由低到高分为帧、镜头、场景和幕，如图 6 所示。视频层次结构越向下、包含的语义成分越多，随之的处理难度也就越大，即按分析和提取语义的处理难度排序，场景语义>镜头语义>帧语义。

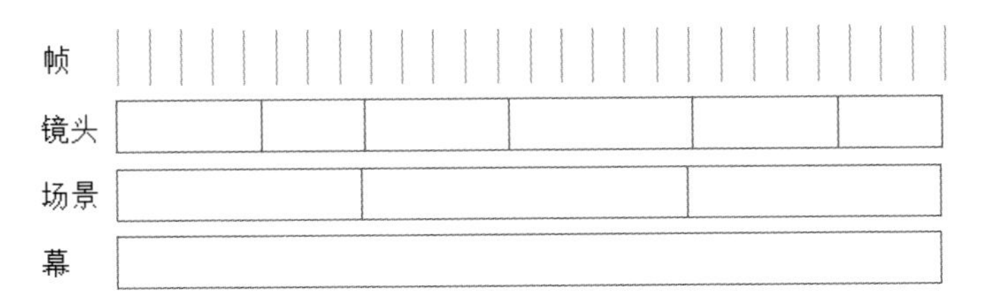

图 6　视频的组成结构

一般来说，视频正常的播放速度是每秒 15～30 帧，即一段 1min 左右的视频，会产生 900～1800 帧，而用于智慧消防系统 V2.0 中的智慧摄像头，往往是全天 24h、全年 365d 不间断作业。以重庆 E 校为例，按每摄像头覆盖面积为 $80m^2$ 计算，即使在不考虑楼房重叠面积的情况下，为实现校内监控全覆盖，就得在校园范围内布置 13000 多个智慧摄像头。这样看来，每天所产生的帧语义数量是非常巨大的，对每帧视频图像都进行分析和语义提取对校园服务器的开销也是相当巨大且没有价值的。而镜头关键帧的提取思想就在于选取代表性帧作为镜头内容的代表，将视频语义提取对象从无数帧转换为某一帧。

视频语义分割算法一般分为基于帧内分割算法和基于帧间分割算法（帧差法）两大类，后者一般根据时域信息分割运动对象，对视频图像序列的连续两帧或三帧图像做差分运算以获取对象的目标轮廓[2]。显然，该方法更适用于智慧消防 V2.0，以实现快速计算与反应，大大降低非关键帧的计算量。帧差法的运算原理如图 7 所示。

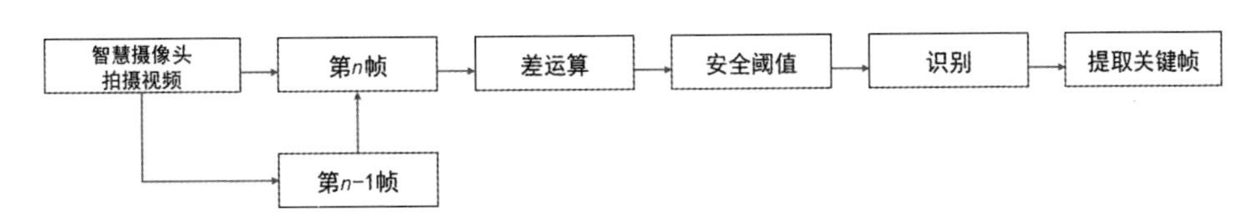

图 7　帧差法的运算原理

当视频中开始出现待识别对象（火焰或烟雾）等特征要素时，第 m 帧相对于第 m-1 帧就会出现较为明显的差别。在实际运用的过程中，用连续的两帧或三帧图像对应位置的像素值持续做帧差运算，得到帧差绝对值，若结果绝对值等于 0，则说明两帧图像无变化；若结果绝对值大于 0，则说明两帧图像有变化（有可能是学生进入，并不一定为待识别对象），若结果>安全阈值，则说明从当前帧（第 m 帧）起待识别对象出现，实现了目标有效识别，当前帧（第 m 帧）就是从视频中提取的关键帧。

视频中第 m 帧与第 m-1 帧图像分别记为 f_m 和 f_{m-1}，两帧对应像素点的灰度值记为 $f_m(x,y)$ 和 $f_{m-1}(x,y)$，两帧图像对应像素点的灰度值相减可以得到绝对值 D_m：

$$D_m(x,y)=\left|f_m(x,y)-f_{m-1}(x,y)\right| \tag{1}$$

设定安全阈值 T 对差分运算后得到的 $D_m(x,y)$ 像素点逐点进行二值化处理得到 $R'_m(x,y)$ [3]，再对 $R'_m(x,y)$ 上的像素点进行积分运算得到 $R_m(x,y)$，也就是对 $R'_m(x,y)$ 上的像素点灰度值进行求和运算：

$$s(t)=\int_{-\infty}^{\infty} f(a)*g(t-a)\mathrm{d}a \tag{2}$$

对 $R'_m(x,y)$ 上的所有像素点灰度值求和得到 $R_m(x,y)$，设定对象识别阈值为 M，理论上 M 取值可以为 0，只要 $R_n(x,y)>0$ 就代表有前景对象被识别，即可选当前帧为关键帧。但实际应用中应该依据深度学习情况调整 M 大小把例如强光照射等出现的 $R'_n(x,y)>0$ 参数改变屏蔽掉，以避免提取过多的关键帧。

$$\text{关键帧}=\begin{cases}\text{真} & R_n(x,y)\geqslant M\\ \text{假} & R_n(x,y)<M\end{cases} \tag{3}$$

$$R_n(x,y)=\frac{1}{255}\sum_{i=a_{11}}^{a_{kk}} R'_n(x,y) \tag{4}$$

（2）卷积神经网络（CNN）结构。卷积神经网络（CNN）结构包含如下几层：输入层、卷积层、池化层、激励层、全连接层、输出层，如图 8 所示。

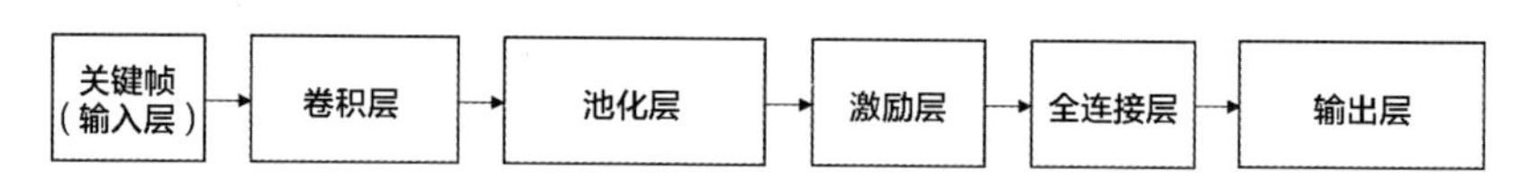

图 8 卷积神经网络（CNN）结构

输入层就是通过改进视频语义分割算法得到视频中的关键帧。比如从教室 A 录像视频中提取的关键帧就是输入层，计算机理解为输入若干个矩阵。卷积层、激励层、池化层就是实现图像的特征提取。全连接层主要是对获取的特征进行重新拟合[4]。输出层完成目标结果的提取，实现对火灾视频的语义理解。

卷积神经网络（CNN）是一种深度前向反馈机制的人工神经网络，它的神经元可以对图像的像素进行响应，实现图像识别。卷积是一个函数和另一个函数在某个维度上的加权“叠加”作用的积分表示形式。

$$R_n'(x,y)=\begin{cases}255 & D_n(x,y)>T \\ 0 & 其他\end{cases} \tag{5}$$

在图像处理中，卷积操作的主要目的就是从图像中提取特征。卷积可以很方便地从输入的一小块数据矩阵（也就是一小块图像）中得到图像的特征，并能够保留像素之间的空间关系[5]。不同卷积核获得不同的图像特征，可以实现不同特点的特征提取。各种滤波器的卷积操作如图 9 所示。

	操作	滤波器	卷积图像
（a）	原图	$\begin{bmatrix}0&0&0\\0&1&0\\0&0&0\end{bmatrix}$	
（b）	边缘检测	$\begin{bmatrix}0&1&0\\1&-4&1\\0&1&0\end{bmatrix}$	

	操作	滤波器	卷积图像
（c）	均值滤波	$\frac{1}{9}\begin{bmatrix}1&1&1\\1&1&1\\1&1&1\end{bmatrix}$	
（d）	高斯滤波	$\frac{1}{16}\begin{bmatrix}1&2&1\\2&4&2\\1&2&1\end{bmatrix}$	

图 9　各种滤波器的卷积操作

如图 9（a）所示，当卷积核为同一化核时，卷积后得到的图像为原图，说明该卷积核对图像无作用，卷积前后图像一致。如图 9（b）所示，卷积核为边缘检测核（高斯-拉普拉斯算子）时，卷积后的图像很暗，仅在边缘位置保持亮度，一般用以强化轮廓，如烟雾的识别等。

经过卷积操作之后，得到图像特征的集合，这样的特征集合容易造成过拟合现象，而且大量数据造成计算量巨大。为了解决这些问题，可以采用空间降采样的池化运算。是指对上层输出的特征图进行抽样运算（见图 10），这样可以减小特征图的大小，还可以使相邻的特征元素更加的离散化，降低过拟合现象的出现。

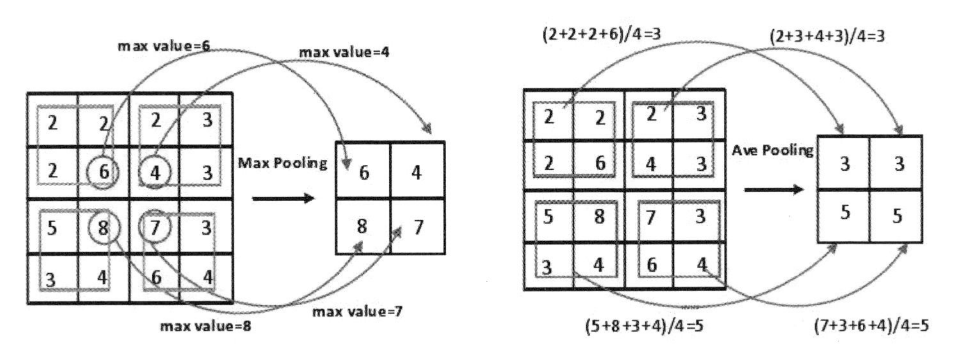

图 10　池化算法

全连接层中的每个神经元与下一层神经元连接，将上层提取到的特征整合起来，实现感知结果的映射[6]。神经元网络模型如图11所示。

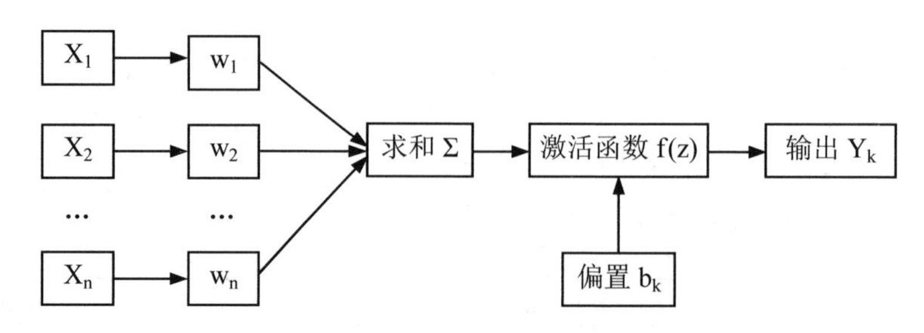

图11 神经元网络模型

对于分类任务，使用Softmax激活函数作为输出层中的分类器[7]。图像经过多次卷积和池化操作后，提取出图像的多个高级特征，全连接层的结果是构建感知层的分布式特征映射样本标注空间。要执行的图像分类任务如图12所示。图像经过卷积层和池化层后提取到图像的特征图，经过全连接层将这些特征组合映射到样本所对应的标注空间，最后获得每种类别的概率，各种图像的分类概率之和为1（或称为100%）。

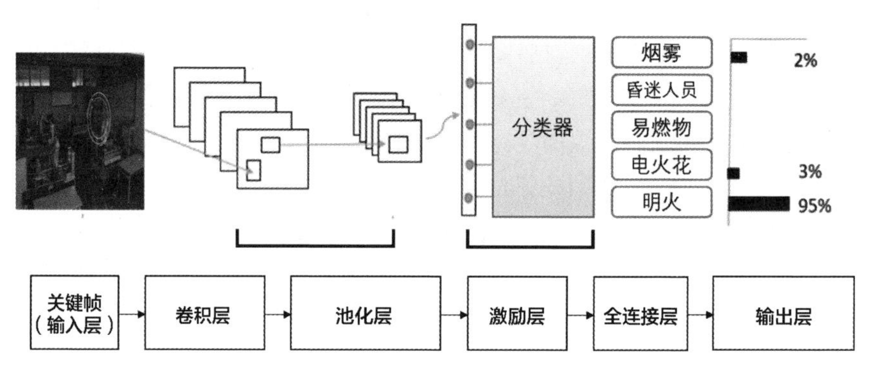

图12 全连接层做分类任务

3. 火灾的动态特点分析

不同于棍棒、刀械等具有固定形状的、相对静态的安全违禁品，火灾是发展的、动态的、多指征的、无固定形态的研究对象。相较于智慧消防V1.0的技术特点，火灾与智慧消防V2.0的技术特点适配度更高。

如图13所示，火灾的发展分为4个阶段：初期增长阶段、轰燃、充分发展阶段和衰减阶段，每个阶段的特征都各有不同，初期和衰减阶段的主要特征对象为烟雾，轰然和充分发展阶段为火焰。所以根据火灾的阶段特性，主要提取了烟雾和火焰作为两项基本指征，通过滤波器提取烟雾的浓度、形状、可见度和火焰的颜色、明度和纹理等几项指征，从而快速分析出火灾的特征与所处阶段，并产生相应指令。

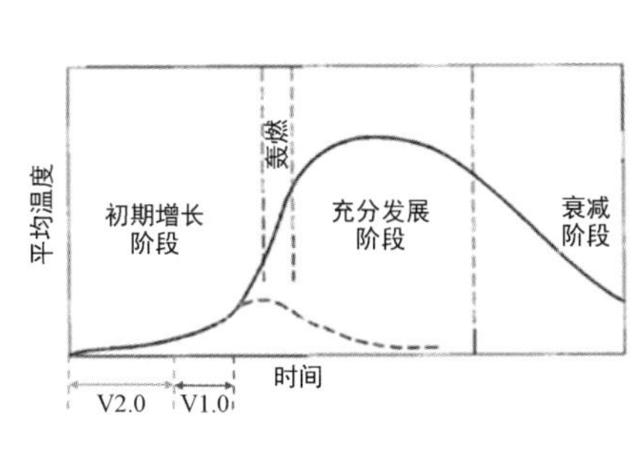

（a）火灾的四个阶段

火灾的四个阶段				
	初期增长阶段	轰燃	充分发展阶段	衰减阶段
主要特点	烟雾大	火势突增	充分燃烧	燃速降低
首要特征对象	烟雾	火焰	火焰	烟雾
池化提取	浓度	颜色	颜色	浓度
	形状	明度	明度	形状
	可见度	纹理	纹理	可见度

（b）各阶段特征及对应指征

图 13　火灾阶段特性及对应指征

仍以教室 A 为例，若仅有单一传感器作为感知终端，无论是通过感知烟雾还是火焰，都必须经过一定时间的燃烧，信号物浓度（温度或烟雾）增大时才能使传感器有所感应产生预警。这就不可避免地延误了“小火化了”的最佳时间，即主要作用于火灾初期增长阶段的后段。而当加入智慧摄像头后，通过拍摄和捕捉到的特征对象即可用 AI 识别第一时间捕捉到烟雾或火焰信息，实现真正意义上的“黄金预警一分钟”。

五、智慧消防 V2.0 的愿景与推广

智慧消防系统 V2.0 的构建对于构建智慧城市、实现智慧管理具有较强的理论意义、应用意义和实际推广意义。在理论层面，V2.0 运用帧差法和卷积神经网络（CNN）实现了对火灾时间性和空间性的动态捕捉和 AI 分析，较传统 V1.0 实现了 NB-IoT 和 AI 技术的有效结合，充分弥补了 V1.0 传感终端在室内远程灵敏度不足、室外无法使用的技术局限。在应用层面，基于 CNN 的 AI 智能分析仅需要对原有摄像头所拍摄的监控视频进行处理分析即可达成火灾预警的目标诉求，并不会对用户产生过多的额外硬件成本。在实际推广层面，基于 CNN 的 AI 分析，只需确立不同特征的滤波器（卷积核）即可实现不同类型的 AI 视频识别。

例如，横向上，可以广泛应用于食品安全、舆情安全等，如可设定口罩的轮廓、形状为卷积核，则当食堂工作人员进入厨房操作间时，若未检测到口罩等防疫安全品，说明操作人员未遵守安全操作规范，系统就会自动报警，管理员则视

情节严重予以惩罚；纵向上，V2.0 可广泛运用于与校园环境类似的场景，如公园、商场、酒店、工业园区等，只要有监控视频覆盖的区域，就可以实现智慧消防的 AI 识别，具有较强的作用价值。

参考文献

[1] 叶景，李丽娟，唐臻旭．基于 CNN-XGBoost 的短时交通流预测[J]．计算机工程与设计，2020，41（4）：1080-1086．

[2] 郭琪超．车辆信息的视频提取方法及应用研究[D]．南京航空航天大学，2007．

[3] 王秋帆．基于 FPGA 的目标识别与动态跟踪技术研究[D]．哈尔滨工程大学，2015．

[4] 程国建，岳清清．卷积神经网络在岩石薄片图像检索中的应用初探[J]．智能计算机与应用，2018，8（2）：43-46，51．

[5] 邓天民，方芳，周臻浩．基于改进空间金字塔池化卷积神经网络的交通标志识别[J]．计算机应用，2020，40（10）：2872-2880．

[6] 龙廷艳．基于深度学习的 JavaScript 恶意代码检测技术的研究与应用[D]．贵州大学，2019．

[7] 曹轲，朱金奇，马春梅，等．联合多重卷积与注意力机制的网络入侵检测[J]．天津师范大学学报（自然科学版），2021，41（3）：75-80．

核心素养导向下职业院校公共基础课程的教学变革
——以“信息技术”单元教学为例

杨杉

基金项目：2021年度重庆市教育科学“十四五”规划课题“基于SPOC的职业院校线上线下混合教学模式的研究与实践”（2021-JZ-023），主持人：杨杉；2021年度中国通信工业协会职业教育改革创新课题“信息技术与中职工业分析与检验专业教学深度融合的研究与实践”（ZTXJGXM2021029），主持人：杨杉。

摘要：职业院校公共基础课程的目标正逐渐指向发展学生的核心素养，核心素养导向下的教学变革应从教学目标、教学内容、教学方式、教学评价四个方面着手，本文以“信息技术”单元教学为例，探索与之相适应的路径及策略。

关键词：核心素养；职业院校；公共基础课程；教学变革；单元教学

信息时代，为了应对人工智能的挑战，劳动者需要具备运用知识创造性解决问题的素养，这就对教育提出了更高的要求。2002年，美国创设了21世纪核心技能框架，提倡将核心素养融入学校教育[1]。2005年，欧盟发布《核心素养：欧洲参考框架》，正式向各个成员国推荐八项核心素养，作为推进终身学习及教育与培训改革的参考框架[2]。2016年9月，我国颁布《中国学生发展核心素养》，提出以培养“全面发展的人”为核心，着重发展人文底蕴、科学精神、学会学习、健康生活、责任担当、实践创新六大素养[3]。

近五年，教育部陆续出台了新的职业院校公共基础课课程标准，明确将学科核心素养作为课程目标。不过，多数一线教师仍然沿用以课时为单位的传统教学方式，进行碎片化的知识传授和技能训练，导致发展学生核心素养的任务得不到落实。钟启泉、崔允漷等教育专家认为真实情境下的单元教学是核心素养落地的关键，可见如何设计并实施核心素养导向的单元教学是推动职业院校公共基础课“课堂革命”亟待研究并解决的问题。

一、教学目标的变革：从割裂到整合

最早开展核心素养研究的国际经济合作与发展组织提出："素养不只是知识与技能，它是在特定情境中通过利用和调动心理社会资源（包括技能和态度）以满足复杂需要的能力"[4]。在中国学生发展核心素养框架中，核心素养被界定为学生应该具备的、能够适应终身发展和社会发展需要的必备品格和关键能力[3]。核心素养导向的教学目标既包含认知维，也包含情感维和技能维，并且从行为角度将三个维度进行有效的整合。

三维教学目标本身松散割裂的状态易引起教师对其理解的偏差，导致在教学实践中片面强调知识与技能目标，忽视了其他目标。当前，多数职教教师的教学方案依然沿用三维目标，分别从"知识与技能""过程与方法""情感、态度与价值观"三个维度进行叙写。由于对三维目标缺乏深入的理解，加之"过程与方法"及"情感、态度与价值观"目标不易测量，导致在实践教学中教学重心整个向"知识与技能"倾斜，实质上架空了内隐性较强的目标，不利于学生素养的形成及终身发展。

核心素养导向的教学目标是对三维目标的整合，注重综合性、情境化和结构化。喻平认为，形成核心素养的本源是知识，核心素养的水平分为三级，由低到高分别为知识理解、知识迁移、知识创新。知识理解是形成核心素养的前提和条件，它包括基础知识的理解和基本技能的形成；知识迁移是指学习者把理解的知识、形成的基本技能迁移到不同的情境中去，促进新知识的学习或解决不同情境中的问题；知识创新是指学习者能够生成超越教材规定内容的知识，或者对问题进行推广与变式得到一个新的问题，形成学科思维[5]。由此可见，核心素养导向的教学目标是知识理解、知识迁移、知识创新三级目标的有机融合。知识不是孤立存在的，而是依赖于具体的情境，而且孤立、零散、脱离情境的知识也无助于解决复杂的问题。因此，核心素养导向的教学目标应基于情境并形成结构。

核心素养导向下职业院校公共基础课程的教学目标应以单元为单位，整合三维目标，自顶向下进行设计。核心素养不是通过一节课或一个知识点的学习就能形成的，它的发展要建立在系统学习一个单元、一门学科乃至多门学科，并综合运用所学知识分析及解决问题的基础上。因此，核心素养导向的教学目标应在分析课程标准、教材内容、实际学情及教学条件的基础上，设计整合三维目标的单元教学目标，再将其进一步分解为具体可实施的课时教学目标。经过上述过程，确定高职"信息技术"课程的"学会学习"单元的教学目标如表 1 所示。

表 1 “学会学习”单元目标

单元主题	学会学习
单元目标	1. 通过分析单元的项目（任务）需求，确定所需信息的内容和形式，选择合适的搜索引擎（或平台），按照合理的流程检索、提取信息，依据信息的真伪与价值对其进行筛选，并选用合适的数字化工具对信息进行加工，形成信息分析、检索、评价能力 2. 根据应用的场景及主题，使用 WPS 软件，选取合适的图片、视频等素材制作图文并茂、富有感染力的演示文稿来展示信息，能够解释信息可视化并说明其作用，能够自觉尊重知识产权，增强独立思考能力和审美能力 3. 分组开展项目实施活动，运用网络学习系统、数字化资源与工具进行独立学习与协同工作，增强自主学习能力、沟通协作能力与解决问题的能力 4. 开展项目展示活动，介绍作品制作过程，结合演示文稿进行演讲，提高表达能力；通过反思活动发现存在的问题并找到解决办法，增强自我认知能力

二、教学内容的变革：从全面覆盖到深度理解

核心素养的精髓在于真实性，即能将学校所学迁移到现实世界中去，这就要求课堂教学内容从教专家结论转向教专家思维，变“宽而浅”的学习为“少而深”的学习[6]。

传统职教课堂的教学内容虽然覆盖范围广，但学生习得的离散知识难以在单元与单元之间、学科与学科之间、学校教育与现实世界之间进行迁移。身处信息时代，人们可以利用互联网方便地获得海量信息，知识的广度不再是教育的最终目的，课堂教学更应关注如何学习知识、学习什么样的知识，以及怎样加工知识，使之能够运用于解决现实世界的问题。不少职教学生只有在高数课上才会使用微积分，只有在英语课上才会正确使用过去时态。曾经学会的知识，似乎一旦脱离学科和单元就难以激活，更无法灵活地迁移。怀特海把这样的知识称为“惰性知识”[7]。因为学生习得的知识是惰性的，一旦他们离开学校，这些知识非常容易被遗忘，存留的知识也很难灵活用于解决现实问题。

核心素养导向的教学内容强调知识的精准性与结构化，通过合理的组织让学生正确地、灵活地理解和运用知识。知识的精准性指的是，学习内容的选取应强调典型性，即通过学习典型内容，经历典型过程，获得典型体验，最终形成核心素养。知识的结构化指的是，归纳和整理知识使其变得条理化、纲领化，进而激活知识，使之能够在不同的场景间迁移。在学习过程中，如果新知识没有与学生已经掌握的知识建立连接，没有形成认知结构，就会导致实际运用知识的效率低、

效果差。根据学情创设真实的情境，将知识与学生的生活联系起来，可以有效帮助学生获取知识、建构意义，从而解决问题。

核心素养导向下职业院校公共基础课程的教学内容应在真实情境下以大概念为统领重构单元内容，按照主题、任务组织教学活动。大概念的英文是 big idea，威金斯和迈克泰格认为，大概念通常表现为一个有用的概念、主题、有争议的结论或观点、反论、理论、基本假设、反复出现的问题、理解和原则[8]。“大概念是落实素养导向教学的重要抓手”已成为学界共识。职业院校公共基础课程要用大概念将离散的知识技能串联起来，通过主题式、任务化的教学活动促进学生建构自己的知识体系，提高他们的知识迁移及知识创新能力。高职“信息技术”课程“学会学习”单元的教学内容框架如表 2 所示。

表 2 “学会学习”单元教学内容框架

单元主题	学会学习
教学内容	1. 分析问题的策略与技巧 2. 获取信息的过程与方法 3. 信息的鉴别与评价 4. 文本信息的加工与表达 5. 表格信息的加工与表达 6. 多媒体信息的加工与表达

三、教学方式的变革：从单向传递到协作建构

相较于传统教学中学生被动地接受知识，核心素养导向的教学强调学生的自主实践探索与教师的个性化引导。学习活动是建构的、自主的，学习主体是交互的、协作的。

知识的单向传递不利于核心素养的培育和塑造。受传统教学观念的影响，职教教师在教学中往往偏重知识的单向传送和灌输，片面追求课堂效率，仅仅关注教学任务的完成情况，力求让学生在短期内熟练记忆大量知识。这种功利主义的做法片面强调学生浅层认知的发展，在过程与方法、情感态度及价值观方面鲜有涉及。这样的教学忽视了核心素养的培养，不利于学生的长远发展。

学生需要在深度参与项目（任务）的过程中自行建构知识，并逐步形成核心素养。实践活动是培育核心素养的有效途径，皮亚杰认为，知识不是通过教师传授而获得的，而是学习者在一定的情境下，在其他人（包括教师和学习伙伴）的

帮助下，使用必要的学习资料，通过意义建构的方式而获得的[9]。学生需要在真实情境下，通过深度参与典型性项目（任务），经历探究问题、完成任务的过程，才能建构并迁移知识，进而形成素养。

核心素养导向下职业院校公共基础课程的教学应给予学生决策权与选择权，并以真实性项目（任务）驱动。一方面，要真正做到“以学生为中心”，让学生参与设计教学方案和组织学习活动，激发他们的学习热情。同时，让学生可以凭兴趣选择学习内容，根据自身情况选择学习方法、安排学习进度，并使用习惯的方式展示学习成果。另一方面，要以真实性项目（任务）驱动学生的实践活动。在真实的情境下探究问题，协作完成项目（任务），才能让学生建构可迁移的知识。在学习过程中的交流与分享培养了学生的沟通交流能力及团队协作精神，为学生的终身发展奠定了基础。高职“信息技术”课程“学会学习”单元以项目（任务）引领，让学生通过小组活动自行建构并分享知识，教学流程如图 1 所示。

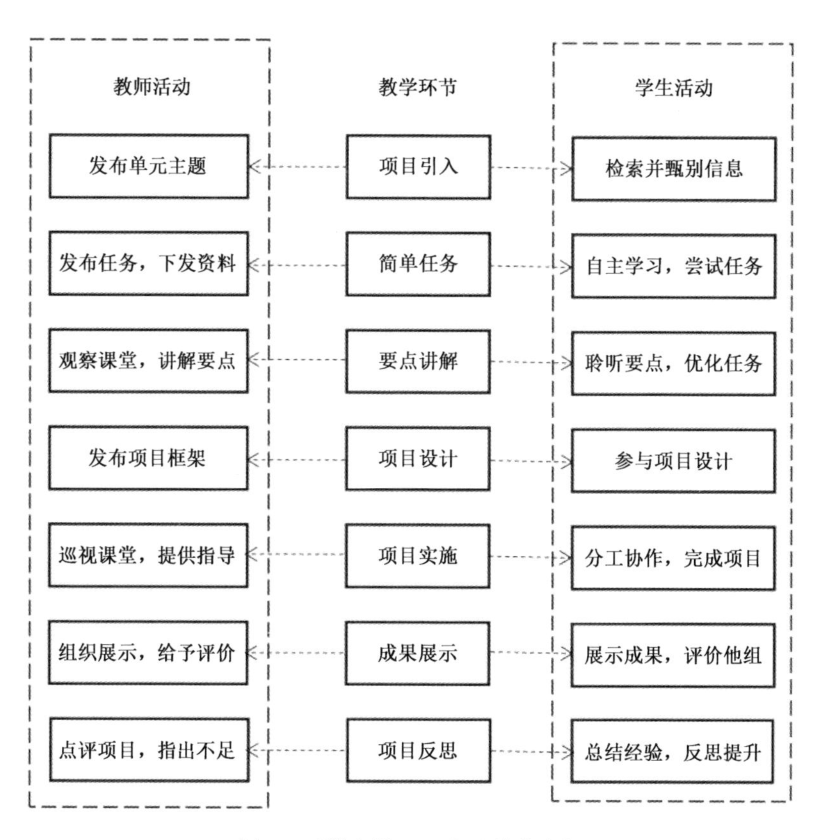

图 1　“学会学习”单元教学流程

四、教学评价的变革：从单一到多元

不同学生核心素养发展的路径存在差异，因此核心素养导向下教学评价的内容及方式应以促进学生的发展为目标，满足学生的个性需求，这必然导致评价的多元化与多样性。

单一僵化的教学评价不利于学生核心素养的发展。传统的教学评价通过截取孤立的片段（一节课、一学期），以标准化测验为主要方式进行，难以做到以发展的视角全面评价学生长期的学习成效，不能测量教学过程中学生真实的、动态的行为表现，难以全面评价学生的核心素养，不利于学生正确的人生观及价值观的形成。

核心素养导向的教学评价关注学生的个性化发展，倡导评价的多元化与多样性。核心素养导向的教学评价以促进学生发展为目标，强调根据不同的指标及学情灵活选用评价方式，关注学生在评价过程中的收获以及展现出的思维过程。为保证评价的客观公正，教学评价应包含多个主体，教师、学生、其他相关人员（家长、企业专家等）都可以参与评价。此外，应灵活选用标准化测验、表现性评价、课堂观察、问卷调查等多种评价方式。

核心素养导向下职业院校公共基础课程的教学评价应在多元化、及时性与针对性上下功夫。首先，秉持以评促学的评价理念，核心素养导向的教学评价要求进行全过程、多主体、多形式的综合评价，创造良性互动的氛围，使每个学生的知识得到增值。其次，教学评价与反馈要及时进行，这样有助于学生随时发现问题，立即进行自省和反思，从而促进个性化发展。最后，教学评价必须具备针对性和适切性，对于不同的评价指标应采用与之相适应的评价方法。高职“信息技术”课程“学会学习”单元的教学评价以促进学生的发展为目标，从成果质量、项目（任务）表现、信息素养三个方面着手，通过表现性评价、课堂观察、作业情况、问卷调查和电子档案袋等形式开展自我评价、组内互评、组间互评、教师评价及其他人员（专家、家长等）评价，注重评价与反馈的及时性，引导学生根据评价反馈进行反思改进。

五、结语

核心素养的提出使得职业教育的培养目标体系发生了重大变化，将对职业教育的发展产生深刻的影响。为促进职教学生核心素养的发展，培育适应时代发展需要的高素质技术技能型人才，要求对职业教育课程教学进行全面变革。以单元为基本单位，从教学目标、教学内容、教学形式、教学评价等方面对课程进行重新设计，实施核心素养导向的单元教学，是落实“课堂革命”的有效途径。在我国的职教领域，核心素养导向的教学起步较晚，亟待广大职教教师不断进行实践探索，共同推动课堂教学改革。

参考文献

[1] 师曼，刘晟，刘霞，等．21 世纪核心素养的框架及要素研究[J]．华东师范大学学报（教育科学版），2016，34（3）：29-37，115．

[2] Gordon J, Halasz G, Krawczyk M, et al. Key Competences in Europe: Opening Doors For Lifelong Learners Across the School Curriculum and Teacher Education[J]. Case Network Reports, 2009(0087).

[3] 核心素养研究课题组．中国学生发展核心素养[J]．中国教育学刊，2016（10）：1-3．

[4] OECD. The definition and selection of key competences: executive summary:DeSeCo project, 2005.

[5] 喻平．发展学生学科核心素养的教学目标与策略[J]．课程.教材.教法，2017，37（1）：48-53，68．

[6] 刘徽．大概念教学：素养导向的单元整体设计[M]．北京：教育科学出版社，2022．

[7] 怀特海．教育的目的[M]．严中慧，译．上海：华东师范大学出版社，2020．

[8] 格兰特.威金斯，杰伊.麦克泰格．追求理解的教学设计[M]．2 版．上海：华东师范大学出版社，2017．

[9] 何克抗．建构主义——革新传统教学的理论基础（上）[J]．电化教育研究，1997（3）：3-9．

“三全育人”视域下高职院校物联网专业课程思政改革研究

邓毅，邓晓慧

摘要：课程思政是将专业课程和思政教育进行相互融合，培养学生正确的三观。以移动终端开发这门课程为改革突破口，探讨了如何在专业课程中挖掘课程思政元素，并将课程思政元素与专业知识技能进行有效的融合，通过对课程培养目标、课程教学内容、教学案例选取、考核方式、教学方法应用与教材建设这六个方面的改革建立该门课程的课程思政改革方案。通过实施该方案，帮助学生建立良好的职业素养与爱国情怀，进而提升教学质量。通过移动终端开发课程思政的实施、建设成果，为下一步物联网整个专业课程思政改革打下了基础。

关键词：课程思政；教学改革；教学案例

引言

2016年12月，习总书记在全国高校思政工作会议上指出：“做好高校思想政治工作，要因事而化、因时而进、因势而新。要遵循思想政治工作规律，遵循教书育人规律，遵循学生成长规律，不断提高工作能力和水平。要用好课堂教学这个主渠道，思想政治理论课要坚持在改进中加强，提升思想政治教育亲和力和针对性，满足学生成长发展需求和期待，其他各门课都要守好一段渠、种好责任田，使各类课程与思想政治理论课同向同行，形成协同效应。”[1]“要坚持把立德树人作为中心环节，把思想政治工作贯穿教育教学全过程，实现全程育人、全方位育人，努力开创我国高等教育事业发展新局面。”[2]这是国家领导人对当前高校培养什么样的人、怎么培养人及其为谁培养人这个重要问题做出的战略性指导和行动的指南。与此同时，作为教育战线原领导者的陈宝生部长指出：“课堂是教育的主战场，课堂不变，教育就不变，教育不变，学生就不变。课堂是教育发展的核心地带，只有抓住课堂这个核心地带，教育才能真正发展。”[3]

因此，高等教育需要以增强课堂教学的管理为目标，充分提炼和发掘蕴藏在各专业中的思政资源，把课程思政的价值引领贯穿于知识和技能学习的各个环节，形成“大思政”的教育教学新格局。所以，在“三全育人”的过程中，我们应以思想政治理论课为引领，基础课、通识课及专业课协同推进，共同构建立德树人的主渠道。本文以物联网应用技术专业核心课程“移动终端开发”为例，以立德树人为出发点，在国家课程思政建设相关政策精神引领下，探索物联网专业课程思政的可行性建设方案。

一、课程思政的核心思想

课程思政不能视为为了达到思政教育的作用而重新开设的一门课程，课程思政的本质是将思政与专业课进行合理融合后的新型教学理念，需要以思维方式创新作为支撑。高等职业院校人才培养的目标主要有以下三个维度：知识目标、技能目标、素质目标。前两个目标主要以培养学生某个专业群（专业方向）的知识和技能为目的，素质目标主要偏向于职业类素养的培养，例如团队合作、精益求精等。学生具备了专业知识和技能，具有了较好的职业素养，理应是一个合格的准职业人。但是实践证明，仅仅具备这些是远远不够的。学生在未来的社会生活和职场工作中，树立正确的三观对于他们的可持续发展至关重要。如何培养正确的三观？课程思政作为一种在掌握专业知识和技能的同时，以春风化雨、润物细无声的方式，提炼专业课程中包含的价值范式及中华文化底蕴，在不影响专业课程的教学内容前提下，将专业知识、技能与这些价值引领进行有机的结合，达到“以文化人、以文育人”的教育目的。[4]

课程思政的建设目标为：以习近平新时代中国特色社会主义思想为指导，在知识和技能学习的全过程中始终贯穿理想信念的精神指引，通过坚定的理想信念的引领，坚定正确的政治信仰为基石[5]，在实际行动中，提升青年学生的社会责任感和担当感，提高明辨是非的能力，最终将学生培养成德智体美劳全面发展的高素质复合型技术技能人才。

二、“移动终端开发”课程思政建设方案

“移动终端开发”课程是物联网应用技术专业的核心课程，结合物联网专业特色，充分提炼蕴含在专业课程中的思政教育元素，依据本门课程在课程体系中的定位，以成果为导向，构建情景化的学习模块，将知识、技能、课程思政有机

地进行融合。以本门课程思政改革为起点，为物联网应用技术专业其他课程进行课程思政改革提供理论经验和具有推广性的样本。所以，以课程培养目标、课程教学内容、教学案例选取、考核方式改革、教学方法应用与课程教材建设六个方面为突破口，对本门课程进行改革研究。

1. 课程培养目标

学生修完该门课程，应该能够使用 AndroidStudio 开发平台创建项目、基本组件功能应用、界面布局设计、SQLite 数据库的基本使用等，能够开发出一款将硬件和软件进行结合的室内环境监测 APP。通过不断丰富理论知识，增强 APP 实践动手技能，整合软硬件功能，增强理论与实践相结合的综合素质，能够胜任物联网系统应用软件开发岗位中移动终端开发的基本工作。

2. 课程教学内容

课程教学内容以成果为导向，基于物联网应用软件开发工作岗位工作流程进行课程内容设计，整个课程以室内环境监测 APP 开发贯穿于整个课程，以“岗课赛证”为引领，依据移动终端开发的课程标准，将知识目标、技能目标、素质目标融入到 APP 开发的各个子情景中，形成个性化可自由选择的课程结构。在每个情景模块中，深入挖掘与该模块对应的思政元素，将思想政治教育潜移默化地融入到知识和技能的学习中，达到了三全育人的教育教学效果[6]。依据以上的学习需求，该门课程构建了六个学习情景，分别为项目介绍及搭建、用户注册及登录、主界面功能设计与实现、SQLite 设计与实现、云平台数据管理、测试及发布。学习情景依托岗位开发流程，前后学习情景之间相互关联，每一个学习情景就是一个成果，学生完成所有的学习将可以形成一个成果链条，这条完整的成果链条就构成了整个开发流程。其中以“项目介绍及搭建”学习情景为例来描述具体教学内容的安排，单个学习情景的教学内容包括当前学习情景的基本理论知识及实践技能、当前学习情景下挖掘的课程思政两部分，前者主要完成的内容有 AndroidStudio 版本功能介绍、开发平台安装设置、模拟器创建与配置、新的项目创建及初级的程序调试使用等；后者主要完成的内容有制订安装与设置 AndroidStudio 集成开发环境的工作计划，严格按照企业工作岗位工作进度安排，按时保质保量完成任务；严格按照企业开发规范文档进行编码，养成严谨的工作作风；同时，记录在安装与测试集成开发环境时的错误及解决问题的过程，加强面对困难与挫折时的意志和决心，培养敢于发现问题、面对问题的心理素质。通过完成情景教与学完美地将“术”与“道”进行融合[7]。

3. 教学案例选取

本门课程采用基于物联网系统应用软件开发工程师典型工作任务的教学方法，以一个室内环境监测 APP 开发为教学项目案例贯穿于整个课程的学习过程，在整个项目的开发过程中，将课程标准中需要达成的知识点、技能点及课程思政元素融入其中。课程思政的融入与项目的开发相互交叉、相互融合，依照项目初期—项目中期—项目后期三段式，分段式融入课程思政。项目初期以华为为什么要开发鸿蒙系统为引入，激发青年学生的爱国热情，引导学生努力学习，让学生明白拿来主义固然有一定的优势，但是别人会卡脖子；随着项目的不断推进，学生会遇到各种各样的困难，因此项目中期以培养敢于面对困难、勇往直前克服困难的精神；项目后期学生完成了各个子情景的学习，需要进行多个模块的组合与测试，此时要将团队合作的精神、精益求精的工匠精神传递给学生。

4. 考核方式改革

本门课程采用阶段性考核、平时成绩与期末作品相结合的考核方式，这三者的考核比例为 35%、15%、50%。课程最终成绩为百分制，综合成绩 60 分以上即为合格。在以上的考核中，除了要考核学生对知识和技能的掌握情况外，还包括思政教育成效的相关评判，包括学生辨别是非的能力、面对困难与挫折的能力、工匠精神、团队协作的能力、自主学习与创新的能力、社会主义核心价值观等方面。在阶段性考核中，学生以小组为单位进行学习，学生的评价采用组内自评、组间互评及教师评价相互结合进行评价。在考核的过程中，学生通过观察他们的作品发现自身存在的不足，通过学习优秀同学的优势解决自身存在的问题，激发学生学习的动力和激情。

5. 教学方法应用

本门课程的教学以学生为中心，采用多种方法结合的课堂教学方式进行授课，包括问题导向式教学、情景教学、项目任务驱动、分组教学等。本门课程将信息化教学引入到课堂教学中，充分使用重庆市在线开发课程校级精品课资源、中国大学生 MOOC 资源等线上优秀资源，学生通过云班课平台提前对课程进行预习，完成教师推送的基本知识点视频学习，学生完成视频后，教师还会推送相关的测试题进行知识点测试，教师通过云班课平台收集学生的学习数据及学习行为，针对学生错误较多的知识点进行分析、总结，有针对性地在课堂上进行重难点突破，提高课堂的讲解效果。课中，通过在 PPT 中安装雨课堂插件实现随时与学生手机移动端进行互动，及时收集学生回答问题情况数据，提高学生课堂的积极性与课堂参与性。通过信息化的教学改革，教师可以及时掌握学生的学习情况及思想波动情况，方便因材施教。

6. 课程教材建设

本门课程为了将专业课程与思政元素进行有效的融合，团队教师邀请我校思政课程教师加入到课程思政的建设中，同时与行业企业合作，搜集企业最新的技术要求及企业实际案例作为双元制教材编写的案例库。在教材项目内容编写及内容编排过程中，充分听取思政教师给出的编排意见，将知识技能的学习与课程思政的内容进行合理的融合，同时，为了检验编写的教材是否符合专业学生学习的特点，教材编写团队还邀请本专业部分学生参与教材的编写过程，以学习者的身份对老师编写的教材提出自己的建议，让学生积极参与到教材的编写过程中来。与此同时，为了方便学生更好地学习，通过使用信息化技术，对每一个项目附加二维码技术，学生扫描对应项目的二维码就可以进行提前的视频预习，将静态的教材转换为立体动态的教材，学生使用移动终端设备可以及时进行专业知识和思政课的学习。

三、"移动终端开发"课程思政建设成效

针对"移动终端开发"课程中融入思政元素后是否有成效这一问题，通过对物联网相关开课专业班级开展调查，收回了 210 份有效的调查问卷，统计结果见表 1。其中 85%的学生和教师认为在课程的教学中融入思政元素后可以培养良好的爱国热情和政治观念，提高了学生的学习积极性。在专业课程中加入思政元素，得到了学生和老师的认可，反映了专业课课程思政的效果。

表 1　统计结果

没有什么用	培养良好的 爱国热情和政治观念	更高的素质	增加了学习的负担
4%	85%	82%	8%

四、结语

自 2020 年开始进行移动终端开发课程思政教育改革以来，本课程教学团队成员积极学习课程思政相关政策文件及优秀课程思政案例，同时在本校思政教学团队的帮助下提升了课程思政育人的能力和本领，在专业课程教学中积极融入课程

思政的教学内容，多举措和多维度实现专业知识技能和课程思政教育的有效融合，坚持立德树人这一根本任务，贯彻落实课程思政的育人目标，为物联网专业思政课程体系的构建和实施打下了基础。

参考文献

[1] 习近平. 把思想政治工作贯穿教育教学全过程 开创我国高等教育事业发展新局面[M]. 人民日报，2016-12-09.

[2] 习近平谈治国理政（第 2 卷）[M]. 北京：外文出版社，2017：376.

[3] 陈宝生. 努力办好人民满意的教育[N]. 人民日报，2017-9-8（7）.

[4] 崔广芹，王英浩. 将课程思政引入工科专业课的教学改革与探索[J]. 科教论坛，2020（6）：63-64.

[5] 侯振华，尚金钊，唐琳，等. 工科专业课程思政建设实践与探索——以照明工程课程为例[J]. 高教学刊，2020（17）：150-52.

[6] 梁焰. “课程思政”在理工科课程中的实践研究——以 FPGA 原理与应用设计课程为例[J]. 教育现代化，2019（4）：159-161.

[7] 周娟，汪立夏，李雄，等. 思政教育融入计算机专业课课堂[J]. 人文社科，2018（2）：94-96.

敦煌壁画手办盲盒产品设计与研究

李淼岚，张耀尹
（重庆理工职业学院）

摘要：敦煌是“一带一路”的重要节点城市，肩负对外文化交流的特殊使命。本研究坚持“用户内心情感至上”的设计理念，通过备受年轻人宠爱的盲盒设计，以敦煌壁画中敦煌伎乐天、供养人、神兽为研究对象提取相关元素，结合当代潮流乐器、姿态、饰品及呆萌表情等，展现敦煌壁画中神与神、神与人、神与动物的自然与和谐，传递青少年向善向好的美好愿望。

关键词：敦煌壁画；盲盒；文创；设计

引言

敦煌是“一带一路”的重要节点城市，肩负着对外文化交流的特殊使命。敦煌艺术博大精深、辉煌灿烂，内含多元立体的人文思想和精妙绝伦的艺术元素，承载了崇德向善、开放包容、勇于创新等优良品性和兼容并蓄的创新精神。敦煌壁画是敦煌艺术的主要组成部分，规模宏大、技艺精湛，其中又以敦煌莫高窟最为出名。伴随国家先后出台的系列文化复兴相关政策，越来越多的社会品牌主动嫁接敦煌文化元素，结合当代各类潮流掀起了百花齐放的文创高潮，其中壁画成了敦煌各类文创产品中最为热门的研发对象。

一、盲盒发展

盲盒最早起源于日本，因其更新速度快、价格便宜等深受年轻人喜爱，近几年逐渐风靡于北美及整个亚洲。大批公司和 IP 加入了盲盒制作阵营，其中最为出名的是泡泡玛特、若来、52Toys 等，也有大量动漫、游戏等 IP 授权生产盲盒。盲盒商家积极拥抱新渠道进行产品曝光和投放，盲盒市场需求旺盛。2020 年 12 月上旬，1688 平台盲盒及衍生品的成交额是 11 月同期的 2.7 倍，加工定制的买家数量同比增长 300%；天猫海外盲盒消费增速同比增长 400%。此外，“改娃师”等盲盒衍生职业兴起，形成了一个更加细分多样化的产业新链条。据艾媒咨询数据显示，中国潮玩市场规模占比从 2017 年的 11.18%飙升至 2020 年的 19.74%，预估 2023 年有望突破 23.03%。Mob 研究院根据以往对盲盒市场规模和增长相关数据的分析，预测 2024 年我国盲盒行业市场规模翻两倍，产值有望突破 300 亿元。除此之外，“拆盒”也是时下最为火爆的直播内容，吸引了不少粉丝加入互动。可以说火爆的盲盒潮流是商业与亚文化两大类资本共谋共生而形成的结果。

伴随国内动漫、影视、游戏等 IP 周边授权商品的高速发展，盲盒作为潮玩 IP 变现的重要载体有望成为全球潮玩产品中的核心之一。自 2020 年起，故宫博物院、河南博物馆、秦始皇帝陵博物馆、四川三星堆博物馆等开始尝试开发基于文创产品的盲盒产品，很快被市场接受并快速成为各博物馆的文创新宠，销量遥遥领先于其他文创产品，并吸引了大量粉丝，但相比源于游戏、动漫、影视等领域的盲盒玩偶设计种类，源于历史传统文化设计的种类相对较少。年轻人始终是中国传统文化传承与推广的主力军，鉴于盲盒在年轻群体中的巨大消费市场，盲盒成为推广传统文化的载体是值得持续研究和探索的。

二、敦煌盲盒文创产品设计实践

1. 设计目的

通过备受年轻人宠爱的盲盒设计，以敦煌壁画中敦煌伎乐天、供养人、神兽为研究对象提取相关元素，结合当代潮流乐器、姿态、饰品、呆萌表情等，展现敦煌壁画中神与神、神与人、神与动物的自然与和谐，传递青少年向善向好的美好愿望，以此传播、推广敦煌文化。

2. 设计定位

（1）大系列：音乐系列、供养人系列。

（2）角色：潮玩二人，乐器六个。

（3）盲盒设计类型：人物类。

（4）敦煌元素运用：供养人、神兽、伎乐天。

（5）定位人群：学生及年轻消费群体。

3. 前期构思

（1）元素选取方面：选择人形潮玩神态、流畅滑板的行走风格，以便更好地引起消费者的情感共鸣；服饰、神态及行走姿态主要参考唐代。

（2）草图构想与设计。

一是要精炼简化图样，采用当代设计的重组构成方式，如在敦煌壁画中经常会出现一人以上的多个人物组合，但在盲盒的售卖中，多个人物放在同一个盒子里销售会破坏其公平性，所以为了盲盒售卖的公平性和遵循敦煌壁画原画的原则性，将同一幅壁画提取元素拆分设计，使同系列的成为一套。

二是要对造型进行概括与凝练，强化主要结构，借助变象的方式为其加入一丝神情，营造出一种“萌”的感觉，如人物形象的头部比例增大，身体比例缩小，五官中眼睛夸张变大，增添人物形象的趣味性，同时简化其衣着，仅保留主要特征。

三是在进行色彩搭配时为平衡现代审美特征，符合消费者的审美要求，在遵循撞色的基础上降低色彩饱和度，营造出既民族又现代的氛围感。

四是凸显盲盒玩具的趣味性，将趣味作为盲盒的设计语言。敦煌壁画盲盒追求的是产品与文化元素的意向性表达，即从文化渊源出发建立情感关联。

五是利用好消费者的赌徒心理和盲盒本身带有的盲盒社交属性设计隐藏款和珍藏款，隐藏款在和普通款属于同一系列的同时要将材质和姿势与常规款区分开；在设计上偏向 Q 版，适当与萌化的小动物相结合。

4. 元素提取

本文选用了一些符合当下设计审美和较为出名的敦煌壁画图来进行元素提取和设计，如场景、衣物、面容、服饰、文化题材等方面。

（1）系列一：潮玩音乐组合。

【吉他乐者】参考唐第 57 窟持花菩萨图

提取壁画本身的神态、服饰、手势等元素，与现代潮流吉他乐器、饰品及酷帅造型等元素结合，拟打造潮流酷帅乐者形象。

【主唱乐者】参考唐第 16 窟引路菩萨图

提取壁画本身的服饰、发型、行走姿态等元素，与现代潮流话筒乐器、饰品、造型元素结合，拟打造赴音乐节欢乐吟唱的潮流形象。

【滑板乐者】参考唐第 156 窟双人乐舞图及唐第 112 窟反弹琵琶舞

提取壁画本身的腰鼓、琵琶等乐器，以及反弹琵琶舞姿动作、神态、经典造型，与现代潮流滑板元素结合，通过 Q 版化设计将边唱边弹的优雅舞姿用流畅的滑板姿态展示，拟抒发内心酣畅淋漓的愉悦之情。

【吹弹乐者】参考中唐第 154 窟报恩经变下部和第 112 窟演奏大箜篌

提取经变乐队中的筚篥、大箜篌、异形笛造型及吹笛表情、姿态、胡服等元素，与现代潮流服饰、呆萌表情、姿态及 Q 版化动作结合，拟展现生动活泼的呆萌吹笛、弹琴形象。

元素提取参考图片如图 1 和图 2 所示。

图 1　唐第 57 窟持花菩萨图、唐第 16 窟引路菩萨图、唐第 156 窟双人乐舞图

图 2　唐第 112 窟反弹琵琶舞、中唐第 154 窟报恩经变下部、中唐第 112 窟演奏大箜篌

（2）系列二：供养人系列。

【女供养人】参考 130 窟都督夫人礼佛图和 61 窟回鹘公主供养像

一是提取“130 窟都督夫人礼佛图”中最具代表性的夫人身穿一身花，两鬓包面抛家髻，头顶饰“朵子”、鲜花、小梳、宝钿，穿碧衫红裙，肩披绛地帔子和白罗画帔，脚登笏头履，持巾，捧香炉等元素；二是提取“61 窟回鹘公主供养像”人物头上满插花簪，眉间贴花钿，颊上抹胭脂、贴靥，简化了发饰和衣服纹样，

选择了主要造型。唐朝胖美人元素也可以让设计的盲盒更加别出心裁和可爱，结合现代潮流呆萌表情并进行简化处理，拟展现都督夫人走红毯感觉。

【隐藏款—持花童子】参考16窟宋代持花供养菩萨

提取了图正中菩萨形象、色彩、拿花菩萨的坐姿及拿花姿态等元素，简化配饰，结合现代潮流呆萌表情及动作进行设计，拟展现单纯、可爱的呆萌拿花小童子形象。

【珍藏款—马上女童】参考156窟宋国夫人出行图

提取了为首女子的发式、面饰、衣装、鞋履、佩饰以及马匹的英勇姿势，对马和人物进Q版处理，结合现代潮流呆萌表情及服饰等进行简化处理，拟展现马童快马加鞭、扬长而去的栩栩如生画面。

【序列全集赠品—海豚】参考303窟帝释天巡游图

帝释天妃所乘的风车有四凤拉挽、无轮、敞式车舆，车旁有神兽，车舆底部有垂幔，车舆中央竖有华盖，车的两侧插旌旗。设计时提取了车旁怪兽，将其萌化为小海豚，考虑现代设计审美趣味更倾向于样式简洁，所以将繁缛复杂的纹样进行化繁为简，拟展现帝释天神与兽的和谐及帝释天的超自然力量。

元素提取参考图片如图3和图4所示。

图3　130窟都督夫人礼佛图、61窟回鹘公主供养像、16窟宋代持花供养菩萨

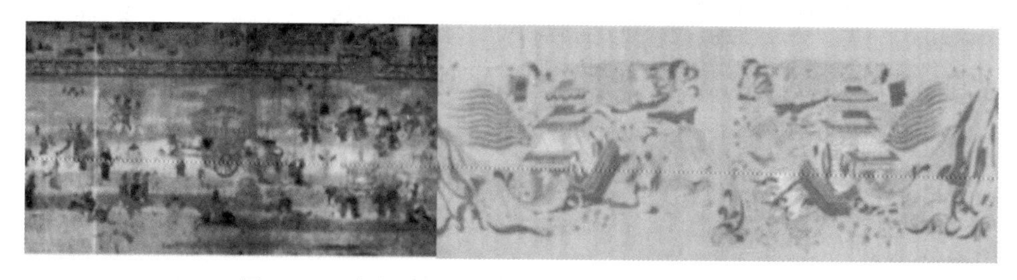

图4　156窟宋国夫人出行图、303窟帝释天巡游图

通过分析上述敦煌壁画原稿形象，总结提炼敦煌壁画个体的“文化基因”，保

留敦煌文化内涵，在此基础上进行重构设计，保留元素，调整敦煌壁画比例、表情等特征，结合现代审美进行设计。

三、元素提取设计过程案例剖析

（1）以“吹弹乐者”系列和“滑板乐者”系列为例剖析设计与推敲过程。

第一次：简单选取了原型，试着参照俑和人偶画了两个，但形态太过简单，表达不出壁画的美感和大多数玩偶的可爱形态，如图5所示。

图5 草图一

第二次：参照壁画对选的琵琶、跳舞、吹笛子、箜篌几个元素进行设计，但感觉自己可设计元素较少，照搬情况明显且过于具象化，后期制作难度高，如图6所示。

图6 草图二

第三次：在计算机上进行草图绘制，确定动作，但形态不够可爱，太过具象，并且颜色灰暗提不起消费者的购买欲望，如图7所示。

图 7　草图三

第四次：将人体改为三头身并且加入了动物元素，但是显得过于简单，并且人体动态僵硬，于是继续进行了修改，如图 8 所示。

图 8　草图四

第五次：参照第三张进行细化和修改后仍然存在具象，以及和壁画太过相似的问题，如图 9 所示。

图 9　草图五

第六次：最后决定加上潮流元素并且调整人体和五官表情，将吹笛子和箜篌两张也调整了更为符合的动作，使整套产品有静有动有坐有站等姿势，如图 10 所示。

图 10　草图六

（2）“弹唱乐者”系列设计过程除了有上述过程的推敲外，还有下述个性化的迭代过程。

第一次：参照壁画画出了大致的造型，出现了颜色灰暗、具象化、不够可爱等问题，如图 11 所示。

图 11　草图一

第二次：在进行修改后，仍觉得没有特点，过于简单化，并且颜色搭配有些简单，两个颜色相似，如图 12 所示。

图 12　草图二

第三次：开始尝试进行一些大胆创作，将摇滚元素加入到设计中，设计出了两个潮流菩萨形象，如图 13 所示。

图 13　草图三

（3）确定整体草图，如图 14 所示。

图 14　最后效果图

四、三维效果图设计

1. 大系列：潮玩二人乐者

“吉他乐者”和“主唱乐者”这两个与潮流元素结合最多，包括道具、动作等，同时带有音乐元素可以慰藉因疫情而不能去音乐节的年轻人心理，如图 15 所示。

图 15 最终方案一

“滑板乐者”将壁画人物简化成玩滑板的孩童，音乐节奏的流畅性顺应滑板动作，给人赋予了无穷尽的去酣畅淋漓享受音乐的空间感，弱化了乐器的标志性，但又没有完全舍弃，将潮流与古典相融合，如图 16 所示。

图 16 最终方案二

“吹弹乐者”保留了更多壁画元素，将原壁画中的动作进行调整，使人物更加可爱、具有动感，如图 17 所示。

图 17　最终方案三

2. 珍藏限量版：女供养人·童子·海豚

“女供养人”在提取最具代表性的夫人身穿一身花及其相关装束前提下，以及遵从唐朝“以胖为美”风俗的基础上，结合现代潮流呆萌表情进行简化处理，更加别出心裁和可爱，如图 18 所示。

图 18　最终方案四

【隐藏款—持花童子】提取了图正中菩萨形象、色彩及拿花姿态等元素，简化配饰，结合现代潮流呆萌表情及动作进行设计，拟展现单纯、可爱的呆萌拿花小童子形象，如图 19 所示。

图 19　最终方案五

【珍藏款—马上女童】提取了为首女子的发式、面饰、衣装、鞋履、佩饰以及马匹的英勇姿势，对马和人物进行 Q 版处理，结合现代潮流呆萌表情及服饰等进行简化处理，拟展现马童快马加鞭、扬长而去的栩栩如生画面，如图 20 所示。

图 20 最终方案六

【序列全集赠品—海豚】提取了车旁怪兽，将其萌化为小海豚，考虑现代设计审美趣味更倾向于样式简洁，如图 21 所示。

图 21 最终方案七

五、结语

著名学者常沙娜曾反复强调，文化是文创产品的根基，优良传统是根脉。此次研究实践，坚持“用户内心情感至上”的设计理念，通过备受年轻人宠爱的盲盒设计，以敦煌壁画中敦煌伎乐天、供养人、神兽为研究对象提取相关元素，结合当代潮流乐器、姿态、饰品及呆萌表情等而设计。该系列不是消遣产品也不是娱乐产品，而是引领人们尚乐、崇乐并愿意乐于其中，传播、推广敦煌文化的文创产品。希望通过类似设计将丰富的敦煌壁画图案灵活运用到现代文创产品设计中，以推广、传播敦煌传统文化。

参考文献

[1] 李拓，贾珊．认同民族文化，立足生活本身——常沙娜教授谈[J]．装饰，2019（5）：12-17．

[2] 李林．艺术经典的建构与消费：一件传世人物画作品引发的思考[J]．艺术工作，2018（1）：78-81．

[3] 葛畅．文创产品设计过程中的需求分析及转化[J]．装饰，2018（2）：142-143．

[4] 刘海宁．传统文化精神的彰显——敦煌艺术的再思考[J]．江苏陶瓷，2020，53（6）：85-88．

[5] 薛成龙，卢彩晨，李端淼．“十二五”期间高校创新创业教育的回顾与思考——基于《高等教育第三方评估报告》的分析[J]．中国高教研究，2016（2）：20-28，73．

[6] 中国人的故事．常书鸿：敦煌就是我的信仰[EB/OL]．https:// www.sohu.com．

[7] 邓雨欣．敦煌文化元素在文化创意产品设计中的应用研究[J]．今古文化创意，2021（3）：74-75．

[8] 肖发展，谈玉香．敦煌文创产品设计现状研究[J]．雕塑，2021（1）：68-69．

[9] 赵星晨，陈庆军．盲盒设计理念对文创产品的借鉴意义探究[J]，包装工程，2021（10）：375-380．

[10] 王茜，戴凯琳．盲盒为何让人上瘾[J]．法人，2021（1）：55-58．

Kubernetes 集群中 List 调优

涂刚，胡珈铨
（南京城市职业学院）

基金项目：①南京市属高校“十四五”高水平专业群软件技术专业群；②南京市属高校“十四五”；③市级产业学院——信创产业学院；④高等职业教育产教融合实训平台——智能网联汽车。

摘要：非结构化的数据存储系统中 List 操作不仅占用大量的磁盘 IO、网络带宽和 CPU，而且会影响同时间段的其他请求，对集群稳定性影响较大。Kubernetes 的 List 请求大部分都被 apiserver 从本地缓存提供服务，如果 List 请求参数设置不当，就会跳过缓存直接到达 etcd。文章探究 Kubernetesapiserver/etcd 的 List 操作处理逻辑和性能瓶颈，进行 List 测试和量化分析，提出 Kubernetes 集群部署中 List 调优策略，提升 Kubernetes 集群的稳定性。

关键词：Kubernetes 集群；List；调优；稳定性

引言

微服务架构信息系统不断普及，采用 Kubernetes 容器编排技术构建的云原生平台的规模增长迅速，Kubernetes 集群的稳定性影响着云平台性能和用户体验；单朋荣等人[1]基于 Kubernetes 云平台的弹性伸缩方案设计与实现中通过集成 Grafana 页面显示和报警等组件实现实时查看弹性伸缩状态变化以及伸缩预警功能，以实时观测集群健康状态；胡晓亮[2]基于 Kubernetes 的容器云平台设计与实现、倪海峰[3]基于 Kubernetes 的云平台 HPA 算法的优化与实现、杨鹏飞[4]基于 Kubernetes 的资源动态调度的研究与实现、田野[5]面向容器的云计算资源自动伸缩问题研究等都对 Kubernetes 集群的部署和调优提供了借鉴。从 Kubernetes 架构进行研究，深入查看 Kubernetes 的 List/ListWatch 代码实现[7,8]，探究 Kubernetes 集群中的 List 请求过程，加深对 Kubernetes 性能问题的理解，对大规模 Kubernetes 集群的稳定性优化提供一些参考。

本文首先简述 List 请求的操作，接着分析 Kubernetes 中 apiserver/etcdList 开销和 List 操作流程，然后在 Kubernetes 集群中测试 List 操作耗时，并以 cilium-agent 为例定量测量 cilium-agent 启动时对控制平面的压力，根据测试给出 Kubernetes 集群部署中 List 调优的一些建议，提高 Kubernetes 集群的稳定性。

一、List 请求

1. apiserver/etcd List

Kubernetes 架构包含 etcd、apiserver、各种基础服务和集群内的 workloads 等组件，etcd 位于 Kubernetes 最内层，负责持久化 KV 存储，是集群资源（pods、services、networkpolicies）的唯一权威数据（状态）源；apiserver 为无状态服务，可水平扩展，负责从 etcd 读取（ListWatch）全量数据，并缓存在内存中；各种基础服务（如 kubelet、*-agent、*-operator 等）连接 apiserver 获取（List/ListWatch）各自需要的数据；集群最外层的 workloads 组件包括 Pods 等，在 etcd 和 apiserver 正常的情况下由各种基础服务进行创建、管理和调度，例如 kubelet 创建 pod，cilium 配置网络和安全策略等。Kubernetes 系统中存在 apiserver→etcd 和基础服务→apiserver 两级 List/ListWatch，这两级 List/ListWatch 数据实际上是相同的，如图 1 所示，因此 apiserver 可以看作 etcd 的代理（proxy）。

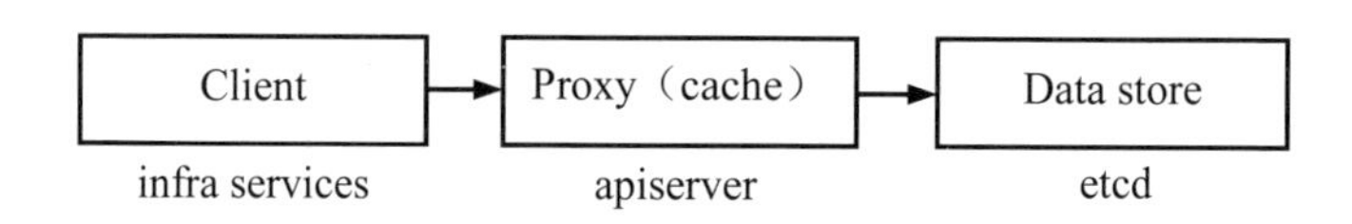

图 1　Kubernetes 系统中的 List/ListWatch

apiserver 缓存了 Kubernetes 集群全量数据，会直接从本地缓存提供服务。但某些特殊情况下，如客户端为追求最高的数据准确性明确要求从 etcd 读数据或 apiserver 本地缓存还没建好等，apiserver 就会将请求转发给 etcd。另外，List 请求参数设置不当 apiserver 也可能会将 List 请求发给 etcd，同时 List 请求参数设置不当会使得数据量增大。

（1）List apis/cilium.io/v2/ciliumendpoints?limit=500&resourceVersion=0 同时传了 limit=500 和 resourceVersion=0 两个参数，但 resourceVersion=0 会导致 apiserver 忽略 limit=500，这导致客户端拿到的是全量 ciliumendpoints 数据，而一种资源的全量数据可能是比较大的，需要考虑是否真的需要全量数据。

（2）List api/v1/pods?filedSelector=spec.nodeName%3Dnode1 请求是获取 node1 上的所有 pods。根据 nodename 做过滤好像数据量不大，但其实存在以下可能：

1）没有指定 resourceVersion=0，导致 apiserver 跳过缓存，直接去 etcd 读数据。

2）etcd 是 KV 存储，没有按 label/field 过滤功能，只处理 limit/continue，因此 apiserver 从 etcd 拉全量数据，然后再在内存中进行过滤，从而增大了数据量。

（3）Listapi/v1/pods?filedSelector=spec.nodeName%3Dnode1&resourceVersion=0 与 List api/v1/pods?filedSelector=spec.nodeName%3Dnode1 的区别是加了 resourceVersion=0，因而 apiserver 会从缓存读数据，性能会有量级的提升，虽然返回给客户端的可能只有几百 KB 到上百 MB，但 apiserver 需要处理的数据量可能是几个 GB。

List 请求可以分为 List 全量数据和只需要匹配 label/field 的数据，其中只需要匹配 label/field 的数据是在 List 请求使用了过滤条件。大部分情况下，apiserver 会用缓存做过滤，因此耗时主要花在数据传输上。但如果将请求转给 etcd，而 etcd 只是 KV 存储，并不理解 label/field 信息，因此它无法处理过滤请求，这时的处理过程是：apiserver 从 etcd 拉全量数据，然后在内存中做过滤，再返回给客户端。因此除了数据传输开销，还会占用大量 CPU 和内存。不同的 List 操作产生的影响是不一样的，而客户端看到的数据还有可能只是 apiserver/etcd 处理数据的很小一部分。另外，如果基础服务大规模启动或重启，伴随大量的 List 操作极有可能使控制平面崩溃。

2. apiserverList()操作

kube-apiserverList 请求处理逻辑如图 2 所示。请求处理入口 List()→ListPredicate()；如果请求指定了 metadata.name，说明是查询单个对象，因为 name 是唯一的，接下来转入查询单个 object 的逻辑；如果未指定 metadata.name，则需要获取全量数据；然后根据是否传入 Listoptions 进行处理，没传则初始化一个默认值，其中的 ResourceVersion 设置为空字符串，这将使得 apiserver 跳过本地缓存而直接从 etcd 获取数据，然后将获得的数据返回给客户端；如果传了 Listoptions，则用 Listoptions 中的字段分别初始化过滤器的 limit/continue 字段，接着在 apiserver 内存中根据过滤器中的过滤条件进行过滤，将最终结果返回给客户端。不管是获取单个 object 还是获取全量数据，都经历类似的过程：优先从 apiserver 本地缓存获取，不得已才到 etcd 获取。

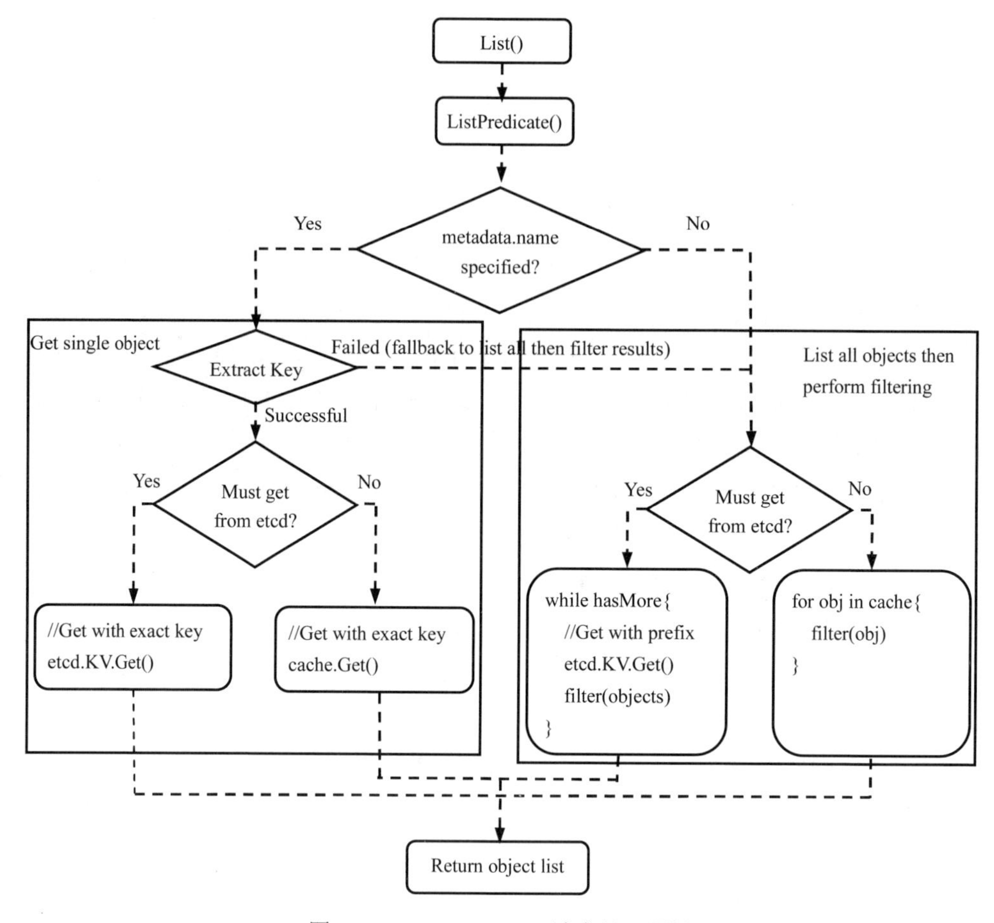

图 2　kube-apiserverList 请求处理逻辑

二、List 测试与量化分析

1．List 测试

为了避免客户端库（如 client-go）自动设置一些参数，直接在 curl 命令中指定证书进行测试，创建测试脚本 curl-apiserver.sh。

```
#!/bin/bash
curl -s --cert /etc/kubernetes/pki/admin.crt --key /etc/kubernetes/pki/admin.key --cacert /etc/
kubernetes/pki/ca.crt $@
```

（1）指定 limit=2，因存在大量 Pod，返回数据将包含分页信息（continue）。

1）curl 测试。

```
./curl-apiserver.sh "https://localhost:6443/api/v1/pods?limit=2"
```

在 items[]字段中返回了两个 pod 信息，在 metadata 中返回了一个 continue 字段，客户端下次带上这个参数，apiserver 将继续返回剩下的内容，直到 apiserver 不再返回 continue。

2）kubectl 测试。

```
kubectl get pods --all-namespaces --v=10
```

将 kubectl 的日志级别调大，可以看到 kubectl 使用了 continue 获取全量 pods。

（2）指定 limit=2&resourceVersion=0。因为指定了 resourceVersion=0，参数 limit=2 将被忽略，返回全量数据。

```
./curl-apiserver.sh "https://localhost:6443/api/v1/pods?limit=2&resourceVersion=0"
```

Items[]里面是全量 pod 信息。

（3）指定 spec.nodeName=node1 和 spec.nodeName=node1&resourceVersion=0。

```
./curl-apiserver.sh "https://localhost:6443/api/v1/namespaces/default/pods?fieldSelector=
spec.nodeName%3Dnode1" | jq '.items[].spec.nodeName'
./curl-apiserver.sh "https://localhost:6443/api/v1/namespaces/default/pods?fieldSelector=
spec.nodeName%3Dnode1&resourceVersion=0" | jq '.items[].spec.nodeName'
```

两种测试的结果是一样的，但速度差异很大。用 time 测量，发现对于规模较大的集群，这两种请求的响应时间存在明显差异。

2. 量化分析 List 请求对控制平面的压力

以 cilium-agent 为例，定量测量 cilium-agent 启动时对控制平面的压力。

（1）收集请求。可在 Kubernetes 访问日志按 ServiceAccount、verb、request_uri 等过滤收集 agent 启动时 List 请求，也可通过 agent 日志或代码分析等收集 agent 启动时 List 请求。

（2）数据量和耗时。收集到了 List 请求列表，然后手动执行这些请求，观测 cilium-agent 启动时请求耗时和请求处理的数据量。数据主要分为以下两种：

1）apiserver 处理的数据（全量数据），评估对 apiserver/etcd 的性能影响以此为主。

2）agent 最终拿到的数据（按 selector 做了过滤）。

编写脚本 list-overheads.sh，然后在 Kubernetes master 节点上执行。

```
#!/bin/bash
apiserver_url="https://localhost:6443"

#List kubernetes core resources (e.g. pods, services)
# API: GET/List /api/v1/<resources>?<fileld/label selector>&resourceVersion=0
function benchmark_list_core_resource() {
    resource=$1
    selectors=$2
```

```
    echo "--------------------------------------------------"
    echo "BenchmarkingList $2"
    Listed_file="listed-$resource"
    url="$apiserver_url/api/v1/$resource?resourceVersion=0"

    # first perform a request without selectors, this is the size apiserver really handles
    echo "curl $url"
    time ./curl-apiserver.sh "$url"> $listed_file

    # perform another request if selectors are provided, this is the size client receives
    Listed_file2="$listed_file-filtered"
    if [ ! -z "$selectors" ]; then
        url="$url&$selectors"
        echo "curl $url"
        time ./curl-apiserver.sh "$url"> $listed_file2
    fi

    ls -ahl $listed_file $listed_file2 2>/dev/null

    echo "--------------------------------------------------"
    echo ""
}

#List k8s apiextension resources (e.g. pods, services)
# API: GET/List /apis/<api group>/<resources>?<fileld/label selector>&resourceVersion=0
function benchmark_list_apiexternsion_resource() {
    api_group=$1
    resource=$2
    selectors=$3

    echo "--------------------------------------------------"
    echo "BenchmarkingList $api_group/$resource"
    api_group_flatten_name=$(echo $api_group | sed 's/\//-/g')
    Listed_file="listed-$api_group_flatten_name-$resource"
    url="$apiserver_url/apis/$api_group/$resource?resourceVersion=0"
    if [ ! -z "$selectors" ]; then
        url="$url&$selectors"
    fi

    echo "curl $url"
    time ./curl-apiserver.sh "$url"> $listed_file
```

```
        ls -ahl $listed_file
        echo "--------------------------------------------------"
        echo ""
}

benchmark_list_core_resource "namespaces"""
benchmark_list_core_resource "pods""filedSelector=spec.nodeName%3Dnode1"
benchmark_list_core_resource "nodes""fieldSelector=metadata.name%3Dnode1"
benchmark_list_core_resource "services""labelSelector=%21service.kubernetes.
io%2Fheadless%2C%21service.kubernetes.io%2Fservice-proxy-name"

benchmark_list_apiexternsion_resource "discovery.k8s.io/v1beta1""endpointslices"""
benchmark_list_apiexternsion_resource "apiextensions.k8s.io/v1""customresourcedefinitions"""
benchmark_list_apiexternsion_resource "networking.k8s.io""networkpolicies"""
benchmark_list_apiexternsion_resource "cilium.io/v2""ciliumnodes"""
benchmark_list_apiexternsion_resource "cilium.io/v2""ciliumendpoints"""
benchmark_list_apiexternsion_resource "cilium.io/v2""ciliumnetworkpolicies"""
benchmark_list_apiexternsion_resource "cilium.io/v2""ciliumclusterwidenetworkpolicies"""
```

对带有 selector 参数的 List，例如 List pods?spec.nodeName=node1，会先执行一遍没有参数 selector 的请求，以测量 apiserver 需要处理的数据量。如 List pods，agent 真正执行的是 pods?resourceVersion=0&fieldSelector=spec.nodeName%3Dnode1，所以请求耗时以此为准。另外，还执行了 pods?resourceVersion=0，用于测试 List pods?spec.nodeName=node1 请求在 apiserver 中需要处理多少数据量。

（3）测试结果分析。测试输出结果中包含 List 的资源类型（如 pods、endpoints、services 等）、List 操作耗时和 List 操作涉及的数据量等信息。List 操作涉及的数据量主要包含 apiserver 需要处理的数据量（json 格式）和 agent 收到的数据量。对测试结果按资源类型、List 操作耗时和 List 操作涉及的数据量排序，可以知道 agent 一次启动操作对 apiserver/etcd 的压力。cilium-agent 启动时的测试数据见表 1。

表 1　cilium-agent 启动时的测试数据

List 资源类型	apiserver 处理的数据量（json）	耗时
CiliumEndpoints（全量）	213MB	13s
CiliumNodes（全量）	72MB	0.5s

3. List 请求调优

通过对 List 请求流程的分析、测试以及量化分析 List 请求对控制平面的压力，在 Kubernetes 集群部署中对 List 调优设置，提高 Kubernetes 集群的稳定性。

（1）设置 List 请求默认参数 ResourceVersion=0，不设置这个参数将导致 apiserver 从 etcd 获取全量数据然后再过滤，从而导致 List 请求很慢，而且在数据规模较大时，etcd 集群可能承受不住。除非对数据准确性要求极高，必须从 etcd 获取数据，否则应该在 List 请求时设置 ResourceVersion=0 参数，让 apiserver 用缓存提供服务。client-go 的 ListWatch/informer 接口默认设置 ResourceVersion=0。

（2）优先使用 namespaced API。如果 List 的资源在限定的 namespace 内，直接使用 namespaced API：/api/v1/namespaces/<ns>/pods?query=xxx。

（3）使用 restart backoff。对于 per-node 部署的基础服务，如 kubelet、cilium-agent、daemonsets 使用有效的 restart backoff 降低大面积重启时对控制平面的压力。例如集群中同时挂掉多个 pod 后，每分钟重启的 agent 数量不超过集群规模的 10%。

（4）优先通过 label/field selector 在服务端做过滤。label/field selector 在 apiserver 内存进行数据过滤，namespace selector 则在 etcd 中实现，etcd 中 namespace 是前缀的一部分，指定 namespace selector 比没有指定 namespace selector 会快很多。如果需要缓存某些资源并监听变动，那么需要使用 ListWatch 机制将数据拉到本地，业务逻辑根据需要从本地缓存过滤。如果只是一次性的 List 操作，并且有筛选条件，例如根据 nodename 过滤 pod，显然应该通过设置 label/field selector 让 apiserver 过滤数据，当然在请求中应写入参数 resourceVersion=0。

（5）配套基础设施（监控、告警等）。客户端的单个请求可能只返回几百 KB 的数据，但 apiserver 需要处理几个 GB 的数据。因此，应该极力避免基础服务的大规模重启，为此需要在监控、告警上做得尽量完善。

1）使用独立的 ServiceAccount。每个基础服务（如 kubelet、cilium-agent 等）以及对 apiserver 有大量 List 请求的各种操作，最好均使用各自独立的 ServiceAccount，便于 apiserver 区分请求来源，对监控、排障和服务端限流都非常有用。

2）liveness 监控告警。基础服务必须覆盖到 liveness 监控；必须有 P1 级别的 liveness 告警，能第一时间发现大规模挂掉的场景。然后通过 restart backoff 降低对控制平面的压力。

3）监控和调优 etcd。需要针对性能相关的关键指标内存、带宽和大 List 请求数量及响应耗时等做好监控和告警。可以将 Kubernetes events 部署到单独的 etcd 集群。

（6）Get 请求 GetOptions{}的基本原理与 ListOption{}一样，不设置 ResourceVersion=0 会导致 apiserver 绕过本地缓存直接去 etcd 获取数据，应该尽量避免。

三、结语

非结构化的数据存储系统中 List 操作不仅占用大量的磁盘 IO、网络带宽和 CPU，而且会影响同时间段的其他请求，对集群稳定性影响较大。Kubernetes 的 List 请求大部分由 APIserver 处理，从本地缓存提供服务，但如果使用不当，就会跳过缓存直接到达 etcd，从而影响 Kubernetes 集群的稳定性。深入研究 Kubernetes apiserver/etcd 的 List 操作处理逻辑和性能瓶颈，并提供一些基础服务的 List 压力测试、部署和调优建议，对大规模 Kubernetes 集群的稳定性优化提供一些参考。

参考文献

[1] 单朋荣，杨美红，赵志刚，等．基于 Kubernetes 云平台的弹性伸缩方案设计与实现[J]．计算机工程，2021，47（1）：312-320．

[2] 胡晓亮．基于 Kubernetes 的容器云平台设计与实现[D]．西安电子科技大学，2019．

[3] 倪海峰．基于 Kubernetes 的云平台 HPA 算法的优化与实现[D]．上海交通大学，2018．

[4] 杨鹏飞．基于 Kubernetes 的资源动态调度的研究与实现[D]．浙江大学，2017．

[5] 田野．面向容器的云计算资源自动伸缩问题研究[D]．上海交通大学，2018．

[6] Nguyen N D, Kim T. Balanced Leader Distribution Algorithm in Kubernetes Clusters[J]. Sensors, 2021, 21(3):869.

[7] https://kubernetes.io/docs/reference/using-api/api-concepts/，2022 年 6 月 28 日．

[8] http://arthurchiao.art/blog/raft-paper-zh/，2022 年 6 月 28 日．

“C 语言程序设计”课程教学改革与实践初探

李彤，谢沁芸
（四川护理职业学院）

摘要：“C 语言程序设计”课程是高等院校计算机相关专业的核心编程语言主干课程。本文结合学生学习的实际情况，从“C 语言程序设计”课程的特点和应用出发，提出了该课程的教学整体目标与思路，针对以往教学过程中出现的问题探讨了在“C 语言程序设计”课程教学过程中的教学改革与教学措施，优化课程教学效果。

关键词：C 语言程序设计；计算机专业；教学探索

引言

C 语言是目前最常用的计算机程序设计语言之一，是程序开发人员必须掌握的基础，同时，“C 语言程序设计”是各类高等院校计算机专业开设的一门重要的编程语言课程。本文结合学生学习的实际情况以及教学经验，从“C 语言程序设计”课程的特点和应用出发，提出了该课程的教学整体目标与思路，探讨了在“C 语言程序设计”课程教学过程中的教学改革与教学措施，提升了教学效果，从而激发学生的学习兴趣。

一、教学现状分析

1. 课程特点

“C 语言程序设计”课程作为一门软件编程语言课程，需要学生同时具有一定的理论和实践能力[1]。C 语言的语言简洁紧凑，编程风格也相对灵活，表达形式多种多样，但是 C 语言语法规则比较烦琐，要学好 C 语言这门课程，需要同学们具有一定的逻辑思维能力，熟悉计算机的基本操作。除此之外，通常课堂上使用的 C 语言编程软件都为英文版，所以还需要同学们有一定的英语基础。

2. 传统的教学方法

传统的“C 语言程序设计”课程教学方法大多以课堂讲授为主，在教学过程中，大部分教师均是先讲解 C 语言的基础知识，再让同学们进行实际操作，而在讲解基础知识的过程中，教师耗费了大量的时间，给同学们留下的实际操作时间寥寥无几，这就忽视了学生才是课堂的教学主体这一宗旨。同时，在教学过程中，教师往往容易忽略提问环节，导致师生之间缺少互动。过多的理论讲解以及过少的师生互动导致学生的学习兴趣大大降低，学生在学习过程中自然感到更加困惑。

3. 课程评价方法

传统的“C 语言程序设计”课程教师更多关注的是在教学过程中教学重点和教学难点是否突出、教学进度是否正常等，而对于学生掌握这门课的教学评价标准是分数，其中平时成绩只占总成绩的 20%，剩余 80%的分数则是课程期末考核的笔试成绩，这就忽略了学生的实际操作能力。但“C 语言程序设计”课程作为一门软件编程语言课程，不但需要学生具有一定的理论知识，而且需要学生具有一定的实践能力。可见，为了使学生能够更好地提升 C 语言的编程能力，应该更改传统的教学评价体系，更加强调实操部分所占的比重。

4. C 语言课程与后续课程脱节

“C 语言程序设计”课程主要是作为后续一些相关课程的基础。就我院计算机类专业目前的人才培养方案来看，“C 语言程序设计”课程作为专业基础课一般开设于大一第一学期。但到了大二第一学期，专业任课老师反映许多学生对 C 语言语法规则以及语法含义感到非常陌生，这一现象就会导致学生对这些专业课程逐渐失去兴趣，甚至不愿意学习这些专业课。从中深究原因会发现，学生在学习 C 语言这门课程的时候，C 语言任课教师大部分时间都在着重讲解 C 语言的理论知识，缺少实际操作，除此之外，教师也完全没有介绍 C 语言与其他专业课相结合的相关内容。而对学生来说，学习 C 语言后，可能只会简单编程去处理一些数据类题目，而对如何与其他专业课结合并没有一个确切的认识，也就不能深切体会到 C 语言带给专业课的影响[2]。

二、"C 语言程序设计"课程教学的思路与实践

C 语言作为计算机类专业学生的入门编程语言，教学实践表明，让学生学习 C 语言的目的不止简简单单地学会编写一些数学类程序，而是需要学会程序语言的编写方法和技巧。因此，"C 语言程序设计"课程改革方面的定位是：以教学实践为主线，以计算机为工具，以行动为导向，以培养学生的逻辑能力和编程能力为目标，使学生在行动中学习理论知识并将其应用于社会实践。

1. 制定科学的课程标准

课程标准应该明确课程在相关专业中的性质和定位、课程的基本教学理念、课程内容标准，提出教学基本要求和学习要求[3]。"C 语言程序设计"[4,5]课程标准指出，课程目标旨在培养学生的程序设计能力、计算思维能力，培养学生华为最新代码排版规范能力，分析程序效率，规范代码编写、测试及维护，加固质量保证，提高学生的独立思考能力和解决问题的能力，掌握基本语法知识和结构，包括数据类型、运算符表达式、函数、顺序结构、选择结构、循环结构、数组、函数等[6]。

2. 优化教学内容

培养学生的实际运用能力和动手能力是非常重要的过程。为了更好地让学生理解 C 语言课程在计算机软件开发中所占的重要地位、掌握相关的 C 语言基本语法、了解 C 语言领域的相关应用，教师应当精心设计实验教学，让学生动手编写相关的程序代码[4]，学生每次课需要完成的实验均需要当场提交，这样便可避免学生开小差：与同学聊天、玩游戏、睡觉等现象。除此之外，教师结合以前的教学情况以及所存在的教学问题提取与学生日常生活相关的理论知识点、实践操作进行逐一讲解，既满足教学的基本要求，又将实际工作和生活中所要求的基本知识、技能都融入于教学过程中，同时，在教学过程中，借助微课视频、教师逐步引导启发、同学参与小组讨论等手段使学生能够快速掌握 C 语言的基本知识点，通过引入生活中常见的例子，融入 C 语言知识，提高学生的学习兴趣。

3. 改革考核方法，侧重综合素质考察

为了考核学生的理论知识和应用能力，对评价体系进行了改革。本课程考核

采用线上线下过程考核、线上 MOOC（慕课）学习相辅并结合期末教考分离多方位评定学生成绩，本课程学生综合成绩=线上考核（20%）+线下过程考核（40%）+教考分离（40%）。总体考核评价见表 1。

表 1 “C 语言程序设计”课程考核标准

<table>
<tr><th colspan="5">总体考核评价方式</th></tr>
<tr><th>考核形式</th><th>考核环节</th><th>考核内容及方法</th><th colspan="2">比例</th></tr>
<tr><td>线上考核</td><td>系统自动考核</td><td>单元测试 30%，单元作业 20%，在线考核 50%，线上讨论 10%</td><td colspan="2">20%</td></tr>
<tr><td rowspan="3">线下过程考核</td><td>课前自学</td><td>根据学生基础知识测试和在线学习任务完成情况、任务单预习结果，由教师进行评价考核</td><td>20%</td><td rowspan="3">40%</td></tr>
<tr><td>课中活动</td><td>根据课堂学习或训练过程中的任务完成情况、课堂互动、出勤等，由教师和学生分别进行评价考核</td><td>60%</td></tr>
<tr><td>课后拓展</td><td>课堂掌握情况、课后作业完成情况</td><td>20%</td></tr>
<tr><td>期末教考分离</td><td colspan="2">由教师评定考核成绩</td><td colspan="2">40%</td></tr>
</table>

在考核过程中应注重对学生实践操作能力的考核，考核内容应参照职业技能鉴定的相关内容与要求。对学生学习过程的评价包括参与讨论的态度、参与度、实操能力、团队意识、独立思考的能力、逻辑能力等方面。通过这种考核方法，可以比较客观准确地评价学生，除此之外还能够调动学生学习本门课程的主动性和积极性，培养学生团队合作意识，锻炼学生的逻辑思维能力。

三、结语

本文分析了“C 语言程序设计”课程的教学现状，提出了本门课程教学改革的思路。本文根据 C 语言课程的性质、特点，并结合教学经验，从课程标准、教学内容、实验教学和考核方式方面进行了综合的分析和探索。这种教学改革，旨在调动学生学习的兴趣、锻炼学生的逻辑思维能力，使学生不管在知识方面还是动手实际操作方面都能够得到较好提升。

参考文献

[1] 蔡蓓蓓，王亚东，蔡广飞."C 语言程序设计"课程教改与实践[J]. 电子世界，2020（15）：2.

[2] 程敏. 基于项目驱动的高职"C 语言程序设计"教改研究[J]. 青岛职业技术学院学报，2011，24（1）：4.

[3] 连堂，林树青. 应用型高校计算机相关专业 C 语言教改研究[J]. 现代计算机，2020（20）：4.

[4] 谭浩强. C 语言程序设计[M]. 5 版. 北京：清华大学出版社，2017.

[5] 严蔚敏. 数据结构[M]. 北京：人民邮电出版社，2019.

[6] 杨立影，高爱华，李晖. C 语言程序设计教学方法的探索与实践[J]. 科技教育创新，2005（15）.

大数据时代个人信息保护策略分析

谢沁芸，李彤，李燕
（四川护理职业学院，重庆电子工程职业学院）

摘要：随着信息技术的发展，海量的数据已经渗透到人们的生活中。大数据的最大特征在于，其数据的分析与处理能力主要依赖于数据的累积以及相关的算法来收集和反馈。大数据是新技术和新时代的产物，但它也给网络安全带来了新问题。个人隐私在网络世界中很容易被泄露，网络安全形势不容乐观。在大数据时代下，如何利用好大数据这把双刃剑是摆在我们面前的一个重要问题。本文首先对大数据时代的概念及特点进行了总结，接着对大数据时代个人信息安全面临的挑战和泄露的问题进行了分析，最后针对当前网络发展中如何保障个人信息给出了对策。

关键字：大数据时代；个人保护法；法律保护；对策

一、大数据时代的概念及特点

人们往往容易将数据与大数据混淆。实际上，两者是有区别的。对于大数据，麦肯锡全球研究所给出的定义为：大数据是一种规模大到在获取、存储、管理、分析方面大大超出了传统数据库软件工具能力范围的数据集合；高德纳（Gartner）咨询公司给出的定义为：大数据是需要新处理模式才能具有更强的决策力、洞察发现力和流程优化能力来适应海量、高增长率和多样化的信息资产。维克托·迈尔·舍恩伯格在《大数据时代》一书中提出，大数据不能用随机分析法（抽样调查）这样的捷径，而要对所有数据进行分析处理。大数据时代下，社交网络和电子商务繁荣发展，人们的工作和生活被海量的数据包围起来，对网络有了极强的依赖性。但是迄今为止，对大数据的定义还没有一个完全统一的认识。参照维基百科上对大数据的定义：大数据就是巨量的资料，指的是数据量的庞大使主流软件无法在合理的时间内达到抓取、管理、处理并整理成为有用的数据信息。

大数据时代是一场新的资讯科技革命，带来了新的思考与生产模式。在大数据时代，各行各业都能及时地接收到海量的数据，并通过敏锐的洞察力挖掘出新的价值和潜在的生产力，对各种数据进行准确的预测和判断。业内广泛相信，大数据具有数据量大、数据流转快、数据类型多样、数据价值高四个特点。

二、大数据时代个人信息安全所面临的挑战

各种基于网络平台的新型商务模式，如 O2O 服务、P2P 网络等，也在悄无声息地改变着人们的生活。比如，淘宝利用大数据进行准确的营销，为消费者提供自己喜欢的产品，掌握消费者的喜好，从而节省时间，提高利润。该模式虽然在某种程度上起到了一定的作用，为广大市民提供了方便，但同时也使得个人信息的边界越来越模糊，非法获取、利用、提供个人信息的行为时有发生。在当今这个大数据时代，如何在大数据的作用下实现对公民个人信息的保护是一个值得我们深入思考的问题。

在大数据时代，个人的隐私信息没有得到有效的保护，这是一个巨大的威胁。因为在这个大数据时代，几乎所有的资料都不是我们能够控制的，不管我们到哪里都会留下一些资料，而这些资料就是我们的个人资料，一旦泄露出去，很容易被人利用。就拿“徐玉玉”这起轰动全国的电信诈骗案件来说，不法分子不但偷走受害人的个人资料，还对其人身安全构成了极大的威胁。而我们自己也不知道为什么会有这样的事情发生。例如，当你正在使用某个地图的时候，你有没有提供位置的资料？王者荣耀的安装需要选择一个协议，这个协议是针对第三方的，当你通过 QQ 或者微信登录的时候，系统不仅会获得基础信息，还会获得大部分的相关信息，而且，在安装之前必须提供用户的资料，否则是不能使用的。

个人数据的隐私状况已经不受个人的控制。因为现在这个大数据时代，大家基本上都有不少社交账号，它们彼此之间没有什么关联，但是每一个账号里面都会有自己的一些基本资料，而且这些资料都可以被别人轻易地获取。在这个大数据时代，一个人的信息不会是一片空白。网络上的搜索和攻击都是针对大数据的，因为大数据中有很多的智能信息，可以分析用户的信息。

公民的个人信息遍布于整个大数据网络系统中，虽然可以提高公民个人信息的完整性和稳定性，但也会加快个人信息丢失的速度。对金融机构而言，可以从用户的行为、消费、信贷等多个角度进行综合分析，以确定其还款能力及贷款风险。在网络技术发达的今天，很多人都会将自己的个人信息上传到云端进行备份，

虽然可以帮助我们及时找回自己的数据，但也增加了自己的信息被泄露的危险。许多不法分子就是通过这种方式大量盗用他人的个人资料，使很多人受到商业欺诈的侵害，对人民的生命和财产安全造成危害。

三、大数据时代个人信息泄露的问题分析

1. 从企业的角度分析

造成这一问题的原因在于，我国公民的日常生活中存在着无权收集、过度收集、非法收集等问题。个别未经许可的公司和个人从事着非法收集公民个人资料的勾当，甚至有胆大包天的民间调查团私下组建专门的调查公司，公开贩卖公民的资料。比如，私人侦探会为雇主提供一套与他们有关的资料，包括身份、生活、行程等。这种类型的侦查机构利用有关公民个人资料的法律体系尚不健全进行非法搜集，对公民个人资料的隐私权构成了严重的侵害。

商品经济和市场经济的发展使数据成为了信息时代的货币，能够有效地处理这些信息的人将会得到更多的市场资源，而那些能够从中挑选出最有价值的信息的人将会得到最前沿的观点。所以，在犯罪分子的眼中公民的个人资料就变成了可以贩卖的东西。为了自己的利益，他们可以铤而走险。在整个网络诈骗中，黑客利用非法手段获得大量的个人资料，再将其转卖给犯罪分子，这都是一种严重的犯罪行为。

在国内，与公民个人资料密切相关的房地产中介、销售、物流等行业有相当数量的资料。在信息社会，出于利益的驱动，个别业界人士冒着被法律制裁的风险出售公民的个人资料。

2. 从个人的角度分析

公民的个人资料在网上任意传播，电话推销接连不断，甚至被假冒行骗。从根本上说，这一系列的事件与公民对个人信息的保护意识不强有关。公民对个人资料的保护意识较差，为不法人员非法获取信息创造了有利条件。比如，进入一个网站的任何人都要填写自己的个人信息，有些人甚至会把自己的家庭住址、身份证号等信息都填写进去，而不知道这是对自己隐私的一种侵害。一些非法网站，利用公众缺乏对个人信息保护的意识，公然泄露、出售他人的隐私，给网络安全带来了极大的威胁。此外，日常随意填写传单也增加了资料被非法利用的可能。这已经远远超出了信息安全的范围，甚至可以说是危害公共秩序。

我国公民的自我保护意识还很弱，这主要是由于我国政府还没有建立起一套

完整的制度，缺乏对公民信息安全的宣传和培训，加之政府部门并没有把保护公民信息安全作为政府工作的重中之重，导致了我国公民还没有形成一套完整的理论逻辑，对个人信息认识不清，缺乏对自己权利的维护。一方面，个别人法律意识不强，缺乏自我约束，容易铤而走险，以违法销售、泄露他人信息谋取不法利益。另一方面，由于缺乏相关的法律知识，以及没有形成一个学法、知法、用法的良好法制环境，公民在个人信息被侵害的时候无法运用法律的武器来维护自身的合法权利。

3. 从政府部门的角度分析

在保护公民个人资料方面，政府常常会遇到管制边界不清的情况。究其原因，是由于在经营过程中存在着概念不清、规章制度缺失等问题，同时缺乏专门的信息监管部门，致使各部门职能不清、工作效率不高。与此同时，在大数据时代，网络使用者数量庞大，信息种类繁多，政府部门很难对其进行细致的管理。同时，由于缺少一套完整的网络信息管理制度，致使我国政府对网络信息管理工作的缺失、对公民个人信息的管理不力。另外，少数公职人员未经许可，利用自己的职权，非法取得和销售别人的资料，对社会产生了恶劣的影响。

尽管我国目前正在逐步完善公民个人信息保护的法律漏洞，但总体上，我国的分散立法形式尚不健全，尚未形成一部完整的、系统的《公民个人信息保护法》，对公民信息的保护仍然“无法可依”。这给政府部门在进行信息管理方面带来了一定的困难，同时相关法律概念的模糊不清也让公职人员难以找到合适的法律根据，增加了监督的难度。目前，我国公安机关已设立了专门的网络监管机构，但权限不明，监管范围还不够完善。

四、个人信息保护的现有举措

1. 加快立法，为个人信息保护装上“法律盾牌”

开展“隐私保护提升行动”，其中针对隐藏条款的专项工作包括 APP 产品和服务中普遍存在的隐私条款笼统不清、不主动向用户展示隐私条款、征求用户授权同意时未给用户足够的选择权、大量收集与提供所谓服务无直接关联的个人信息等行业痛点问题。

2. 标准先行，探索个人信息保护的中国方案

据联合国贸易和发展会议统计，截至目前全球有 107 个国家通过了数据保护相关的专门立法，其中有 66 个是发展中国家。从上述国家的立法内容来看，所有立

法均对个人信息进行保护。其法律要求超越了传统信息安全强调的CIA三性——保障数据完整性、保密性、可用性，更多强调了个人对其信息的控制权利，以及国家为保护个人信息控制权利应当采取的制度和措施。

目前，我国个人信息保护制度还不健全，而美国和欧盟实施的全球个人信息保护的两大方案可以为我国个人信息保护提供范本，因此，我国应结合实际，充分借鉴美国和欧盟的制度优点，构建完善的个人信息保护体系。

3. 强化监督，多部委组织展开专项行动

近年来，为加强个人信息保护、保障个人合法权益，工业和信息化部连续9年组织开展网络安全检查，发现数据安全漏洞和隐患，针对个人信息收集乱象问题开展“隐私保护提升行动”，其中针对隐藏条款的专项工作包括APP产品和服务中普遍存在的隐私条款笼统不清、不主动向用户展示隐私条款、征求用户授权同意时未给用户足够的选择权、大量收集与提供所谓服务无直接关联的个人信息等行业痛点问题。这项工作是政府部门开展“个人信息保护提升行动”的一次有益尝试，参与评选的10种产品和服务在个人信息收集和使用上都有了一定的提高，并且都能够得到用户的明确许可。

4. 加强宣传，提升个人信息安全意识

近年来，我国持续开展相关工作，推动个人信息安全意识提升。从2017年开始，全国网络安全宣传周将设置“个人信息保护日”，目的是让广大民众了解和感知身边存在的网络安全隐患，从而增强自身的网络安全意识和防范能力。从2014年开始，北京市政府正式批准将4月29日定为“首都网络安全日”，并通过一系列的网络安全宣传活动引导广大市民和网民共同提高网络安全意识、承担网络安全责任、维护网络社会秩序。这种方法在整个社会中都具有很强的宣传和指导作用，对提高人民的自我保护和维权意识具有十分重要的意义。

五、结语

我国是全球最大、种类最多的互联网数据生产国。与此同时，不断发生的数据泄露和网络安全事故也使得个人信息与隐私权的保护面临新的挑战。如何保障个人资料的安全已经成为当今世界面临的一个重大问题。近几年，我国大力推进个人信息保护工作，从法律、标准、监管等方面进行了全方位的改革，并已初见成效。

参考文献

[1] 罗坤．大数据时代网络个人信息的保护分析[J]．通讯世界，2018（3）：66-67．
[2] 贾茹茹．大数据时代个人信息保护策略分析[J]．中国报业．2020（4）：20-21．
[3] 周莹．大数据时代公民个人信息保护的问题及对策分析[J]．现代营销（经营版），2019（1）：76-77．
[4] 张素丽．大数据背景下个人信息法律保护分析[J]．吉林广播电视大学学报，2018（7）：7-8．
[5] 李刚．探究大数据时代的网络搜索与个人信息保护的分析[J]．电脑知识与技术，2015，11（10）：35-36．
[6] 陈昌凤，虞鑫．大数据时代的个人隐私保护问题[J]．新闻与写作，2014（6）．

浅论人工智能时代下软件技术发展趋势

邓裴，刘芯彤
（重庆电子工程职业学院）

摘要：在人工智能时代下，笔者发现人工智能在辅助软件技术发展的同时，对软件的开发还面临着分析整理数据效率低、软件开发容错率低、逻辑思维低下等问题。目前，人工智能技术主要运用在代码编写辅助、代码翻译转换和代码测试等方面，提升了软件开发工程师的工作效率。

关键词：人工智能；软件技术；应用开发；辅助开发

引言

随着计算机网络的快速发展，软件技术的开发遭遇到了瓶颈期。而人工智能发展至今，在人们的日常生活中占据了越来越多的位置。人工智能的发展一直带动着软件技术的发展，因此，本文从人工智能的概念，人工智能对软件技术的影响和辅助功能来分析人工智能时代下软件技术的发展趋势。

一、基本概念

1．人工智能的概念

人工智能是计算机科学的一个分支，它的研究领域主要是机器人、语言识别、图像识别、自然语言处理和专家系统等[1]。日常生活中常见的人工智能产品如智能门锁、天猫精灵、阿尔法围棋等都是人工智能的开发应用。人工智能作为一个发展前景极好的学科，它是利用数字计算机控制的机器模拟、延展和扩展人的智能，感知环境、获取知识并使用所学知识获得最优结果的理论、方法、技术及应用系统。生活中，人们通过手机软件对人工智能产品发出指令，让其完成相应的工作。就在人工智能进入人们生活的同时，软件技术也被潜移默化地捆绑在了一起。

2. 软件技术的概念

软件技术是指研究软件开发、移动编程技术等方面的基本知识和技能，是一系列特定顺序组织的计算机数据和指令的集合应用[2]。软件技术的应用主要是通过相关程序，而这种程序依托于数据模型的建立，通过实施应用程序得到相关数据并获得最终的结果。当前软件技术应用于程序控制，主要是有效地执行程序方案，同时软件技术处理和分析计算机语言并执行和管理计算机资源[3]。

简而言之，软件技术就是一系列代码编写出来的一个程序，人工智能也是如此，通过编写代码为人工智能产品发出指令。而现代的人工智能产品面向大家的时候，都是通过语言识别类的机器语言对产品进行控制。现在的人工智能可以画画、作曲，甚至是作诗，并且人工智能的作品比一部分真人的作品更为优秀。

二、影响

1. 人工智能对软件技术的积极影响

人工智能对软件技术的积极影响首先是利用软件技术将人工智能带入生活中的应用。人工智能被使用的同时需要引入一个载体，例如天猫精灵、小爱、小度等，都是通过语言识别与人进行沟通交流，听懂并完成人类的指令，这些都是在开发阶段所写入的程序。而许多的人工智能产品都配套有一个手机软件或小程序，在一些必要的时候，通过手机软件或小程序对人工智能产品施加指令。其次是利用人工智能辅助编写软件程序，例如辅助软件开发工具、代码的翻译转换工具和代码的测试工具等。最后是利用人工智能开发软件，虽然这项技术还未真正实现，但就人工智能目前来看要实现这项技术是指日可待的。

人工智能带入生活中的实例，例如一个云养宠物的软件，可以在宠物主人不在家期间为宠物添加粮食和水，在这项工作里面加入软件技术，让宠物主人通过手机设备可以实时看到自己宠物的粮食或水还剩多少，然后通过程序中的指令远程操控人工智能产品为宠物添加一定的粮食或水。

2. 人工智能对软件技术的负面影响

当下，人工智能已经被运用到代码编写中。这也引发了一些担忧，比如机器可能会代替程序员的工作。

软件工程的开发是一个创造性的工作，起初机器是被认为缺乏创造性的，但是随着计算机网络和深度学习的发展，人工智能也在创造性方面得到了飞速发展。Trippy Artworks Created by Artificial Neural Networks 是 2015 年谷歌这家科技巨头的人工智能所创作的画作[4]，还有 2017 年微软小冰出版的诗集《阳光失了玻璃窗》[5]，同年韩国某通讯社也测试使用人工智能进行足球比赛报道，几秒钟就可以稿件上线。这样看来，离人工智能写程序也就不远了。

3. 利用人工智能进行软件开发的难点

（1）分析整理数据效率低。深度学习是一种监督学习，它需要大量带有标签的数据进行学习，也就是说需要对数据的对错打上标签，但是代码只有运行成功和异常问题，很难用对错来进行标记，所以用于训练的有标签的代码少之又少[6]。

（2）软件开发容错率低。对于人工智能而言，容错率在 10%以下就算是较为优秀的产品，而 2019 年研究人们通过脑电图测试分析大脑活动进而开发预测模型，他们对 22 位患者进行测试后发现该模型的准确率高达 99.6%。人工智能算法准确率能够达到 99%，但是在短时间内还不能将错误率下降到 0[7]。而对于软件开发来说，软件开发不同于自然语言，代码对错误是非常敏感的，是完全不能有错误的。

（3）逻辑思考能力低下。软件开发过程中需要软件开发工程师投入大量的思考。对于每一个程序来说，开发过程中的代码都是需要一定的逻辑思维的，每个人的逻辑思维不一样，那么写出来的代码就不一样，同样功能的程序，背后的代码却不一定相同。而目前的人工智能还不会逻辑思考，所以对于人工智能领域来讲还是有难度的[8]。

三、人工智能对软件开发技术的辅助

1. 代码编写辅助

虽然人工智能目前不能像程序员一样去编写代码，但是可以在编写代码的时候发挥辅助功能，如 TabNine、Kite、Codate 等可以实现代码补全、代码搜索、代码转换等功能。

例如近年来圈内讨论声很大的代码辅助工具 Github Copilot，它是一个由 OpenAI 创建的新的 AI 系统，它从注释和代码中提取上下文，给出单行和整个函数的代码建议。此插件目前可支持 VS Code、Noevim、JetBrains IDE。

2. 代码翻译转换

目前市面上流行的编程语言有许多种，如C++、Python、Java等，而不同的项目所使用的编程语言也会有所不同。例如Conver.NET，它是一款多功能的语言代码翻译工具，提供了四种内置转换引擎和八种在线转换引擎，支持Convert C#、VB.NET 等多种代码的互转，具有文档编解码和规则运算复式测试功能，此外还提供三种不同平台的语言翻译系统。

3. 代码测试

软件开发工程师们在编写程序的时候都需要不断地测试程序的功能，此时就需要代码测试工具来运行自己的程序来检查是否有问题、功能是否完整，并且不同的岗位会用到不同的软件测试工具，例如功能测试、性能测试、测试开发等。从企业团队的角度来说，测试工具的主要用途分为面对QA的功能测试和面对开发人员的接口测试[9]。

四、结语

在人工智能发达的今天，人工智能和软件技术大大提高了人们的生活质量，并且为开发商及贸易公司带来了巨大的经济效益[2]。尽管未来的人工智能可能会代替软件开发工程师去编写代码，但是只要软件学者和软件开发商把握好当前软件技术发展的黄金时期，那么软件技术的发展应用空间还是会有无限的提升和普及的空间。在未来，人工智能和软件技术相结合情况下，还会给人们的生活带来更多便利，使人们的生活更加智能化、科技化[10]。

参考文献

[1] 吴楠．人工智能在软件开发领域的应用研究[J]．数字技术与应用，2021，39（9）：16-18．

[2] 郭国智，肖寒引．计算机软件技术在大数据时代的应用研究[J]．无线互联科技，2021，18（20）：68-69．

[3] 靖添尧．计算机软件技术在大数据时代的应用策略[J]．电子技术与软件工程，2021（19）：45-46．

[4] Alyssa Buffenstein.Google's Artificial Brain Creates Its Own Artworks and They Are Freaky[EB\OL].(2022-7-6)[2015-6-22].https://news.artnet.com/art-world/google-artificial-neural-networks-created-artworks-309782.

[5] 花子健．人工智能的创作 微软小冰推出诗集《阳光失了玻璃窗》[EB\OL]．（2022-7-5）

[2017-5-20]. https://tech.ifeng.com/a/20170520/44616613_0.shtml.
[6] 李浩田，王峥. 人工智能在计算机软件开发中的应用[J]. 无线互联科技，2021，18（24）：94-95.
[7] 斌斌. AI 可提前一小时预测癫痫发作：准确率高达 99.6%[EB\OL].（2022-7-5）[2019-11-24]. https://news.mydrivers.com/1/658/658789.htm.
[8] 王建华，盖东成，吴明宇. 人工智能大数据技术下的软件技术专业特色建设[J]. 数字技术与应用，2019，37（9）：220-221.
[9] 沈雷，林娇娇. 高安全软件代码覆盖率自动化测试工具应用[J]. 数字技术与应用，2021，39（10）：13-15.
[10] 刘园园. 计算机软件技术在大数据时代的应用试析[J]. 网络安全技术与应用，2022（5）：61-62.

浅析高职计算机基础课程的教学变革探究

邓裴，谢初贤，李欣洋
（重庆电子工程职业学院）

摘要：近年来，信息化不断发展，在高职院校的公共课程中计算机基础课程已经成为一门十分重要的课程，每位学生都应该熟练掌握，因此计算机基础课程的教学内容和教学方法随着时代的不断发展需要进一步完善。同时，计算机基础课程的教学要明确教学现状、结合实践，根据时代发展的要求重点培养学生的实践应用能力，夯实学生的技术知识，以更好地适应不断发展的信息社会。本文对高职计算机基础课程的教学变革进行了探究。

关键字：计算机基础；信息化教学；教学变革

一、计算机基础课程概述

计算机基础课程的主要目标是普及计算机知识，推广计算机应用，使所有学生成为既掌握本专业知识与技能又能熟练使用计算机的复合型人才[1]。本课程所讲授的基础性知识包括最基本的算法、数据结构、程序设计方法、软件工程、数据库技术的基本概念及相关技术，涉猎知识点范围较广，实际的实践训练内容较多，通过理论课教学与实践操作的有效结合能够帮助学生进一步探索专业知识并熟练掌握。这些内容能培养学生的独特思维能力和创新实践能力，这部分内容也是全国计算机等级考试的公共基础知识部分。本课程还可让学生了解计算机系统硬件、软件、网络、信息安全的基本知识，掌握 Windows 操作系统的使用方法，掌握 Office 办公软件的应用，提高常用软件使用熟练度，进而充分理解目前计算机系统能给工作、学习和资源搜寻及搜索等操作所带来的便捷性。随着信息时代的到来，社会对人才的综合素质提出了更高的要求，特别是信息技术相关专业的大学生应具备较好的信息分析与处理能力。无论是数据处理、日常办公还是网络应用，这些关键知识都是学生目前学习及今后职业发展必须全面掌握和运用的。

有鉴于此，无论是高职院校还是普通高校均应不遗余力地改进计算机基础课程的教学内容、方法、质量和水平。但从整体上看还存在着一些问题，所以对计算机基础课程进行改革显得尤为迫切。

二、当前计算机基础课程遇到的教学问题

1. 新生计算机基础不均

新生入学后，计算机基础课程是一门必修课，首先涉及教学内容，因为在大多数学校中学生对计算机基础知识的了解程度参差不齐，所以备课时每节课的教学内容和目标方向不明确，教学进度和教学效果难以保持一致性。

2. 教学理论与实践的结合

计算机基础理论知识覆盖面广，各个领域均有涉猎，是一门具有较强理论性与实践性的学科。除了基本的理论知识课程外，还应有适当的实践操作课程。一方面可以加深对知识的印象，了解计算机的基本架构体系；另一方面可以增强学生的兴趣，提高动手能力。通过实际案例进行练习操作可以有效提升学生的技术实践能力；分析存在的问题和有待提高的点，教师可针对性着重讲解，提高课堂效率。

3. 教学应用与实践的差异

（1）教材差异化明显。传统计算机基础课程的教材内容更新迭代时间长，内容简单、技术成熟但不成体系，难以串联各个计算机技术而与实际的应用相结合。

（2）教学内容与实践的差异性。从教师层面讲，部分高校教师严格遵循以往教学经验，根据早期教材设定的课程大纲进行授课，对课本内容熟练，却与实践需求存在差异；从学生层面讲，在生活中直观感受到现在计算机技术革命的速度与频次在加快，教师无法将新兴的技术知识融进课堂当中，加上实践需求也在提高，课本内容与需求无法接轨。

4. 教学方式简单

教师主要是利用实践教材中的内容，让学生独立完成相关操作，教师负责指导。教学内容不能达到有效的应用，没有培养出学生的计算逻辑思维能力和实际应用能力。在教学过程中，不能保证每个学生都积极参与课堂、按时完成老师分配的任务和作业。

5. 传统教学方式与新型教学方式

传统教学方式以教师为主，仅在于课堂上的讲解与操作，存在学生不感兴趣、精神不集中等问题。在新型教学方式中，以学生自主学习为主，教师讲解为辅。课堂上老师讲解疑难问题，课堂下学生完成一系列简单实验操作，充分培养学生的自主学习能力和独立思考能力，真正把课程带到生活中，实现“第二课堂”，激发学生的学习兴趣，把计算机技术应用于实践。

三、高职计算机基础课程教学改革策略

1. 开展分组教学

在计算机基础课程教学中，教师要通过调查和观察了解每个学生的实际计算机操作水平。首先，教师应根据每个学生的实际能力把学生分成小组，为每个学生制订不同的学习计划，让每个学生都有不同的学习目标，即运用分组教学。其次，根据每个学生的实际学习能力进行知识教学。利用小组合作学习让成员之间形成互帮互学的学习模式，充分发挥教师与学生之间、学生与学生之间的互动，为每个学生创造整体发展的机会。特别是学生之间的互动利用了学生层次的差异性与合作意识，形成有利于每个学生协调发展的集体力量。比如在解读美化和排版这两个词时，对操作较熟练的学生来说，可以让他们制作复杂的版式，而对操作比较慢的学生来说，则应让他们制作简单的版式，这样可以使每个学生既能完成学习任务，又能进行一系列有针对性的训练，保证了教学的有效性。

2. 实践教学改革

实践教学是计算机基础课程的重要组成部分[2]，在安排课时时，高职院校应该增加一些计算机操作的课时，尽可能放在计算机机房进行授课。教师设置多方面的教学案例，进行课程知识点的讲解，并演示操作。学生在观察和学习后应立刻开始在计算机上练习。通过理论教学与计算机操作的有效结合加深学生对知识的理解，提高计算机操作能力，完成计算机基础课程的教学目标，提高教学效果。

实践教学可以培养学生两方面的能力：一是实践操作能力，二是自主学习能力。在实践教学过程中，根据不同的教学内容，教师课前应当充分预设每一个实践教学环节的引领性问题，并根据学生在课堂上不断生成的新问题灵活调整、重组，让学生进行验证性实验、设计性实验和综合性实验。在掌握一定的基础知识

和基本操作的基础上，通过实验和实践训练考查学生分析和处理问题的能力，引导学生拓展知识，培养计算机独特思维能力和综合实践创新能力。

实践教育和文化教育两者间应是相辅相成的关系，实践活动的开展为学生提高实践和探索能力提供了机会，同时也提高了教学质量。

3. 教学方法改革

结合每堂课的教学目的、教学内容和学生的知识水平，采用启发式教学。教师在讲解知识点后，提出相关命题思考，开展小组讨论，改变以教师为中心的教学模式，积极调动学生的主观能动性，锻炼学生的思维能力。在课堂上，老师和学生一起思考和讨论，不再是单向教学；课堂上每位同学不再忙于记笔记，而是与老师共同探讨问题。教师在教学内容的制定上，需要从实际出发，适当设置一些学生感兴趣的任务，也可以让每个学生都根据当前的问题说出自己的理解，运用所学的知识和独有的经验提出解决方案，完成分配的任务。

4. 成绩评价方式改革

计算机基础课考试是了解每个学生知识掌握水平的一种识别方式，通过考试了解学生的学习能力和实践应用能力。在成绩测评中，教师需要改变传统的评价体系，重视学生的知识应用和实践能力，更客观、真实地反映学生的学习情况。根据学生平时的上课效果、实际应用能力、参加学校考试和国家计算机水平考试等综合评价学生的成绩。这种评价方法可以促使学生更加重视理论学习和实验操作，促进学生养成良好的学习习惯。此外，逐步完善形成性评价体系，对学生进行相对合理的评价，以检验学生的学习效果。

四、教改的作用

教改能够有效地促进真才实学，主要体现在以下几个方面：

（1）充分利用教学资源，与实际技术接轨，系统有效地学习基础知识。

（2）强化学生动态学习的方式，调动学生自主学习与独立思考的积极性和自觉性。

（3）增强师生间的教学互动，减少以往存在的“老师自己讲，学生自己做”的问题。

（4）增加“第二课堂”需求，打造良好的学习环境，增加学习热情。

五、结语

本文通过分析教学理论与实践相结合的教学方法、应用与实践教学的差异、传统教学方式与新型教学方式的结合，以及计算机基础课程教学中存在的一些问题，从小组教学的效果、实践教学改革、教学方法改革等方面对计算机基础教学改革进行了探讨。通过利用信息化教学将计算机理论与实践相结合，提高大学生学习计算机基础知识的兴趣，全方位提高大学生的计算机应用能力，从而达到计算机基础课程的教学目的。

参考文献

[1] 吴晓凤. 计算机基础课程改革中三位一体模式的构建策略[J]. 软件导刊，2018，17（12）：223-198.

[2] 彭兵. 浅谈高职计算机基础课程教学改革[J]. 电脑知识与技术，2019，15（22）：148-149.

[3] 包芳. 高职计算机基础课程教学改革探索实践[J]. 计算机教育，2011（3）：92-94.

浅析纺织业数字化转型对库存积压问题的解决方案

丁锦箫，徐豪

（重庆电子工程职业学院）

基金项目：中国高等教育学会“十四五”规划专项课题“基于‘双高’院校的职业本科教育专业人才培养模式研究与实践”（项目编号：21ZJB21）；重庆市教育科学“十四五”规划 2022 年度一般课题职业本科电子信息类专业“四体协同”“四链融合”人才培养研究与实践（项目编号：K22YG309305）。

摘要：在国内外经济局势低迷的严峻考验下，纺织业库存积压问题已经影响纺织业的产能，挤压了供应链。因此，本文针对传统纺织行业的库存积压问题分析了原因，介绍了数字化转型的内涵以及传统纺织业进行数字化转型解决库存积压问题的策略。

关键词：纺织业；数字化转型；库存积压

一、背景

在目前国内外经济局势不稳定的情况下，纺织行业的库存积压问题越来越严重，解决起来也越发棘手。随着第四次工业革命的到来，云计算、大数据、区块链和人工智能等数字技术正在飞速发展，数字化的浪潮正越掀越大[1]，社会正在步入数字经济化时代。党的十八大以来，党中央、国务院准确把握全球数字化、网络化、智能化发展趋势和特点，围绕实施网络强国战略、大数据战略等作出了一系列重大部署[2]。2020 年，国家发展和改革委员会（以下简称发改委）和中共中央网络安全和信息化委员会办公室印发《关于推进“上云用数赋智”行动，培育新经济发展实施方案》，强调培育数字经济新业态，打造数字化企业。2021 年，发改委牵头起草并报请国务院印发《“十四五”数字经济发展规划》，明确了“十四五”时期推动数字经济发展的蓝图。纺织行业纷纷进行数字化转型来发展数字经济，推进行业经济高质量发展，为解决库存积压问题提供了全新的解决思路。

二、纺织业库存积压的原因

在新冠肺炎疫情不断反复、国际形势不稳定、国内外经济局势低迷的严峻考验下，传统纺织行业的优势已经逐渐减弱，库存积压问题越来越严重，许多纺织企业都深受库存积压之苦，据调查，传统纺织企业导致库存积压的原因有以下几个：

（1）物流通道堵塞，货物难以外销。

随着疫情的不断反复，政府严格进行疫情管控，致使物流运输不畅，去往国内各大城市的交通频频受阻，同时国内油价也在上升，运输成本不断提高，内贸举步维艰，外贸也不容乐观，大量货物在港口积压，航运受限，货物发不出去，成为库存积压的主要原因之一。

（2）消费者购买力下降，企业难以精确生产。

疫情导致各行各业都不景气，受市场的影响，消费者需要降低生活开销，导致消费者对服装的购买力在不断下降。传统纺织企业不能准确地把控市场动态，还按照以前的模式来进行生产，所以就会有大量库存积压。

（3）传统仓库管理系统效能低，数据难以准确统计。

纺织仓库内的货物种类多、数量大、批次多，在找货时，传统的纸质标识不好找寻，标识也可能会损坏、丢失，容易找错货物，浪费人力；传统仓库作业任务通过单据和人工传递，每天产生的纸质单据多，导致数据不能准确进行统计；数据需要人工进行录入统计，易有误差，不能及时更新，导致企业不能准确地了解仓库的货物存储数量。

（4）服装流行周期变短，市场不确定性增加。

随着人们生活水平的提高，追求快时尚是现在消费者的消费模式，这也导致了服装流行的周期变得越来越短，传统纺织企业无法快速跟上步伐，生产与需求没有相互连接，市场不确定因素较大，这也是导致纺织企业库存积压的主要原因之一。

在严峻的国际形势和严酷的经济局势下，在这百年未有之大变局中，个性化、批量小、短周期、高频率、零库存和交易快速已然成为现代纺织行业的显著趋势[3]，传统纺织企业提高市场适应能力和应变能力已经刻不容缓，向数字化转型已经成为传统纺织行业的主流趋势。

三、数字化转型的内涵

从企业视角来说，数字化转型是指利用新一代信息通信技术，如大数据、人工智能、区块链、物联网、云计算等，驱动商业模式创新和重塑，推动企业产品、流程和组织结构发生改变，并最终实现价值增值的过程[4]。

从产业视角来说，数字化转型主要是指将新一代信息通信技术深度融合于传统行业之中，提升行业在信息时代生存和发展的能力，促进业务优化升级和创新转型，创造、传递并获取新价值，带动产业链各环节向数字化、网络化、智能化发展，进而使行业向高级化、现代化方向演进[5]。

根据学界对数字化内涵的研究，本文认为，纺织业数字化转型是指将新一代信息通信技术深度融合于纺织业之中，带来行业多方面的创新变革，实现价值增值，并推动企业的商业模式、决策分析等全方位转型升级的过程。

四、数字化转型解决库存积压问题的办法

1. 搭建互联网集成平台

在数字化转型中，搭建互联网集成平台，使企业可以通过集成平台使各部门相互协作，达到促进产业链上各个环节透明、无缝连接的目的。依靠大数据、云计算等技术了解人们的购买力情况和服装时尚的流行周期等不确定因素，企业计算出当前市场对货物的需求量，再根据企业信息化管理系统制订生产计划，车间、仓库搭建信息桥梁，进行精细化运营和准时化制造[6]，使企业知道要生产多少、生产了多少、多久可以生产完成，打通纺织工厂自动化系统与企业计划系统之间的信息桥梁，达到计划与实际相吻合的效果。

2. 打造信息化供应链管理体系

打造信息化供应链管理体系，使操作流程和信息系统紧密配合。由于传统纺织企业的生产操作流程主要是由人来完成，而人为操作会产生误差，会使整个生产线的工作效率和实际工作的落实与严格执行受到很大程度的干扰和影响，所以建设与打造供应链信息化系统就是将完整的企业供应链运作流程与规范实施和落地。企业可以通过信息化供应链管理体系发布需求信息，以使供应商可以快速组织生产和发货，企业可以通过信息化供应链管理体系知道从供应商到销售终端的整个物流过程。所有信息具有实用性和时效性，达到企业心中有数的效果。

3. 搭建订货管理系统

利用企业构建的订货管理系统，实现各个环节之间的数字化，实现对生产过程的信息化集成。纺织企业在实现数字化转型时，不但要运用现代互联网技术与生产设备之间进行连接，还需要搭建完善的订货管理系统，以实现产业链上各环节之间的数字化覆盖。通过订货管理系统来对用户需求和生产过程的信息进行整合，打造企业信息化和自动化，让企业对订货、发货、运输、财务等方面做到准确把控，从而减少原料浪费和企业库存。

4. 搭建智能仓储管理系统

利用智能仓储管理系统进行精细化仓储管理，提高工作效率，实现系统指导的入库、上架、库存盘点、质检抽检、库存分配、出库等自动化作业，避免人为因素造成的错误，能计算和提醒购进原料的时间，避免造成原料的浪费和积压。

5. 以数字化营销升级用户体验

以数字化营销手段进行用户体验的改造，企业可以通过数字化管理平台来进行营销、管理、生产和服务等方面的升级。利用新一代信息技术打造一个全新的营销体系和服务体系，建立全方位的客户体验，以让用户进行交互式体验的方式来吸引客户，达到提高客流量的目的[7]。

五、结语

传统纺织行业所造成的库存积压问题在行业数字化转型后可以得到有效缓解，数字化转型可以给行业带来更好的效益和更持久的生命力，以后纺织业应加快产业的数字化转型速度，使纺织业的发展始终向高水平、高质量方向迈进，用新一代信息技术促进纺织行业向智能化、数字化转型升级，打造一批数字化的世界级纺织企业。

参考文献

[1] 石先梅．制造业数字化转型的三重逻辑与路径探讨[J]．当代经济管理：1-11．

[2] 国务院．国务院关于加强数字政府建设的指导意见[Z]．国发〔2022〕14 号，2022 年 6 月 23 日．

[3] 刘昌慧．基于纺织企业供应链管理环境下的库存控制的研究[D]．东华大学，2004．

[4] 胡小玲．嘉兴市服装制造业数字化转型策略研究[J]．特区经济，2022（5）：98-101．

[5] 张毅．数字化及智能制造 数字化转型是什么？[J]．起重运输机械，2021（13）：26-27．

[6] 于佳秋．传统制造业数字化转型的困境与对策——以长兴县夹浦纺织产业为例[J]．江南论坛，2021（9）：19-21．

[7] 方晓波，张文玉．制造业数字化转型的实施路径研究[J]．南方农机，2022，53（10）：41-43，46．

区块链技术在农村征信体系的应用研究

丁锦箫，郑林
（重庆电子工程职业学院）

基金项目：重庆市教育科学“十四五”规划2022年度一般课题职业本科电子信息类专业“四体协同”“四链融合”人才培养研究与实践（项目编号：K22YG309305）；中国高等教育学会“十四五”规划专项课题“基于‘双高’院校的职业本科教育专业人才培养模式研究与实践”（项目编号：21ZJB21）。

摘要：乡村振兴战略下农村征信体系建设存在金融排斥、征信记录缺失、农户征信意识淡薄和征信体系成本高等问题，区块链凭借其技术优势以及去中心化、公开透明等特点，采用普惠金融模式，对客户信用等级精准划分，高效快捷采集农户信息，追踪农村金融档案，能有效解决农村征信建设中的问题，助力农村金融的发展。

关键词：区块链；农村征信；去中心化；农村金融

一、引言

根据中央经济工作会议和中央农村工作会议精神，按照2022年中央一号文件工作部署，2022年3月30日中国人民银行印发《关于做好2022年金融支持全面推进乡村振兴重点工作的意见》，指导金融系统优化资源配置，采取更多举措，切实加大“三农”领域金融支持力度。中央对农村征信助力乡村振兴支持力度抱有高期待，提出高要求[1]。但是，农村征信体系的建设仍相对滞后。由于区块链技术成本低，设备性能高，区块链系统建设、维护和运营的成本低，并且凭借其分布式、去中心化的特点，区块链+农村征信可以有效解决传统乡村征信问题，搭建农户信赖的农村征信体系。

二、农村征信体系存在的问题

1. 金融排斥问题

金融机构在涉及农户贷款上存在一定的金融排斥。金融排斥通常被定义为某些群体无法接触到自身所需的金融产品和服务，被认为是阻碍农户参与金融市场的重要原因[2]。在农业生产过程中，大部分农户面临着资金短缺的问题。同时，农户贷款时发生的问题通常具有相同的特性——农户本身不具有担保能力、用于担保的物资短缺、法制观念和信用观念薄弱等，导致借贷难度提高[3]。农村的种植、养殖等项目具有生产周期长、风险高等特征，然而大多数的投资机构追求利润最大化，不愿将资金投入到农村各项目，而是将多数资金投放到周期短、风险小的城市建设项目或非农业项目中。大部分农民对资金的需求被无视，使得农村金融无法及时、有效地向农村经济提供支持[4]。

2. 农户征信意识淡薄

农村金融建设相对落后，早期农户的借贷信息、开户行信息等都是纸质档记录。随着时间流逝，部分农户的个人信用信息丢失，并且传统信息采集的效率低下，不再适用于飞速发展的今天。由于早期征信制度不完善、农户的征信意识淡薄，出现部分农户贷款不还现象[5]，严重影响了农村金融征信的开展。

3. 传统的中心化征信体系成本高

农村农户分布广，征信数据过于繁杂，不能借鉴使用城市征信模式。农户们更习惯于民间借贷，其部分欠条不具有法律效力，且没有相关机构监管，需要花费大量人力、物力、财力去调查统计，增加了农村金融征信的成本。农村经济形态呈现分散化，各个农村金融机构均选择独立的、不同的信用评价体系，这增加了授信（商业银行对非金融机构客户提供资金或担保）的成本，加大了跨区域授信的难度。

三、区块链技术在乡村征信体系中的优势

区块链技术以密码学和 P2P 网络为基础，将特定结构的交易数据（如比特币）或业务数据按照约定方式组织成区块，通过选定的共识算法将新区块添加到主链上[6]，并借助密码学技术确保数据的保密性、安全性和不可伪造性。

简而言之，区块链就是一种不可篡改的分布式记账方法，在整个网络中利用共识算法每个节点都在维护着唯一的账本。所有人都可以查看、更改这一账本，保证了账目的公开透明。同时，区块链技术拥有以下 3 个优势：

（1）去中心化。去中心化是区块链的基本特征，区块链不再依赖中心化机构，实现了数据的分布式记录、存储和更新。一旦具有中心化的第三方平台遭到攻击或异常，其存储的记录就可能被销毁，并且存在个人信息泄露的危险[7]。这就是中心化的缺点。区块链的去中心化的处理方式可以节约很多资源，使整个交易自

主简化，并且排除了被中心化控制的风险。当前央行的征信中心和征信机构都是使用具有中心化特点的数据库对征信信息进行保存和加工，系统漏洞、核心人员道德危机和市场风险等都会对信息安全产生一定的影响[8]。区块链技术可以完成各节点数据的共享，打破“数据孤岛”[9]。

（2）公开透明。区块链系统公开透明，只对交易各方的私有信息进行加密处理，数据在全网是透明的，任何人或参与的节点都可以查询区块链数据记录，这是区块链系统值得信任的基础[10]。以区块链为基础的大数据征信系统能够减缓由于企业垄断信用数据造成技术迭代更新缓慢而破坏市场的良性竞争机制。央行的信用信息系统和互联网系统数据平台没有相互连接，数据不能共享交互。市场经济的经营运行能力要求双方均有足够的共同信息区块链系统，因为数据记录对整个网络节点是公开且透明的，能够被所有节点访问查询，方便参与者能平等地访问信息[11]。

（3）信息不可篡改。在区块链系统的信息被核查验证并上链后，就会得到永久存储，无法更改（具有特殊更改需求的私有区块链等系统除外）[12]。数据被遍布各处的区块链节点记录着，所有节点记录的信息完全相同。若想修改任一信息，则需修改百分之五十以上节点存储的数据，否则视为无效修改[12]。因为区块链上的节点不计其数，所以二次修改上链后的信息的可能性几乎为零[8]。这就使得区块链所记录的信息具有不可篡改性，显著提升了信息准确性。

以上区块链的优势满足了农村金融征信信息高度对称性、数据真实性、自动识别性、开放自治性的需求，区块链与农村金融的结合使得金融行业迎来了新一轮变革。

四、区块链技术解决农村征信体系的策略

1. 采用普惠金融的模式，利用区块链技术完善征信体系，推动农村金融的发展

商业银行在开展农村征信过程中往往会出现相同的困境——传统的金融信任体系通常以资产抵押作为信任的链接[13]。这导致处于弱势地位没有资产，并且更需要金融资金支持发展的大多数人不被金融机构信任。为改变现状，可利用区块链结合大数据、机器算法等金融科技创造一个新的数字信任体系。区块链技术帮助金融机构摆脱“抵押产生信用”的束缚，对弱势群体的信用准确定价、发放贷款。本文认为，区块链融合农村征信不仅提高了农村金融的覆盖率、可得性和满意率[14]，也较好地改善了传统农村金融机构存在的金融排斥问题。

2. “区块链+大数据”对客户信用等级精准划分，规避征信风险，并建立信用“红黑榜”

根据区块链的特性——双方交易时不公开身份，金融机构只根据用户信用情况决定是否进行金融资金的发放，使得金融机构更有底气进入农村金融市场，扩大农村金融机构规模。由于区块链技术的不可篡改和公开透明的特性，不仅节省了对用户信用情况二次评估的成本，而且约束了工作人员进行信用评级和投放资金时的主观评价行为。由于区块链的成本为零，也降低了金融机构对该项技术的使用成本。

3. “区块链+农村金融”的模式改变了传统农村征信手段，更高效快捷地完成了农户信用信息采集工作

这些信息可长期有效保留，避免信息重复采集，并提高了农户信用信息的复用性。例如，芝麻信用中根据用户信用、行为偏好、履行经济合同的实际能力、身份特质、人脉关系等多个维度进行信用评估，芝麻信用凭借评估维度的数据将某些没有信贷记录或者央行征信体系没有覆盖的记录收录到芝麻信用的征信体系中，扩大了互联网金融个人征信的覆盖范围[15]。使用数据将个人信用信息可视化，不仅提高了农户征信效率，而且使农户征信记录在全网可查。

4. 结合区块链技术的公开透明性让每一笔交易公开透明

农户的交易以及信用情况均可查询，贷款、交易记录实现可追溯，便于检查机构的监管与追踪，让农村金融市场阳光运转，形成良好闭环。传统的征信系统具有半透明化的特点，致使农村金融资金运转时资金流向不清楚。区块链技术能够对资金流向进行全程追踪，有效抑制了贪腐现象[16]。

五、结语

当前我国农村金融发展过程中仍存在金融排斥、征信记录缺失、农户征信意识淡薄和征信体系成本高等问题，而区块链技术具有去中心化、开放性、不可篡改性等功能优势，推动农村金融发展并提供了完备的技术条件。同时，“区块链+农村金融”充分利用其技术特性，解除金融排斥危机，降低征信体系成本，改善农户个人征信不良状况，化解农村金融建设困境，有效解决了“征信危机”。需要注意的是，区块链与农村金融的结合应用在征信助力乡村振兴的现实中，依旧需要面对技术条件相对落后、区块链技术在农村覆盖率不高、法制监督不到位等现实问题，需要从技术、普及和监管多个方面逐个突破，高效发挥区块链的特征优势，充分赋能农村征信，助力乡村振兴[13]。

参考文献

[1] 潇湘晨报．中国人民银行印发《关于做好 2022 年金融支持全面推进乡村振兴重点工作的意见》全力做好粮食生产和重要农产品供给金融服务[EB/OL]．（2022.3.31）[2022.7.6]．https://baijiahao.baidu.com/s?id=1728803108612345503&wfr=spider&for=pc．

[2] 葛永波，陈虹宇．劳动力转移如何影响农户风险金融资产配置？——基于金融排斥的视角[J]．中国农村观察，2022（3）：128-146．

[3] 苗家铭，姜丽丽．区块链在农业供应链金融中的应用[J]．时代金融，2021（24）：11-13．

[4] 张婷婷，宋婷婷．乡村振兴背景下我国农村金融发展问题研究[J]．智库时代，2019（27）：26-27，36．

[5] 陈艳华．新形势下我国农村互联网金融发展面临的机遇、挑战和应对策略[J]．安徽农业科学，2022，50（11）：219-221，232．

[6] 胡倩．基于以太坊的区块链共识算法研究与实现[D]．齐鲁工业大学，2021（2021.2.20）[2022.7.6]，https://credit.lanzhou.gov.cn/323/96509.html．

[7] 余宇新，孟庆涛．区块链技术促进农业产业现代化发展[J]．改革与战略，2021，37（5）：48-59．

[8] 金兵兵．区块链技术在企业征信领域的应用[J]．征信，2021，39（1）：54-58．

[9] 信用兰州．研究区块链技术在企业征信领域的应用[N/OL]．

[10] 巨鲸数字．巨鲸数字-区块链技术-区块链的主要特点是什么？[N/OL]（2022.7.5）[2022.7.6]，https://baijiahao.baidu.com/s?id=1737502495492390263&wfr=spider&for=pc．

[11] 潘凡豪．区块链在征信中的应用[J]．经济研究导刊，2019（29）：159-160．

[12] 苏桂椿，吴娇，卢嘉琦，等．区块链在证券市场的应用浅析[J]．中国商论，2022（2）：100-104．

[13] 李阳，于滨铜．“区块链+农村金融”何以赋能精准扶贫与乡村振兴：功能、机制与效果[J]．社会科学，2020（7）：63-73．

[14] 车佰飞．互联网金融下个人征信体系建设实践研究[D]．河北经贸大学，2022．

[15] 邢祎．区块链助推商业银行农村普惠金融发展的路径研究[J]．新金融，2021（7）：44-47．

[16] 冯英伟，曹峻．区块链技术在乡村振兴中的应用探索[J]．山西农经，2022（1）：12．

数字经济下的能工巧匠需求

何倩，黄馨锐，税一卫
（重庆电子工程职业学院）

摘要：随着社会的发展，数字经济席卷全球，每分钟都能产生几十亿条的数据，导致各大数字企业在发展过程中对能工巧匠、大国工匠的需求不断攀升，社会对能工巧匠、大国工匠的呼声也越来越高，但能工巧匠和大国工匠的供给远远跟不上数字发展的速度，这一时代难题给传统职业教育提出了莫大的考验，传统职业教育也面临新的挑战和机遇，然而培养高素质技术技能人才不仅仅是职业教育的责任，同样也是全社会的责任，为此习近平总书记强调，“培养创新型人才是国家、民族长远发展的大计。当今世界的竞争说到底是人才竞争、教育竞争。要更加重视人才自主培养，更加重视科学精神、创新能力、批判性思维的培养培育。要更加重视青年人才的培养，努力造就一批具有世界影响力的顶尖科技人才，稳定支持一批创新团队，培养更多高素质技术技能人才、能工巧匠、大国工匠。”然而需要培养的不仅是技术技能，还有工匠精神。工匠精神是社会文明进步的重要尺度，是中国制造前行的精神源泉，是企业竞争发展的品牌资本，是员工个人成长的道路指引。

关键词：数字经济；能工巧匠；大国工匠；工匠精神；职业教育；人才需求

引言

随着我国从制造大国向制造强国的转变，各行业数字化转型不断加速渗透，社会对能工巧匠的呼声越来越高，对职业教育培养能工巧匠更是寄予厚望。其中，计算机专业作为常年的热门专业，需求量更是不断增长，可谓是“香饽饽”专业。然而，培养能工巧匠不单单是职业教育的任务，全社会都应该为能工巧匠的产生与发展创造条件。习近平总书记在中国科学院第二十次院士大会、中国工程院第十五次院士大会和中国科学技术协会第十次全国代表大会上强调，“培养创新型人才是国家、民族长远发展的大计。当今世界的竞争说到底是人才竞争、教育竞争。要更加重视人才自主培养，更加重视科学精神、创新能力、批判性思维的培养培育。要更加重视青年人才的培养，努力造就一批具有世界影响力的顶尖科技人才，稳定支持一批创新团队，培养更多高素质技术技能人才、能工巧匠、大国工匠。”[1]在我国经济已由高速增长阶段转向高质量发展阶段的时代背景下，涌现出了大批能工巧匠、大国工匠。他们干一行、爱一行，专一行、精一行，往往将自己的全部精力聚焦于复杂生产体系中的某一个环节，他们的工作也许并不在聚光灯下，但是对于提升制造业水平、提高实体经济质量效益具有重要作用。正所谓，一枝独秀不是春，百花齐放春满园。要建设知识型、技能型、创新型的劳动者大军，就必须让更多的年轻人在掌握基本技能的同时具备创新能力。于是，大国工匠们又用导师带徒的方式义无反顾地扛起了新时代技艺创新传承的重任，从而带动所在领域整体技术水平提升。为促进领域内整体技术水平提升，作为技能人才的佼佼者，拥有执着、专注、精益求精等优秀品质的能工巧匠们正以强烈的使命感发挥着引领示范作用。基于当前数字经济下对能工巧匠的需求，本文从下述几点分别进行论述。

一、数字经济时代技术技能人才需求背景

1. 数字经济带来的影响

近年来，我国数字经济规模不断扩张，数字经济体量也在不断创造历史新高。随着我国产业向高端化、信息化、数字化、智能化、绿色化方向发展，数字技术与市场、产业不断融合迭代，数字化制造技术和工艺技术不断革新，新的经济形态与新兴行业不断涌现，数字经济将催生新的企业生产组织方式和新的就业模式，知识和技术密集型岗位也随之增多，对技术性、创新性的要求持续增强，导致技术技能人才、能工巧匠、大国工匠的需求量不断扩大。而人才是科技的载体，是创新之本，技能人才是支撑中国制造和中国创造的主要力量，在促进经济社会高质量发展中发挥着举足轻重的作用。在“互联网+”时代，数字科技与产业融合将成为新常态下我国产业结构升级和转型发展的新动力，以智能制造为代表的先进制造业的蓬勃发展需要大量高素质技能型人才，而创新驱动这一本质特征又决定了数字人才在数字经济发展中处于核心驱动地位。

2. 技能型人才所面临的困境

长期以来，“学技能、当工人”的职业荣誉感不强。产业工人的薪资待遇低、体力消耗强、职业晋升渠道不畅，导致大量年轻人择业观发生偏差，认为“只坐办公室，不下车间”才是成才目标[3]。据报道，我国技能劳动者占就业人口总量仅为 26%，高技能人才仅占技能人才总量的 28%。据预测，2025 年中国制造业重点领域人才需求缺口达 3000 万人。这说明，增强技能人才的职业荣誉感、提高产业工人的身份认同感迫在眉睫，而职业教育还需要进一步发展，吸引更多的人加入。在未来 20 年，单一岗位能力将越来越难以适应技术发展的潮流，低端的劳动密集型职业极有可能会被人工智能取代，技能型人才们只有通过不断学习新技术，努力跟随国家发展的脚步，不断增强自身技术技能水平，才能行稳致远。

3. 产业数字化的发展需求

产业数字化既是新一轮科技革命和产业变革的前沿港，也是数字生产力和经济发展新动能的重要源泉。数字技术正在推动传统产业发展模式的创新，为传统产业注入新的活力。必须依托互联网推进制造业的数字化、网络化和智能化，推进新一代信息技术对农业农村的深入赋能和服务业的数字化转型。数字经济是新时代中国经济高质量发展的重要引擎。当前我国数字经济正处于加速发展期，数字经济对经济社会各领域产生了深刻影响。有专家表示：“预计到 2025 年中国的数字经济规模将会达到 60 万亿元，GDP 占比超过 50%，数字经济未来五年增速将达 25%。”数字经济发展必将促进就业结构朝着高技术化和高技能化方向迈进，伴随着数字经济发展水平的提高，数字化高端技术技能人才在高新技术产业就业所占比重将越来越大，产业数字化与数字产业化就需要更多复合型、创新型的高端技术技能人才、能工巧匠和大国工匠。

二、数字经济时代职业教育供给侧改革背景

1. 数字经济当前局势

习近平总书记深刻指出，“数字经济发展速度之快、辐射范围之广、影响程度之深前所未有”“我国数字经济发展较快、成就显著”“特别是新冠肺炎疫情暴发以来，数字技术、数字经济在支持抗击新冠肺炎疫情、恢复生产生活方面发挥了重要作用。”[2]党的十八大以来，在以习近平同志为核心的党中央坚强领导下，我

国采取网络强国战略和国家大数据战略，坚持对网络经济空间持续扩展，随着我国数字经济规模不断扩大，数字经济所产生的新技术、新业态蓬勃发展，对经济社会的影响日益深入，数字经济的发展就对劳动者的教育水平提出了更高要求，但我国当前数字化人才供给不能完全支撑数字化产业快速转型升级。

2. 数字经济所面临的困境

2021年6月30日，人力资源和社会保障部发布了《“技能中国行动”实施方案》，要求到2022年，基本建成覆盖全社会的职业教育与培训体系；形成面向生产、建设、服务一线需要的技能型人才培养格局，培养一大批高素质劳动者和高技能人才队伍，并且明确指出，要通过技能中国行动的开展，“十四五”时期新培养技术技能人才4000多万人。技术技能人才与就业人员的比重大，技术技能人才不断增加，但技术技能人才缺口依旧庞大，这就提高了各大高校对培养技术技能人才的要求，然而技能型人才的培养不能只停留在技术层面，还需要弘扬和传承“工匠精神”。技能型人才队伍必须拥有良好的人生观、价值观，才能更好地助力我国建设制造强国、质量强国、技能强国，为中国制造、中国创造奠定坚实的基础，为全面建设社会主义现代化国家，实现中华民族伟大复兴的中国梦，提供坚实的技术技能人才保障。

3. 人才培养目标

在数字经济时代，知识更新速度快，各高校培养的学生不应该只具备扎实系统的专业基础知识，还需要具备终身学习的能力，拥有在工作中不断根据技术的发展趋势进行补充与更新的能力。培养大批具有扎实专业基础知识、职业技能和创新能力，具备高超技艺，能够进行创造性劳动的卓越工匠、能工巧匠和大国工匠，加强数字经济的关键技术突破，实现关键技术与人才培养的自给，为数字化治理和数据价值化赋能，这是时代赋予高等职业院校的命题，也是职业教育供给侧结构改革的核心任务。

三、数字经济时代“卓越工匠”内涵特质分析

1. 能工巧匠培养要求

在数字经济时代，职业院校培养的人才要适应就业结构向高技术化、高技能化发展，就要求培养的人才具备扎实的专业基础知识和持续学习的能力，自觉学

习和弘扬“工匠精神”，养成“做专、做精、做细、做实”的作风，因为只有具有精益求精、推陈出新精神的技能人才才能做出“人无我有、人有我优、人优我特”的“中国制造”[4]，从而带动我们的制造业从中低端走向中高端，推动我国从“制造大国”变为“制造强国”。

2. 职业院校任务

面对快速发展的技术与不断迭代升级的产业形态，职业院校也需要优化办学环境，增强职业教育适应性，提高内涵质量，要在培养学生的自我发展能力上下功夫，培养学生坚定且专注的意志力和注意力，诚实做人、踏实做事、乐观向上、感恩社会，教育引导学生将具备优良品德的大国工匠、能工巧匠、劳动模范、行业能手、创业之星等作为学习、追赶和立志超越的榜样，向工匠集大成者学习，要对专业和未来所从事的职业怀有热切的信仰和挚爱，向榜样人物看齐的同时，从前辈们的典型事迹中取长补短，积极改正自身不足之处，不断学习并刻苦钻研最新、最热的专业知识，努力做到干一行、爱一行，专一行、精一行，在自身工作岗位上尽职尽责，为提高祖国实体经济质量效益做出贡献。学生需要严谨、专注、富有耐心，继承前辈们爱岗敬业、精益求精的工作态度。学生们只有立足专业，夯实专业理论基础，筑牢学生职业技能提升和职业发展的根基，才能为现代工匠职业能力持续发展提供动力。而卓越工匠培养要从专业教育做起，理论与实践相结合，用理论指导学生实践创新，是数字经济时代“卓越工匠”素质提升的基本要求。以工匠精神培育新时代能工巧匠对于建设职业教育大国、强国具有重要意义。

3. 能工巧匠作用

党的十九大报告指出，我国经济已由高速增长阶段转向高质量发展阶段。为促进领域内整体技术水平提升，作为技能人才的佼佼者，执着专注、精益求精的能工巧匠们正以强烈的使命感发挥引领示范作用，义无反顾地扛起了新时代技艺创新传承的重任，积极带动所在领域整体技术水平提升。汇聚各行各业能工巧匠，共同奏响数字经济时代的交响乐[5]。

四、综述

当下，面对各行各业能工巧匠的巨大缺口，各高校应该认真学习贯彻落实习近平总书记关于职业教育的重要指示要求，加快构建现代职业教育体系，推动职业教育向更高水平迈进。为成就更多“技能改变人生”的精彩故事，高校学生更应努力学习，不断提升自我专业技术水平，传承工匠精神，拥有精湛的技艺技能、严谨细致的工作态度，敢于创新，为促进经济社会发展和提高国家竞争力提供优质能工巧匠、大国工匠资源支撑，为祖国全面建设社会主义现代化国家、实现中华民族伟大复兴的中国梦贡献磅礴力量。

参考文献

[1] 曾庆珠．新形势下高等职业院校技能型人才培养的探索[J]．职业教育（中旬刊），2018（11）．

[2] 肖超伟．城市元宇宙数字化转型前景[J]．经济，2022（3）．

[3] 蔺伟．高校“三全育人”的逻辑诠释与实践[J]．中国高等教育，2021（18）．

[4] 周绍镇．基于协同共建模式的地方高校核心竞争力提升路径探究[J]．甘肃科技纵横，2018（5）．

[5] 齐佳音，张国锋，王伟．开源数字经济的创新逻辑：大数据合作资产视角[J]．北京交通大学学报（社会科学版），2021（3）．

能工巧匠人才培养的职业院校使命

黄将诚，叶坤，李阳，刘蕊，彭正富
（重庆电子工程职业学院，西安培华学院）

摘要：强国须由教育奠基，教育助力强国建设。十九大报告把“建设教育强国”确定为“中华民族伟大复兴的基础工程”[1]，高职院校要顺应时代潮流，致力于能工巧匠人才培养，勇于创新，对内做好内部产业的结构调整，改变传统的育人理念，不断提升高职学生的职业素养、实践能力和创新精神；对外在政府和行业的引导下结合区域社会经济发展需要，加强与企业间的协作，实现院校和企业间的协同育人，为中华民族伟大复兴奠定坚实的基础，提供强大的动力。

关键词：工匠精神；产教融合；创新创业；实践探究

党的十九大宣告中国特色社会主义步入新时代，做出了优先发展教育事业、加快教育现代化、建设教育强国的重大部署[2]。高等职业教育承载着培养高等技术应用型人才的根本任务，以面对新时代发展中现代产业升级的需求。为此作为高职院校更应加大专业结构调整和优化力度，改革传统人才培养模式，坚持“政产学创”的道路，培养具有工匠精神的能工巧匠，提升高职院校高素质技术人才培养的质量，实现高职院校人才培养供给链与用人单位产业发展的需求链高效对接。

一、能工巧匠人才培养的方向探索

1. 与社会环境融合培养

《国家中长期教育改革与发展规划纲要 2010—2020》对职业教育明确提出了要“建立健全政府主导、行业指导、企业参与的办学机制”，可以看到，政府主导是高职工学结合的能工巧匠培养得以实行的前提[3]。因此，政府应将高等职业教育纳入本地区域经济社会和产业发展规划之中，统筹与区域经济社会发展相匹配的高等职业学校布局和发展规模，根据区域经济社会对人才的需求进行合理的人才培养结构布局，进行宏观调控，并给予职业院校相关政策扶持、经费支持、建立质量监控机制，引导院校发展科学定位，突出高等职业院校“为区域经济社会发展服务”“为行业企业发展服务”的办学目标。而高职院校则要积极响应政府及行业的调控和引导，结合区域社会经济产业发展需要，合理设置、不断优化专业结构和布局，完善学校地方统筹、行业指导、自主设置的专业管理机制，培养具有工匠精神的高素质人才，通过服务行业企业发展服务区域经济发展。

2. 强化对职业素养的培养

现代社会中企业对用人提出了新的要求，除了专业技能外更提出了情感、心态和价值观的要求，比如为人诚实正直，具备责任心、自我适应能力、自我学习和自我发展能力、良好的表达能力、良好的职业操守和创新能力等。大量事实证明，只具备专业技能的技术人员并不能在自己的职业道路上走得很远，同时拥有高尚职业素养的人才更能够获得企业的认可。职业素养的构成主要分为：

（1）职业道德：爱岗敬业，诚实守信。

（2）职业意识：角色认知，职业态度，职业心理。

（3）职业行为：守时遵规。

（4）职业技能：与人交流，与人合作，解决问题，自我学习、自我发展等[4]。

当前高职院校的教育更注重对学生职业技能的培养，忽视了对学生职业素养的培养，没有对提升学生的综合素质予以足够的重视，以致高职学生在成为“职业人”的过程中会走更多的弯路。因此，高职院校培养高职学生的职业素养是满足当下市场需求的必然要求，是为行业、企业培养高素质技术人才的必经之路。

3. 课内外融合培养

高职教育教学的实践活动是学生职业技能和职业素养融合培养的重要训练场，需要做到“知行合一”[5]。实践活动正是知行合一的试验场地，教师需要在这个场地中突出实践教学，将学生作为教学主体进行正确引导，激发学生在活动中的主体意识，将自己所学的理论知识在实践活动中一一印证。通过实践教学能够让学生清晰自己的专业知识储备，激发学生的自主意识，提高自我学习愿力和创新精神，在实践的环节中发现问题、分析问题并尝试解决问题，从而在使自己的专业技能得到提升的同时激发自我学习能力、团队协作能力，让学生在实践活动中成为“准职业人”。

当下的实验课教学分为验证性实验、综合性实验和设计性实验，院校当下的实验课以验证性实验为主，旨在对理论知识的深化理解；随着行业、企业对人才需求的变化，实验课的设置更应该侧重技能型实验，通过这些实验课程的不断训练，提升学生的实验技术，提高学生发现问题和解决问题的能力，从而提升学生的综合能力。

4. 案例教学培养

案例教学是将实际工作和生活中的典型材料作为教学内容，直观形象地展现给学生，一般在校学生对实际问题都充满好奇，教师可以利用这种心理，在教学过程中更多地运用案例进行教学，启发学生去发现问题、分析问题、解决问题，再次提高学生的综合应用能力。

高职院校的教学管理虽然纷繁复杂，涉及专业设计、课程设计、教学计划制订、教材征订、实习实训、课程设计、师资储备、教学质量分析等一系列具体工作，但是深化教学管理体系改革过程中已经形成了有效的、切实可行的教学管理网络[6]。在教学管理系统的搭建中，高职院校应当明确“为区域经济社会发展服务”“为行业企业发展服务”的办学目标，积极响应政府的引导，深化与行业、企业的合作。

二、能工巧匠人才培养的模式创新

1. 匠师协同的教学手段

为了实现新时代对高职教育提出的新型培养目标，重庆电子工程职业学院积极探索职业教育改革的新路径，实施产教融合并提出了匠师协同培养模式。该模式的基础是建立在“工作过程化”课程观上的，也就是说教学过程必须打破传统模式中以理论知识教学为主的教学模式，转而满足将培养高素质技能型人才作为一种项目化和定制化的课程体系。将实际的工作实践带入到具体的课程中，让学生在在工作中构建相关教学理论知识并发展岗位职业技能的同时，吸收行业企业技术人员、能工巧匠等深度参与教学教研过程。不仅满足了以学生为主体的职业性和专业性的培育，也推动和满足了以教师为主线的“三教改革”的进行，在培养高级职业人才的同时提高了高职院校的教学水平。

换言之，学生在双师的指导下能够真正接触到实际的工作，并实现从接单、设计、工作、完工等各阶段的分工协作。学生在工作中能发现自身存在的问题，并根据自身的喜好、工作能力等找到适合自己的岗位。这种运行模式下，学生也有更多创新实践的机会，一旦遇到问题还能在第一时询问指导老师，增强其创新能力。最终，通过匠师协同的教学平台，教师也能更加有效地完成对学生动手能力、自主创业能力、创新能力的培养，从而提升教师的教学水平和实现对学生职业发展的有力支撑。

2. “双能”支撑的课程体系

高端岗位复合型创新型人才的培养并非一蹴而就。为此，重庆电子工程职业学院在匠师协同培养模式中深度挖掘其课程体系建设，明确教学目标与教学任务，积极构建创新能力与职业能力“双能”支撑课程体系，为高品质职业人才的培养提供专业的理论和实践教学体系的支撑。通过分析高职院校和企业的合作动机，以“资源共享、协同培养”为导向，通过合作项目引导实践，从新时代区域经济发展的角度入手，从而形成企业和高职院校联合确定学生培养方案、计划，生成课程目标机制，在不断满足高职院校对学生职业素养和创新型思维培育的同时也满足社会和企业对技术性人才的需求，从而不断动态修订课程体系，实现资源共享，为当前的匠师“双师”协同机制提供教学环境，为专业理论和实践教学提供教学保障。

3. 孵扶联动的支撑平台

高职院校和行业企业之间的协同育人是不断输送高素质人才的良性循环，高职院校是培养高级技术人才的主阵地，企业是使用技术人才的主阵地[7]。在具备“工匠精神”的人才培养体系中，职业院校和企业之间相互依存，共同发展。一方面，职业院校需要行业企业为学生提供生产实习岗位、实践活动的场地和部分设备，对应的实习老师要加强对学生的技能指导，需要企业为职业院校提供人才需求信息、岗位技能信息，从而做好相关的人才需求趋势分析，便于确定相应的人才培养计划和方案，所以高职院校的发展离不开企业；另一方面，企业需要职业院校进行专业技术人员的培养和储备，也需要高职院校进行部分技术研发，在产品开发上提供专业技术和专业人才的支持，所以企业的发展离不开职业院校。职业院校是理论知识的深化学习，企业是理论知识的实践和创新之地。职业院校办好了，就能为企业输送更多的高素质技术人才；反过来，企业壮大了，人才的需求量就会增加，学生的就业之路会更畅通，这就是供给链和需求链高效对接的良性循环。校企合作的加深，会使院校产教融合，理论和实践知行合一，培养更多适应性强的高素质技能型人才，使职业教育集团为区域经济和社会发展培养优质技术技能人才，促进职业教育集团的健康、有序发展。

三、结语

综上所述，教育作为实现中华民族伟大复兴的基础工程，能工巧匠的培养将成为高职院校的时代使命。在能工巧匠的培养过程中，重庆电子工程职业学院认真探索“工匠精神”所具有的实质内涵，丰富教学载体，把教学与企业实践相结合，让“产教融合”为职业教育赋能。为了“匠人精神”在新时代传承下去，就需要政府引导，高职院校与企业“三位一体”融合参与，从而全面提高高职院校的教育质量，扩大就业创业途径，推进区域经济转型升级，培育经济发展新动能。

参考文献

[1] 杨洁，卫欢，谢美．聚焦十九大，建设教育强国（二）[J]．西部素质教育，2018，4（7）：8-9．

[2] 王灵桂．全面建成小康社会与中国式现代化新道路[J]．社会科学文摘，2022（5）：13-15．

[3] 潘建华．我国职业教育校企合作的有效性研究[D]．上海师范大学，2017．

[4] 张云霞．高职院校职业素养教学改革探索与实践[J]．高教学刊，2019（13）：155-157，160．

[5] 王峰．珠三角地区高职院校产教融合人才培养机制案例研究[D]．广东技术师范大学，2021．

[6] 罗雄．高等学校时代新人培育研究[D]．湘潭大学，2020．

[7] 梁帅．高等职业教育“政校行企”协同创新问题研究[D]．沈阳师范大学，2019．

能工巧匠人才培养体系现状分析

黄将诚，叶坤，李阳，向巧林，段文，唐朝霞
（重庆电子工程职业学院，西安培华学院）

摘要：随着我国进入第二个百年目标的奋斗阶段，各行各业对技术技能人才的需求日益增长，高素质技术技能人才更是受到青睐。培养出职业技能与职业精神融会贯通的技术技能人才，是我国高职教育处于变革时期的重要使命[1]。高职教育和社会经济建设紧密相关，新时代产业转型升级的背景对高职教育人才培养势必会带来影响，我们需要分析新形势下能工巧匠技能型人才培养存在的问题，探索新形势下技能型人才培养的途径和能工巧匠技能型人才培养的创新方式。

关键词：能工巧匠；技能人才；大国工匠

习近平总书记 2021 年 4 月在《职业教育工作的重要指示》中指出："要坚持党的领导，坚持正确办学方向，坚持立德树人，优化职业驾驭类型定位，深化产教融合、校企合作，深入推进育人方式、办学模式、管理体制、保障机制改革，稳步发展职业本科教育，建设一批高水平高职院校和专业，推动职普融通，增强职业教育适应性，加快构建现代职业教育体系，培养更多高素质技术技能人才、能工巧匠、大国工匠。"[2]此次讲话为各高校在对高层次高技术的"能工巧匠"人才培养上指明了方向、明确了目标，为制定具体措施提出了建议。

一、"能工巧匠"人才培养存在的主要问题

在"能工巧匠"人才培养过程中，国内各高职院校在许多方面都有着相似举措，但具体落实到位的程度和成效又各不相同。国内各高职院校根据对该会议精神的研讨，立足本校或当地的实际情况，虽然也制定了相关的人才培养方案，但从其整体情况及效果来看仍有不足，具体表现在下述几个方面。

1. 高职院校教育观念不符合社会发展实际需要

高职院校的培养方向基本都是以就业为目标，从学校人才培养方案出发，改

革传统的人才培养方案，政企校融会贯通，但具体举措还有待完善，缺乏有针对性的、能够落实方案中所提出构想的具体措施，且成效不佳。大部分院校对于培养何种人才、怎样培养都没有明确的教学设置，再加上高职院校偏向于对应用型人才的培养，导致人才的理论指导性不足，学生的理论基础欠缺，动手能力强但是创新能力和职业性偏弱，在步入岗位后对岗位的适应性不足，需要大量时间进行培训。高职院校培养与企业发展需求脱节，导致人才补给无法为社会经济的发展赋能。如石家庄市某职业技术教育中心开展了以“技能：让生活更美好”为主题的活动周，开展多种形式的宣传活动，旨在推动培养上手快、后劲足的“能工巧匠”。该校在“能工巧匠”高素质技术技能人才的培养模式上积极采取措施落实，但由于活动对象是全校师生，对“能工巧匠”的宣传略显简略，缺乏针对性，缺乏对学生动手能力和综合学习能力的培养。

2. 高职院校人才培养模式对学生的针对性不足

目前各大高职院校不仅立足本校，还采取联合当地其他高校或政府共同培养“能工巧匠”高层次高技术人才的措施，对人才培养方案具体落实，且成效显著，但是总览全局，该人才培养模式尚欠完善，没有准确把握人才培养的目标，针对性和实施性较差，实施结果也仅作用于局部，“能工巧匠”型人才培养不到位，导致出现了企业缺人但无人可用、学生毕业即失业的情况频发，距离形成一个完整的人才培养方案体系还有一定的差距。如无锡某职业技术学院通过选聘人才担任教授，培养出了许多高层次技术人才；推出了以产业教授所在的企业作为学生陶瓷艺术设计、成型的实训基地等措施，但是没有立足于学生、落实到学生，该项措施虽有针对性但针对性不强，虽有学生群体的覆盖但覆盖面较窄。

虽然两所学校都针对能工巧匠人才培养的重要使命开展了一系列举措，但还需要完善，这些措施虽有实效却实效较少，而且着力于分散的点，对于理论体系学习的重视程度不够，缺乏与实践的结合，针对性较弱，距离形成一套完整的体系差距较大。

3. 双师型教师储备不足

双师型教学模式是目前高职院校积极打造的教学模式，在满足学生动手能力的同时，也要满足学生对理论性知识的融会贯通，完成职业化、创新化人才的培养。目前大部分高职院校对双师模式的探索推进了校企联动模式，但是这仅仅是从狭义上进行了双师模式的实施，对于广义上的双师型教学模式还未总结出较为完善和适合本校的发展方向，导致双师模式只闻其声未显其名。再加上个别企业不愿将技术与学校共享，因此依旧存在与实践生产脱节、学生理论与实践融合不足、无法为日后的工作发展奠定基础等问题。这就需要党和政府制定政策导向，引导校企联合，在满足高职院校人才培育需要社会支撑的同时也为社会经济建设和企业发展赋能。

二、“能工巧匠”人才培养的对策

习近平总书记强调要坚持党的领导，坚持正确办学方向，坚持立德树人。各大高校加强在理论层面对“能工巧匠”高层次高技术人才的培养，以思政教育为主线，贯通德技并修，以党建引领职业教育“强起来”[3]。

1. 更新人才培养观念

高职院校要时时更新自身的教学管理观念，要将学校发展和国家战略发展目标相结合，并结合社会主义市场经济发展的实际需求培养爱国的、全面的、创新的、专业的能工巧匠型人才[4]。在注重学生个性化发展的同时因材施教、个性化施教，以满足社会发展过程中的不同需求。只有将学生的理论知识与实践相结合，才会让高职院校培养出不同类型的人才，进一步巩固高职院校“以能力为本位”的人才培养观念，动态化完善教学培养机制，促进学生的全面发展和就业目标的实现。

2. 巩固“双带头型”队伍建设

除各高校积极响应习近平总书记的讲话精神外，各地区也纷纷接力，把师德师风作为教师队伍建设的首要任务，不断创新方式方法，打造具有职业教育特色的师德师风教育体系，为推动职业教育发展和“双高计划”建设提供了强有力的思想保障和精神动力[5]。

各大高校着手建立双师型队伍，甘肃省实施的“双百计划”把双带头型师资队伍的建设推向了高潮，各大高校针对自己学校的实际情况，参照“双百计划”坚持教师定期到企业实践制度，支持校企共建职业技术师范专业能力实训中心，针对高职院校专业课教师每年至少累计 1 个月以多种形式参与企业实践或实训基地实训、每 5 年累计不少于 6 个月到企业或生产服务一线实践、高职院校教师中累计具有 3 年以上企业工作经历者不低于 40%等举措，比如建设“双师型”教师培养培训基地、建设省级结构化教师教学创新团队、推行分工协作的模块化教学模式、实施现代产业导师特聘岗位计划、设立产业教师（导师）特设岗位。组织高职院校开展“双师型”教师年度考评工作，定期开展职业技能考评和教学能力监测，对考评、监测成绩优异的进行奖励。推进新教师为期1年的教育见习和为期3年的企业实践制度，严格见习期考核与选留。

3. 建设多元化的实践教学体系

随着要求政校企的融会贯通，各大高校开始通过搭建多个实训基地和组织培养参加技能大赛建设技术技能创新型校园，为师生施展技术技能提供舞台，以实践劳动为熔炉，为实现创新梦想提供沃土[6]。

河北工业职业技术大学通过政企校行结成发展命运共同体，围绕新兴产业，培育高端技能人才，对接区域产业发展需求，在专业设置上按照“有所为、有所不为”原则，紧紧瞄准产业高端、高端产业，升级、调整和拓展专业布局。校企共建13个高水平实训基地，强化技能赛事，让学生及时追踪技术前沿，激发学习热情，把书本所学转化为服务社会之能。与此类似的安丘市坚持“到企问需”，每年对全市企业用工需求情况、新兴产业发展情况进行全面摸排，形成了需求清单，有针对性地制订人才培养计划，建设提升了市职业教育学校，形成加工制造、信息技术、财经、交通运输为主的四大专业体系，先后与同济大学、清华大学及北京三维博特等科研机构开展合作，建成了全国普通中小学和职业学校第一所Fablab创客空间。坚持“扶上马送一程”，出台创业担保贷款政策，设立三处孵化平台，支持职业技能人才创新创业。

三、“能工巧匠”人才培养的创新

各高校不仅立足实际情况制定了较为全面的“能工巧匠”人才培养方案，还通过各种具体措施落实到位，形成一套完整的体系，全方位落实习近平总书记所提及的“培养更多高素质技术技能人才、能工巧匠、大国工匠”要求。其中重庆电子工程职业学院采取了下述具体措施。

1. 多元化培养模式的创新

创建“匠师协同、‘双能’支撑、孵扶联动”的“能工巧匠”培养模式。学校积极构建创新能力与职业能力“‘双能’支撑”课程体系，企业中创新工匠导师与教师队伍中的专业理论教师进行“匠师协同”教学，打造政行校企“孵扶联动”支撑平台。实施“能工巧匠”培养计划，打造“卓越技能培养试点班”和“特色工匠工坊”；实施“卓越技能人才奖励计划”，铺设“技能精英、知识学霸、创业达人、文体明星”四条“星光大道”，促进学生多样化成才。与华为、腾讯、百度等行业龙头企业基于相互需求与利益共享组建产业学院等实体平台，打造智能安全等模块化“匠师”混编导师团队，围绕真实项目，校企协同提升学生技术技能水平。

2. 突破双师教育模式的创新

出于对双师型教育模式的探索，学校对接区域产业前沿领域，搭建技术技能创新平台，在为学生实践搭建平台的同时也在吸收教师队伍与企业中的专业型人才，为本地高职教育赋能，为区域经济建设育人。推出了“数智重电”研究特色，集中创新团队力量，依托高端领军人才，形成硅光子芯片封测、电子数据取证、网络空间安全等特色研究方向。积极谋划“环重电”创新生态圈建设，以建设科学城“大创谷”人工智能特色园区为契机，升级“重电 e 家”国家众创空间，吸引全产业链要素集聚，助推创新创业、成果转化和科教协同育人，搭建技能服务平台，提升职业教育经济贡献度。

3. 实现孵扶联动模式的创新

得益于“能工巧匠”人才培养模式改革，学校获全国高职院校技能大赛高职组一等奖 22 项、第 45 届世界技能大赛银牌 1 枚、全国第一届职业技能大赛团队金银牌各 1 枚、国家技能大赛奖项 343 项、省部级技能大赛奖项 1200 余项。近 5 年，学生就业率保持在 98.6%以上，2020 年就业率居全市之首。学生在高端产业与产业高端就业的比例达 82%，获得“华为 ICT 专家”等高端认证的学生比例持续增长。2021 年，学校在第七届中国国际“互联网+”大学生创新创业大赛全国总决赛中取得历史性突破，荣获金奖 1 项、银奖 2 项。此外，学校还建成了第 46 届世界技能大赛光电技术和网络安全两个项目的中国代表队集训基地，并培育 2 名世界技能大赛中国专家组组长和 6 名世界技能大赛中国代表队专家。这些成果的取得不仅代表着校企联合促进学生实践能力和创新能力得到了进一步的增长，也代表着企业的创新方式和人才培养取得了一定的成果，校企联动模式实现了质的飞越，为孵扶联动模式奠定了坚实的基础。

四、结语

能工巧匠人才培养体系是国家教育奋斗目标的重要使命，它的发展是一个循序渐进的过程，通过各大高校的不断尝试和摸索，一步一步形成完整的培养体系。

从人才培养方案的工匠精神与之融合提出通过匠师协同，“双能”支撑，孵扶联动来促进行业发展，完善人才培养体系，并应用到各大高校中，在努力取得丰厚教学成果的同时为区域经济建设做出贡献。

参考文献

[1] 江欢．推进高职人才培养模式改革 培养大国工匠和能工巧匠——《高职学生职业技能与职业精神融合培养研究》评价[J]．职业教育（下旬刊），2019，18（6）：97．

[2] 习近平对职业教育工作作出重要指示强调 加快构建现代职业教育体系 培养更多高素质技术技能人才能工巧匠大国工匠 李克强作出批示[J]．教育科学论坛，2021（15）：3．

[3] 施佳欢，张亮．习近平教育重要论述的研究现状与展望[J]．福建师范大学学报（哲学社会科学版），2022（3）：137-147．

[4] 靳玉乐，李子建，石鸥，等．高质量基础教育体系建设与发展的核心议题[J]．中国电化教育，2022（1）：24-35．

[5] 易凌云，卿素兰，高慧斌，等．坚持把教师队伍建设作为基础工作——习近平总书记关于教育的重要论述学习研究之四[J]．教育研究，2022，43（4）：4-17．

[6] 本刊编辑．校企合作提高行业人才培养质量[J]．职业技术教育，2013，34（12）：38-43．

Java 继承机制的难点及解决方案

李正，黎娅
（重庆电子工程职业学院）

摘要：为了解决初学者在学习继承机制中遇到的动态绑定机制与代码块的执行顺序这两个难点，本文从基础的 Java 继承机制开始，先梳理这两个难点的基本原理，进而提出相应的解决方案：修饰符优先法和归类寻找法。部分实践证明，本文提出的解决方案是有效可行的。

关键词：继承机制；父类；子类；动态绑定机制；代码块

在 Java 开发中会使用继承机制或者查看 Java 的源码，此时有着大量的动态绑定机制与静态成员的执行顺序，而这两个知识点恰巧是初学者最难理解和使用的部分。本文将从三个方面来阐述并解决这些难点，同时提供解决思路。

一、继承的代码实现原理

在 Java 开发中，类的继承是在类的定义时使用关键字 extend 来声明这个类而继承了一个超类。但是在没有使用 extend 来声明时，在系统内默认继承了超级父类 object。通过继承这个机制，简化了人们对事物的认识和描述，能清晰体现相关类间的层次结构关系，同时也大大提高了代码的复用性，增强了一致性来减少模块间的接口和界面，增加了程序的易维护性[1]。

1. 方法和属性的继承

并不是使用了 extend 关键字后超类的所有属性都能被继承到子类当中，应当遵循以下几个规则：第一个规则为在 Java 中有 4 个访问修饰符，即公开（public）、受保护的（protected）、默认（不做任何声明）、私有的（private），每个被访问修饰符修饰了的属性和方法在同一个包和不同包中的权限是不一样的；第二个规则为在同一个包中被 public、protected、和默认修饰的属性和方法能够被子类继承；第三个规则为在不同的两个包中被 protected、public 修饰的属性和方法能够被子类继承。

2. 方法的重写和属性的覆盖

被继承过去的方法和属性不再满足程序的需求，并且为了减小代码的臃肿度和提高复用性，此时就需要用到重写和覆盖。在重写和覆盖时需要注意方法的返回类型、形参列表和属性的类型应当和超类一致[2]。

当同时用超类和子类的相同方法名的方法和相同属性名的属性时，在Java中提供了关键字super来实现对超类的属性和方法的访问，但是不能访问到被private修饰了的方法和属性，一般是访问这个超类中的get方法[3]。

创建子类的格式如下：

```
[修饰符] class 类名 extends 父类名{
    [构造器]
    [代码块]
    属性
    方法
}
```

创建子类的过程有以下三步，首先是静态代码块和静态属性初始化，然后是普通代码块和普通属性初始化，最后是构造器。在调用构造器时首先调用父类的构造器，如果不使用super()来特殊声明调用则优先调用父类的无参构造器，当父类有有参构造器并且没有无参构造器时，则必须显式地使用super(参数)来调用，否则会报错[4]。

方法和属性的调用：一个方法在子类中被重写，则在子类中调用时是调用子类的方法，不会调用父类的方法，此时父类方法被隐藏；属性同理。

在子类中想引用父类被隐藏的方法和变量，可以使用 super 访问父类被子类隐藏的变量或覆盖的方法，可以使用super.方法或super.变量名来进行调用[5]。

二、继承机制的难点

Java继承机制中的难点主要集中在以下两处：多态和动态绑定机制、类的初始化时代码执行顺序。

1. 多态和动态绑定机制

在Java源码中大量使用了动态绑定机制，在不同对象调用时，初学者无法精准地找到此时调用的成员，导致最终程序出错。例如下面的4个案例。

（1）第一种情况。

```
class A{
    Public int x = 10;
```

```
    Public void eat(){System.out.println("吃东西");}
}
class B extend A {
    Public int x = 20;
    Public void eat(){System.out.println("笑");}
}
```

主方法：

```
A a = new B();
```

（2）第二个情况。

定义一个父类 A：

```
public class A {
    public int i=10;

    public int getI() {
        return i;
    }

    public int sum(){
        return getI()+10;
    }

    public int sum1(){
        return i+10;
    }
}
```

定义一个子类 B：

```
class B extends A{
    public int i=20;

    @Override
    public int getI() {
        return i;
    }

    public int sum(){
        return i+20;
    }

    public int sum1(){
        return i+10;
    }
}
```

主方法：

```
A a = new B();
System.out.println(a.sum());
System.out.println(a.sum1);
```

此时输出结果是什么？

（3）第三种情况。

A 类不变，将 B 类的 sum 方法删除，主方法不变，此时的结果是什么？

（4）第四种情况。

A 类不变，把 B 类中的 sum1 方法也删除，主方法不变，此时的结果是什么？

2. 类的初始化时代码执行顺序

在类的初始化过程中一旦同时使用了静态代码块、静态属性、构造器等，则会导致初学者无法精确地判断出哪个成员优先执行，最终程序输出结果将出错。例如：

```
class Test{
    public static String a="静态变量";
    public static Test t1=new Test("t1");
    public String b="非静态变量";
    static {
        System.out.println(a);
    }
    {
        System.out.println("初始化块");
    }
    public Test(String x){
        System.out.println(x+"的构造方法");
    }
    public static void main(String[] args) {
        Test t=new Test("t");
    }
}
```

在执行这个代码后会输出什么？输出顺序是什么？

三、解决方案

1. 动态绑定机制问题的解答及解决方案

多态是指程序中定义的引用变量所指向的具体类型和通过该引用变量发出的方法调用在编程时并不确定，而是在程序运行期间才确定，即一个引用变量到底会指向哪个类的实例对象、该引用变量发出的方法调用到底是哪个类中实现的方法，必须在程序运行期间才能决定。因为在程序运行时才确定具体的类，这样不用修改源程序代码就可以让引用变量绑定到各种不同的类实现上，从而导致该引用调用的具体方法随之改变，即不修改程序代码就可以改变程序运行时所绑定的具体代码，让程序可以选择多个运行状态。

第一种情况中：A a = new B();，此时就体现了多态，现在 a 的编译类型是 A，而所表现的运行类型是 B。

在第一种情况的代码中，在主方法中使用 a.eat()时会输出“笑”，这是因为在调用方法时编译器是看等号左边声明的类型，也就是运行类型，而此时的运行类型是 B，a.eat 输出的是“笑”。在主方法中调用属性时为 a.x，此时输出的是“10”。

第二种情况中，a 对象调用方法时看的是运行类型，a 的运行类型是 B，调用 B 类中的 sum()方法，运行 B 类的 sum 方法时里面的属性 i 是没有动态绑定机制的，此时是运行在 B 类，此时的 i 就是 B 类的 i 调用 sum1 方法。此时输出的是 40 和 30。

第三种情况中，a 的运行类型是 B，但是 B 类没有这个方法，这时就会发挥继承的特性，去父类 A 中寻找 sum 方法，A 类的 sum 方法中又有 getI 这个方法，并且 B 类中也重写了 getI 这个方法，运行 getI 时又回到了 B 类，返回的 i 也是 B 的属性，此时输出的是 30 和 30。

第四种情况中，调用 sum1 方法时会找到父类中去，父类的 sum1 方法中直接使用了属性 i，当执行 sum1 方法时，属性 i 的值就是 A 类的 i，此时的输出为 30 和 20。

目前，对于这个问题的主要解决方案是每一次使用时都从底层理论进行分析解决，这导致浪费大量时间，并且容易出错。笔者提供了一套可行方案：当运用多态时，首先进行归类，分为方法和属性，当属于方法时，去寻找等号右边的运行类型，然后从子类开始寻找这个方法，当子类没有时，继续到父类寻找，直到找到这个方法；当属于属性时，就去寻找等号左边的编译类型，然后从子类开始寻找这个属性，当子类没有时继续到父类寻找，直到找到这个属性。该解决方案概括为 17 个字：方法找运行，属性找编译，哪里声明哪里用。

2. 类的初始化执行顺序问题的解答及解决方案

现在输出的是：

```
初始化块
t1 的构造方法
静态变量
初始化块 t 的构造方法
```

第一步执行 public static String a="静态变量"，第二步执行 public static Test t1=new Test("t1")，第三步执行 static {System.out.println(a);}，第四步执行 public String b="非静态变量"和{System.out.println("初始化块");}，第五步执行构造方法，也就是 main 方法里面的 t 构造方法。

目前，对这个问题的解决方案主要是死记硬背，记住每个不同代码之间的先后顺序，这其中不可避免地会出现记忆混乱问题。

以上五步解决了输出问题，但是因为在实际编程中无法直接照搬举例的模板，所以笔者提供了一个模板：静态>非静态>构造器。当再次遇见此类问题时可以参考笔者的模板进行分析。这减少了思考时间，并且降低了出错率。

四、结语

在面向对象编程时通过继承能清晰体现相关类间的层次结构关系，同时提高代码的复用性。本文针对动态绑定机制和代码块执行顺序两个难点由分析提出了一套可行的解决方案：第一，extend 后只能跟一个类，因为 Java 是单继承机制；第二，子类能够继承父类中被 public、protected 和默认修饰的属性和方法，但不继承父类的构造方法，在子类的 constructor 中使用 super(形参列表)来调用父类的 constructor；第三，如果子类的构造方法中没有显式地调用父类构造方法，也没有用 this 关键字调用重载的其他构造方法，则在产生子类的实例对象时系统默认调用父类无参数的构造方法；第四，当一个子类对象的引用被赋给一个超类引用变量时，只能访问超类定义的对象的那一部分，因为超类不知道子类增加的属性。

参考文献

[1] 危锋．论 Java 继承机制中父类与子类的关系[J]．福建电脑，2010，26（6）：59，99．
[2] 刘繁艳．Java 多态性及其应用研究[J]．软件导刊，2008（7）：63-65．
[3] 仇勇．Java 运行过程中的动态绑定[J]．盐城工学院学报（自然科学版），2004（2）：53-55．
[4] 曾崇杰．面向对象抽象思维与 Java 继承机制[J]．福建电脑，2008（4）：52，54．
[5] 刘少英，覃俊．Java 中重载和重写的动态绑定研究[J]．软件导刊，2009，8（7）：62-64．

密码学课程教学改革与实践初探

刘桐，叶坤，李金芝，税一卫
（重庆电子工程职业学院）

摘要：密码学课程是高等院校信息安全与管理相关专业的核心骨干课程之一，相对于信息安全与管理专业的其他课程，它具有很强的理论性。而传统的密码学教学模式照本宣科，导致学生学习兴趣普遍不高。本文从密码学课程的特点和应用出发，指出了该课程教学过程的教学思路和教学目标，并且根据以往教学过程中的实践经验和出现的问题探讨了密码学课程教学过程中的改革与措施。

关键词：密码学；信息安全与管理专业；教学探索

引言

随着网络技术和信息技术的不断发展，信息安全已成为信息化时代必须解决的重要问题之一。密码技术作为信息安全保障的核心技术和计算机与通信安全的基石，在信息安全方案实施方面具有重要的理论指导和实践应用价值。密码学有着悠久的发展历史，在近代密码学出现之前，密码学的相关知识主要应用于军事领域和政治领域。随着计算机网络和计算机设备的普及，密码技术不断发展，密码学也逐渐走进大众的视野，民用领域的应用越来越广泛。如今密码学已经成为非常受重视的学科。密码技术早已融入进人们的日常生活中，在许多产品和软件应用中都能见到密码技术的身影，如数字签名、身份认证、手机卡、电子邮件、电子货币等。

近年来，密码学课程已经成为各大院校信息安全与管理专业的核心课程。开设这门课程旨在让学生了解密码学中的基本概念，如加密、解密、密码体制的组成、对称加密、非对称加密等。除此之外，还需要学生掌握或理解一些常用的密码算法，如 DES 算法、AES 算法、RSA 算法及 SM 系列的国密算法等。本课程主要涉及分组加密、流加密、哈希函数、公钥加密、数字签名、身份认证、协议构建等技术内容。经过本门课程的教学，学生能够掌握密码学的基本理论和基本技术，为学生今后的工作和学习打下良好的基础，培养学生在企业信息安全管理与实践中应用密码学相关知识解决信息安全问题的能力。

一、教学现状分析

目前，密码学课程的基本教学方法大多是采用理论教学，极少涉及实验教学。从当前密码学课程的教学现状进行分析发现，教学过程中主要存在下述几个重要问题[1]。

1. 学生数学基础较薄弱

课程对密码知识的要求是了解各个算法的基本原理，熟悉各个算法的特点并掌握各个算法的应用，对学生的数学基础知识要求较高，但现实情况是大部分学生的数学基础较为薄弱，没有掌握数学思考的意识和方法。

2. 学生学习的兴趣不高

由于密码学算法经常涉及比较复杂的数学运算过程，并且密码学算法的设计原理比较枯燥（如AES算法、RSA算法等），学生短时间内难以入门和理解，因而学习的兴趣普遍不高，直接影响学习的效果。除此之外，很多学生对算法的推导论证过程不感兴趣，重视的只是结论及其应用，因此对课程算法原理知识框架的理解不够透彻。那么在密码学课程的教学过程中如何提升学生学习的主动性与兴趣度则是需要解决的问题之一。

3. 理论教学与实验教学之间的衔接较差，甚至基本很少涉及实验教学

在理论教学中，学生难以理解各类密码算法的原理，导致在实验教学中，学生将主要注意力放在实验的结果上，仅仅是为了完成任务而实验。

4. 密码学算法难以让学生直观体会数据的加密和解密过程

在实际的学习和生活中，密码算法的应用难以肉眼可见，除了一些古典密码（如凯撒密码）外，几乎很难找到让学生能直观感受的密码算法实例。比如，通过RSA或DES算法对相关数据进行加密，加密的结果从肉眼看上去只是一串混乱的数据，学生很难从中体会到密码算法加密的效果和作用。

二、密码学课程特点分析

密码学涉及消息机密性、完整性、身份认证、数字签名、访问控制等诸多领域，拥有密码编码学和密码分析学两个分支。密码编码学是指为了达到隐藏消息

含义的目的，按约定的规则将表示明文信息的消息变换为秘密信息的科学；密码分析学指的是研究密码、密文或密码系统，着眼于找到其弱点，在不知道密匙和算法的情况下，从密文中得到原文的科学。其中，很多理论算法都以数学为基础，是信息安全的基础和核心。总体而言，密码学课程具有内容繁杂、知识面广、交叉性强、数学基本理论应用多等特点[2]。

三、密码学课程教学的思路与实践

按照信息安全与管理专业人才培养方案的要求，在密码学课程改革方面的定位是：以数学为基础，以计算机为工具，以行动为导向，以培养学生的信息加密和解密能力为目标，其主要目的是利用计算机实验，动手编程，使学生在行动中学习理论知识并将其应用于社会实践。

1. 制定科学的课程标准，确立教学内容

课程标准应该明确课程在相关专业中的性质和定位、课程的基本教学理念，给出课程内容标准，提出教学基本要求和学习要求[3]。密码学课程标准指出，开设这门课程旨在让学生了解密码学中的一些基本概念，如加密、解密、密码体制的组成、对称加密、非对称加密等。除此之外，还需要学生掌握或理解一些常用的密码算法，如 DES 算法、AES 算法、RSA 算法及 SM 系列的国密算法等。基于教学内容分析，选择杨波编著的《现代密码学》（第 4 版）为教材。依据课程标准和教材确定的密码学课程教学内容见表 1。

表 1　密码学课程教学内容

教学单元	教学要求	基本内容	学时
第一章 引言	①理解密码学的定义 ②了解密码体制 ③理解相关密码学理论基础 ④理解各种古典密码	1.1 信息安全面临的威胁 1.2 信息安全模型 1.3 密码学基本概念 1.4 几种古典密码	6
第二章 流密码	①了解序列密码基本概念 ②了解线性与非线性序列密码 ③理解 RC4 密码	2.1 流密码的基本概念 2.2 线性反馈移位寄存器 2.3 线性移位寄存器的一元多项式表示 2.4 m 序列的伪随机性 2.5 m 序列的破译 2.6 非线性序列	8

续表

教学单元	教学要求	基本内容	学时
第三章 分组密码	①理解 DES 加密和解密的过程 ②理解 DES 算法细节 ③掌握相关数学基础知识，如数论和有限域 ④掌握 AES 加解密过程	3.1 分组密码概述 3.2 数据加密标准 3.3 差分密码分析与线性密码分析 3.4 分组密码的运行模式 3.5 IDEA 3.6 AES 算法 3.7 中国商业密码 SM4 3.8 祖冲之密码	10
第四章 公钥密码	①掌握相关数论知识 ②掌握 RSA、ELGamal 和椭圆曲线加密算法	4.1 密码学中的一些常用数学知识 4.2 公钥密码体制的基本概念 4.3 RSA 算法 4.4 背包密码体制 4.5 Rabin 密码体制 4.6 NTRU 公钥密码系统 4.7 椭圆曲线密码体制 4.8 SM2 椭圆曲线公钥密码加密算法	14
第五章 哈希函数	①掌握 hash 函数的定义和性质 ②掌握 hash 函数的安全性	5.1 消息认证码 5.2 哈希函数 5.3 MD5 哈希算法 5.4 安全哈希算法 5.5 HMAC 5.6 SM3 哈希算法	6
第六章 数字签名和认证协议	①了解数字签名的概念 ②掌握 RSA、ELGama 和椭圆曲线密码实现的数字签名	6.1 数字签名的基本概念 6.2 数字签名标准 6.3 其他签名方案 6.4 SM2 椭圆曲线公钥密码签名算法 6.5 认证协议	12
第七章 密码协议	①了解密码协议的基本概念 ②理解密码协议的设计	7.1 一些基本协议 7.2 零知识证明 7.3 安全多方计算协议	8

2. 加强实验教学，锻炼动手能力

培养学生的实际运用能力和动手能力非常重要。为了更好地让学生理解密码学在信息安全中所占的重要地位、掌握相关的密码算法设计原理、了解密码学领域的新进展和新应用，教师应当精心设计实验教学，让学生动手编写相关的密码算法程序代码[4]。密码学教材的前四章涉及了一些基础性实验，在第七章设计了一个综合性实验。实践证明，实验教学不仅锻炼了学生的操作能力和思维，还激发了学生对密码学课程的兴致。实验内容见表2[5]。

表2　密码学课程实验内容

教学单元	实验内容	实验要求	学时
第一章　引言	古典密码加解密实验： ①凯撒密码 ②Vigenere 密码	①使学生对古典密码体制的运行过程有一个深入的了解 ②完成实验报告	2
第三章　分组密码	①DES 加密 ②AES 加解密	①使学生对传统对称加密算法的运行过程有一个深入的了解 ②完成实验报告	4
第四章　公钥密码	①RSA 算法 ②ELGamal 算法和椭圆曲线加密算法二选一	①使学生对非对称加密算法的运行过程有一个深入的了解 ②完成实验报告	4
第七章　密码协议	①密码协议的基本概念 ②密码协议的设计	①设计并实现具有加密、解密、Hash 运算、数字签名等功能的安全加密协议 ②完成实验报告	6

3. *改革考核方法，侧重综合素质考查*

为了考核学生的理论知识和应用能力，对评价体系进行了改革，本课程考核由期末卷面考试、平时作业等部分组成，其中期末卷面考试采用教考分离方式（试卷库抽取试卷）。建议卷面考试占总成绩的60%，平时成绩（含平时上课、作业、实践）占总成绩的40%。在考核过程中应注重对学生实践操作能力的考核。对学生学习过程的评价包括参与讨论的积极态度和主动性、实际操作技能、团队协作意识、独立思考的能力、逻辑思维能力等方面。

实践证明，改革后的考核方法能够客观准确地评价各类学生，不仅能够提高学生学习密码学课程的积极性，还培养了学生的团队协作能力。

四、结语

本文在分析密码学课程教学现状的基础上，根据密码学课程的性质、特点，结合人工智能与大数据学院信息安全与管理专业开设密码学课程的教学实践，从课程标准、教学内容、实验教学及考核方式等方面进行了分析和探索。总的来说，密码学课程教学改革仍然是一个复杂的综合过程，只有不断总结、不断创新，才能提升学生的学习兴趣，有效提高教学质量。

参考文献

[1] 李艳俊，刘冰，郑秀林．密码学课程体系建设探讨[J]．北京电子科技学院学报，2016，24（3）：7．

[2] 张瑞霞，姚罡，刘少兵，等．信息安全专业密码学教学改革与实践[J]．中国现代教育装备，2011（1）：2．

[3] 齐万华，刘铭．“密码学与应用”课程混合教学模式方法探讨[J]．电脑知识与技术（学术版），2019，15（2）：2．

[4] 罗铭，卢晓勇．基于行动导向的现代密码学理论与实践课程教学改革[J]．计算机教育，2014（13）：5．

[5] 杨万利，杜健．信息与计算科学专业“密码学”课程改革的探索与实践[C]．2011 年全国密码学与信息安全教学研讨会，2011．

基于“1+X”证书制度下Java课程的教育改革

唐珊珊，徐薇
（重庆电子工程职业学院）

摘要：从“1+X”证书制度创新和Java课程教育改革的背景出发，针对我国高职院校基于“1+X”证书制度的Java课程改革进行调研，发现当前面临着教学教师技能水平需要培养、教学教材专业内容需要调整、教学方法需要革新三方面问题，从高水平打造“双师型”教师队伍、开发新型活页式教材、高水平建设校企合作实训基地提出具体改革路径，以促进“1+X”证书制度下Java课程的教育改革，培养高层次技术技能人才。

关键词：“1+X”证书制度；Java课程；教学改革

引言

2019年1月国务院印发的《国家职业教育改革实施方案》中强调要把高职院校职业教育摆在教育改革创新的更加突出的位置[1]。从2019年开始，国家在高职院校启动关于“学历证书+若干职业技能等级证书”制度的试点工作，推动高职院校职业教育高质量发展。实施“1+X”证书制度，极大程度地发挥出学历证书的积极作用，鼓励学生努力获取更多的“X”职业技能等级证书，推动学生的可持续性发展，助推高职院校教育改革走向深入[2]。

一、基本概念

1. “1+X”证书制度

“1+X”证书制度是《国家职业教育改革实施方案》建设的一项重要举措，也是高职院校教育发展模式的一项重大改革。“1”主要指的是学历证书，它代表学生在高职院校教育体系下完成职业教育学习任务后获取的文凭证书，“X”主要指的是若干职业等级证书，即学生学习专业相关的“X”证书的培训与考核，通过职业考核后取得的对应职业技能等级证书。“1+X”证书制度严格遵循市场需求，能够如实反映企业需求，职业技能等级证书根据一个人的能力水平高低将证书技能等级分为初级、中级、高级，是职业技能水平的一种凭证，反映出个人职业发展的综合素质[3]。

2. “Java 程序设计”课程

“Java 程序设计”是我国高职院校软件工程专业群的一门必修课。“Java 程序设计”课程强调理论与实践相结合，通过理论学习、实践运用，学生可获得程序设计能力。Java 是面向对象的、多线程的解释性网络编程语言，高职院校的“Java 程序设计”课程把 Java 语言的知识贯穿在项目任务中，通过项目和任务的实施学习和掌握技能。

3. “1+X”证书制度下 Java 职业技能等级要求分析

基于“1+X”证书制度的大数据应用开发（Java）职业技能等级大赛适用于高职院校的在校学生，证书等级分为初级、中级、高级[4]，要求学生熟悉并掌握 Java 及其技术，开发大数据应用相关产品。

具体而言，初级证书要求，根据应用系统的业务要求熟练运用 Java 面向过程和 Java 面向对象编程技术完成应用系统的编程；中级证书要求，根据自身技术熟练运用 Java 高级 API 和高级机制高质量完成应用系统编程，并能够修改程序中的错误、缺陷等[5]；高级证书要求，根据应用系统的需求分析熟练掌握并应用 Java EE 和框架技术完成应用系统的前后端开发等。

二、“1+X”证书制度下 Java 课程改革存在的问题

1. 教学教师技能水平需要培养

基于“1+X”证书制度的《大数据应用开发（Java）职业技能等级标准》要求，职业院校应拥有一支专业技能强、实践能力强的专业教师团队支撑学生取得职业技能等级证书，这对学校的师资队伍职业技能水平、教学能力等提出了更高的要求。然而大多数教师普遍缺乏关于 Java 的实战工作经验，在“1+X”证书的教学过程中训练效果不太好。因此培养一批专业技术强、实践能力强的师资队伍是一个亟待解决的问题。

2. 教学教材专业内容需要调整

高职院校“Java 程序设计”课程传统教学使用的教材主要面向普通专业学生及 Java 语言爱好者，通过简单的程序认识 Java 语言，这种教材可作为普通“Java 程序设计”课程的教材以及学习了解 Java 语言的自学用书，但并不适用于基于“1+X”证书制度的 Java 程序设计课程。其内容与大数据应用开发（Java）职业技能等级标准并不完全匹配，需要增加 Java 高级程序设计、高级机制等知识，以与“1+X”证书要求相符合，更加贴近现实，满足专业学生对实用的需求。

3. 课堂教学方法需要革新

“1+X”证书制度是高职教育领域的一项重大制度改革。在 Java 程序设计课程实施过程中，因其内容增加了符合职业技术等级要求的相关内容，更加注重实践创新能力，学生需要花费更多时间和精力去学习符合难度等级的职业要求的新课程，从而导致教学效果不好、学生学习效率低。因此，教师应及时创新教学方法，帮助学生快速理解问题，掌握高级技术能力，为学生做好考取“1+X”证书提供保障。

三、“1+X”证书制度下 Java 课程改革模式

面向高职院校专业技能学生开展“1+X”证书制度下的 Java 课程改革，必须推进教师、教材、教法三方面改革相结合，由学校组织一切有关资源，体现高职院校办学水平的高质量发展。

1. 高水平打造“双师型”教师队伍

实施“1+X”证书制度，高职院校急需创建一支能够胜任“1+X”证书教育的新型教师队伍，因此打造一批满足 Java 课程教学培训需求与职业技能等级要求的“双师型”教师队伍对提升高职院校实施 Java 课程教学能力，提升教学质量水平有着重要的意义。“双师型”教师队伍作为高水平职业教育的教学团队，要求教师要有较强的实践教学能力，这样才能保证教师的教学能力能够满足“1+X”证书制度的要求。

打造“双师型”教师队伍，一是培养一批能准确把握“1+X”证书制度相关理念、标准、要求的教师队伍；二是培养一批通过“1+X”大数据应用开发（Java）职业技能等级培训并取得职业技能高级证书的教师队伍；三是积极引进企业型教

师，积极掌握 Java 行业中的最新技术与职业标准等，弥补校内 Java 课程教师的不足之处[6]。

2. 开发新型活页式教材

在“1+X”证书制度教学实施过程中，教师更新教材时应按照“1+X”技能等级证书标准来开发全新的适合本校的教学资源。“1+X”证书教材与其他教材有所差别，“1+X”证书教材强调与企业、工作岗位接轨，因此“1+X”证书教材更加侧重培养学生的职业能力和职业素养。

开发新型活页式教材，以全新形式、全新内容，为学生提供更好的学习支持。与传统装订成册的教材不同，新型活页式教材可以灵活使用，可以将新出现的知识加入活页教材，进行内容上的调整。

3. 高水平建设校企合作实训基地

要把 Java 理论与实践相结合，必须对学生的 Java 实践能力进行培训，这样才能更高程度上提高学生未来的岗位适应能力[7]。因此，要获得“1+X”证书的 Java 课程学习成果且学习成果与学历教育相匹配就离不开校企融合。校企融合主要是企业制定相关标准、学校企业共同育人、行业考核认证三个方面的体系标准。

企业制定相关行业标准，积极与学校进行对接，建立基于 Java 课程的校企实训基地，联合培训学生，给学生提供一个设备环境完善的实践场地，帮助学生提高职业素养和获取“1+X”证书的能力，同时也培养更多符合企业需求的员工，助力企业的长期发展。

基于“1+X”证书制度的 Java 课程，加强了符合职业技术等级要求的相关内容，更加注重实践创新能力，因此在校企融合的 Java 实训基地培训，学生可根据企业的真实项目进行操作，有助于在实践中理解问题和掌握高级技术能力。

四、结语

基于“1+X”证书制度的 Java 课程教育改革，要从符合高职院校的人才教育和企业需求的职业教育的角度去建设人才培养环境，找到 Java 职业教学与职业教育的契合点，探索出 Java 专业对应职业岗位证书的教育改革模式。

将“1+X”证书制度贯穿于 Java 课程人才培养模式改革中，从更深层次上激发学生的学习潜力，提高学生的职业教育综合素质，切实提升 Java 专业人才培养质量，也为高职院校的其他课程专业人才培养教育改革提供参考[7]。

参考文献

[1] 徐晓霞. 在线教育背景下高职院校网络学习空间的建设研究[D]. 四川师范大学，2021.

[2] 姜晓雷. “1+X”证书制度下高职院校人才培养质量评价研究[D]. 沈阳师范大学，2021.

[3] 曾翠萍. 高职院校“1+X”课证融合模式实施问题与对策探索[J]. 商业故事，2021（12）：187-188.

[4] 王苍林. 1+X 证书制度下电子商务专业课程体系构建路径研究[J]. 中国管理信息化，2021，24（16）：2.

[5] 李立峰. 基于立德树人的小学数学德育渗透[J]. 数码设计（上），2021，10（4）：253-254.

[6] 刘晓明. 1+X 证书制度下“Java 程序设计”课程教学改革与实施[J]. 湖北开放职业学院学报，2021，34（19）：2.

[7] 黄淑贞，肖永平. 市场营销专业实施课程思政的策略[J]. 亚太教育，2021（14）：2.

探索软件技术专业教学创新模式

徐薇，张倬，方慧玲，邓裴
（重庆电子工程职业学院）

摘要：从软件技术专业的教学特点出发，通过调研发现，软件技术专业存在教学缺乏整体设计、形式单一、教学内容未及时更新等问题，因此本文建议从加强整体建设，赛教融合、以赛促教，更新教学内容、建设新教材三方面创新软件技术专业教学模式，以此统筹协调，共同推进教学创新模式的应用发展，培育优秀人才。

关键词：软件技术；教学模式

引言

教学模式改革是“十四五”时期建设高质量教育体系进程中的重要举措。为贯彻全国职业教育大会精神，按照《国家职业教育改革实施方案》和《职业教育提质培优行动计划》等教育文件部署，明确要把高职院校职业教育摆在教育改革创新的更加重要突出的位置[1]。牢固树立新发展理念，实现就业需要更高质量更充分发展，对接社会发展趋势和市场供需要求，加强教学整体规划建设，深化办学体制改革和育人机制改革，以促进就业和适应产业发展需求为导向，推动职业教育教学创新模式新发展，着重培养高素质技术人才[2]。

一、软件技术专业特点

1. 软件具有不可见性和复杂性

软件的不可见性是指软件是一种不可眼见、不可触摸的逻辑实体，它没有空间的形体特征。技术开发人员可以看到程序源代码，但源代码并不是软件，只是可以以代码的形式运行，且技术开发人员无法看到源代码是如何运行的。而软件的复杂性主要源于四个方面：一是复杂性的问题域；二是管理开发过程的困难性；三是软件中随时可能出现的灵活性；四是离散系统行为的问题[2]。这四个方面使得软件本质上是复杂的。这也就使得学生在软件开发过程中难以分辨和理清复杂的逻辑关系。

2. 软件技术更新速度快、种类多

科技创新不断推动软件技术的发展，软件技术发展迅速、更新速度快、技术种类多，然而高职院校软件技术课程教学更新速度较慢，滞后于软件技术知识的更新迭代。因此高职院校软件技术教材内容与实际软件技术的发展现状不相符合，导致学生无法及时掌握最新的理论知识和软件技术。面对各类技术流派，软件技术教学模式的创新是高职院校软件工程系的组织者、参与者必须解决的问题。

3. 软件技术开发过程规范性高

软件更新速度快，所以其开发工作从未停止，随之而来的就是开发过程中出现的各种规范化问题。软件在开发过程中质量难以控制，存在很大的隐患，比如一些软件开发出来后系统设备极其不稳定，使用效果不佳，因此在软件开发过程中提前做好规范性研究是至关重要的。软件开发过程规范性要求软件课程教学既要提高学生的应用技术创新能力，又要提高学生在软件技术开发过程中的规范意识，只有通过长期的实践训练才能形成习惯。

二、软件技术专业教学问题

1. 专业教学缺乏整体设计

课堂教学是高职院校教育教学中广泛使用的手段，教师在课堂中向学生传授知识和专业技能。只有对软件技术专业课堂教学中存在的问题有了充分的认知，课堂教学创新才能做到有针对性。因此找出软件技术专业课堂教学中存在的问题并解决才是教学创新的关键。

软件技术专业教学缺乏整体设计。首先，学生应在教学过程中占主体地位。很多教师会花很多时间在准备教学内容上，但是在实际教学中效果却不好，原因是在备课时忽略了学生的个人因素，如学习规律、心理素质等，缺少教学设计，“系统讲解”教学方式普遍存在[3]。虽然在专业教学过程中不乏教师进行教学创新，但大多是教师讲解示范后让学生模仿练习，忽略了学生的主体地位，缺少对学生的引领作用，使学生被动地接受知识，没有自我思考能力，导致课堂学习参与度不高、学习效率低下[4]。其次，部分高职院校软件技术专业的育人机制不够完善，学生反映学校开设的教学课程与现实找工作存在非常大的差距，但是学校的本质主要是教书育人，人才培养模式还在探索阶段，无法给出明确的发展方向。

2. 专业教学形式单一

目前，高职院校软件技术专业的相关课堂教学中普遍以传统的授课模式为主，即以讲授教学为主，且重理论轻实践的现象较为普遍，课堂教学中以教师为中心，教师将理论知识以灌输的方式传授给学生，学生在面对复杂、抽象、乏味的学习内容时难以产生兴趣[5]。软件技术专业的侧重点在于开发技术和实际应用，因此在传统的教学形式中大部分学生缺乏独立思考能力、创新能力、自我管理能力，难以满足软件技术的发展需求。

3. 课程教学内容未及时更新

目前，很多高职院校已经开设了软件技术专业，但是软件技术专业课程体系还比较陈旧，大部分高职院校在设置软件技术专业课程时，内容安排与计算机类专业相近，学习内容也比较类似，课程的安排、教学内容缺乏创新性。当前技术更迭速度变快，这增加了高职院校教材内容升级的工作量，很难及时跟进软件技术行业的新理论、新方法和新技术，也造成了大部分高职院校的软件技术专业普遍存在教学内容与实际发展不相匹配的现状。

三、软件技术专业教学创新方法

1. 加强整体建设

基于软件技术专业的特点，软件技术专业教学应着眼于学生的主体地位，围绕软件技术行业发展的特色，以“需求化”岗位人才培养为目标，进行“多元化”主体育人机制的软件技术专业教学模式创新，培养出高质量软件技术人才。

以“需求化”岗位人才培养为目标，就是根据学生的个人素质特征确定培养德技双修的创新人才。这种人才往往具有良好的道德素养、一定的软件技术专业理论知识、较强的软件开发及网页设计等专业技能、较强的创新能力等。

“多元化”主体协同育人机制。高职院校软件技术专业教学受教师水平的影响，难以将软件技术前沿理论和技术融入到教学过程中。因此，采用教师培训和引进的方式组建“校企融合”多位一体的创新技能教学团队，构建以“项目制”为导向的“产教研创”教学模式，适应了学生个性化学习需求，提升了学生的思考创新能力，保证软件技术专业教学高质量实施。

2. 赛教融合，以赛促教

构建软件技术专业赛教融合的创新性课程教学，借助竞赛标准、评分细则等将教学形式标准化，为学生提供精准到位的教学方案。在软件课堂教学中渗透技能竞赛训练，教师按照竞赛流程、训练要求的标准强化教学实训，让学生在潜移默化中接受标准化的训练，提高学生的专业水平，使学生对软件技术技能的运用更加熟练、规范、精准，帮助学生巩固夯实软件技术技能。赛教融合的教学形式更具有针对性、时效性，取得的效果更佳。

3. 更新教学内容，建设新型教材

软件技术更新速度快，软件技术专业的课程教学内容更新和教材更迭速度也就很快。因此，要解决“教什么内容、教什么方向”的问题就要涉及教学内容和教材的选择。

根据软件技术岗位的岗位需求来选取教学内容，开发课程内容，建设新型教学内容和新型教材。以岗位需求为导向，依据岗位需求确定课程内容，及时更新加入新理论、新技术[3]。教学内容以类似企业真实项目为主，既能反映出企业对软件技术专业人才的真实需求，又能适应高职院校软件技术专业的教学过程。因此教学内容规划可以根据企业的真实软件技术项目，面向从项目需求分析到项目实现的全过程进行教学，使学生对软件技术的掌握更加牢固[6]，并达到学以致用的目的。

在建设新型教材时，要根据高职院校教育的本质，将项目中的软件技术专业内容由简单到复杂构建新型项目化教材。教材中着重讲解思路、方法、常见问题的原因及解决方案。学生通过这种教材学习到的不只是理论知识，更多的是思考和解决问题的能力[3]。

四、结语

高职院校的专业是为了适应社会经济的发展而设立的，各种因素的改变致使教学模式必须创新。高职院校坚持深入推进教学模式改革，进行有针对性的改进创新，保障人才培养质量，培养出了更多高素质技能人才，为全面建设社会主义现代化强国提供强有力的技能人才支撑[8]。

参考文献

[1] 张莉．工学结合视域下高职院校学生思想政治教育模式研究[D]．南京师范大学，2020．

[2] 郝丽娥．高职院校公共选修课开展现状及对策研究——以宣化科技职业学院为例[D]．河北师范大学，2020．

[3] Booch G．面向对象分析与设计[M]．3 版．北京：人民邮电出版社，2008．

[4] 王爱华．高职软件技术专业推进“三教”改革的路径研究与实践[J]．山东商业职业技术学院学报，2022，22（1）：5．

[5] 张佩佩．高中体育课堂文化建设的困境与路径[D]．湖南师范大学，2017．

[6] 李金昌．教学改革与创新研究 浙江工商大学教学改革论文集（2009）[M]．杭州：浙江工商大学出版社，2010．

[7] 吴名星，贺宗梅．程序员突击：Visual Basic .NET 2008 原理与系统开发[M]．北京：清华大学出版社，2009．

[8] 贾兆帅，张洁．新时代高校思想政治工作的多维协同[J]．电子科技大学学报（社科版），2018，20（6）：104-107．

1与X互融互通的实践与探索

彭阳
（重庆工信职业学院）

摘要：《国家职业教育改革实施方案》的出台与实施推动了新一轮的职业教育课程改革。1个学历和X个证书教育与学校的专业建设、专业课程建设、师资队伍建设、校企合作建设紧密结合，从而完善职业教育和培训体系。依据学校信息技术系相关专业，结合近年来X证书的考核工作任务，更加明确了课证融通的研究方向和实践内容，使得“1”和“X”有机互融互通。

关键词：“1+X”证书制度；信息技术；课证融通

一、实施背景

近年来，信息技术行业快速更新、发展和规范，对学生在就业时的要求越来越高，为深化复合型技术技能人才培养模式改革、服务区域经济，根据国务院《国家职业教育改革实施方案》、重庆市教育委员会关于1+X证书制度相关文件精神，信息技术系自2019年开始，立足地方经济发展，结合自身专业结构，精心布局准备，于2020年6月申报并通过“1+X”职业等级证书制度试点评定，2020年9月通过申报遴选成为第三批考核站点。在知政策、有政策的前提下，充分借助校企合作寻找突破，努力推进书证赛融通，在2020年12月完成了Web前端开发和数字创意建模两个证书的培训考证相关工作。

重庆市工业学校信息技术系成立于1994年，现有专职教师19人，下设计算机教学团队和艺术设计教学团队，开办的专业有计算机应用、计算机网络技术、计算机平面设计、计算机动漫游戏制作、工艺美术，共有在校生900余人。

二、做法与过程

1. 提前谋划，周密部署

（1）顺应重庆市数字经济市场需求，结合系部自身专业结构及未来发展规划，理顺原有人才培养模式，遴选X证书试点专业Web前端开发对接计算机网络技术专业，数字创意建模对接计算机平面设计专业。在 2019 年开始对计算机网络技术和计算机平面设计人才培养方案进行调整，修订为书证融通的专业人才培养方案，将“1+X”证书的标准与职业素养渗透到专业教育教学中。

以 Web 前端开发为例，先进行企业调研，了解 Web 前端开发工作岗位职业能力要求（见表 1），由此得出“1+X”Web 前端开发证书课程体系要求（见表 2）。

表 1　Web 前端开发工作岗位职业能力要求

<table>
<tr><th>就业方向</th><th>就业岗位</th><th>岗位描述</th><th>职业素质与能力要求</th></tr>
<tr><td rowspan="2">小程序开发</td><td>微信小程序开发工程师</td><td rowspan="2">负责小程序开发与维护，配合后端完成接口调试，根据业务需求设计并实现技术解决方案，负责小程序的优化和迭代开发</td><td rowspan="2">熟悉微信小程序开发流程
熟悉前端开发框架和类库
具有业务分析能力
具有文档管理能力
能正确阅读并理解相关领域的英文资料
具有一定的沟通能力</td></tr>
<tr><td>微信小程序运营师</td></tr>
<tr><td rowspan="5">Web 前端开发</td><td>Web 前端开发工程师</td><td rowspan="5">协助领导对公司产品进行 Web 前端开发；协助工程师利用 HTML5、CSS3 等相关技术开发 PC、平板电脑、手机等平台上的 Web 前端应用；协助工程师和后端工程师共同完成复杂页面功能；协助工程师负责前端相关易用性、性能等方面的持续优化</td><td rowspan="5">具有一定的分析问题能力
责任心强，具有良好的沟通能力和团队协作能力
了解目前的主流框架
可快速独立完成设计图生成
熟悉浏览器兼容性
会调用第三方接口</td></tr>
<tr><td>Web 页面制作</td></tr>
<tr><td>Web 交互开发工程师</td></tr>
<tr><td>手持设备网站前端开发</td></tr>
<tr><td>Web 前端设计</td></tr>
</table>

表 2　“1+X”Web 前端开发证书课程体系要求

课程体系	课程体系支撑 1+X 初级证书技能点
静态网页设计	HTML/CSS
JavaScript 程序基础	JavaScript
Web 前端项目实训	HTML/CSS/JavaScript
HTML5	HTML5/CSS3
JavaScript 高级进阶	jQuery/ajax json

基于以上信息调整修订 2021 级计算机网络技术专业人才培养方案，形成计算机网络技术专业课程设置与进程，见表 3。

表3 计算机网络技术专业课程设置与进程

课程类型	序号	课程名称	课时与学分数				学期学时分配					
			总课时	总学分	必修	选修	第一学年		第二学年		第三学年	
							一	二	三	四	五	六
							17	17	18	18	18	19
专业技能课	1	计算机网络基础	72	4	√		√					
	2	图形图像制作	68	4	√		√					
	3	程序设计基础	72	4	√		√					
	4	网络操作系统	48	3	√			√				
	5	数据库应用	68	4	√			√				
	6	静态网页设计	102	6	√			√				
	7	网站美工	48	3	√				√			
	8	JavaScript	140	8	√				√			
	9	HTML5	72	4	√					√		
	10	动态网页制作	140	8	√					√		
	11	证书考试综合实训	216	13	√						√	
	12	顶岗实习	570	19	√							√
	专业技能课小计		1616	80								

（2）完成“1+X”制度顶层设计，建立保障机制。在学校相应政策的支持下，成立了以1+X证书系部为主的督导小组、以试点专业为核心的教学团队、以1+X证书试点工作为主的项目小组三级体系，全面推进“1+X”证书制度试点工作。

（3）创新团队，提升师资。结合Web前端开发/数字创意建模证书，合理安排，组织教师进行思想理念转变，强化教师培训，学习“1+X”证书制度新理念，准确把握试点工作的意义、职业等级证书的标准及要求。引导教师积极参加“1+X”证书相关技能竞赛，获得重庆市Web前端开发教师组一等奖、VR虚拟现实二等奖、3D打印二等奖、教师能力大赛国家二等奖。培养一支能准确把握“1+X”证书制度先进理念，深入研究职业技能等级标准的创新教学团队。

2. 一平台两团队，校企合作层层推进，创新共赢

对接重庆市地方经济发展及市场需求，基于“数据云”工作室、创客空间两个平台，分别对应计算机网络技术、计算机平面设计两个专业，先后与重庆物鲸数字科技有限公司、重庆跃图科技有限公司、福建省华渔教育科技有限公司、重庆景博汇文化传媒有限公司等企业合作，成立Web前端开发/数字创意建模研发团

队、Web 前端开发/数字创意建模师生技能竞赛团队，通过校企合作成立“1+X”证书制度专家指导委员会，研讨论证“1+X”证书制度下的人才培养模式并制定人才培养方案，建立 1 与 X 互融互通的人才培养模式，具体合作情况见表 4。

表 4　校企合作具体情况

专业	融入证书	合作企业	技能竞赛
计算机网络技术	Web 前端开发	重庆物鲸数字科技有限公司 重庆跃图科技有限公司	Web 前端开发
计算机平面设计	数字创意建模	福建省华渔教育科技有限公司 重庆景博汇文化传媒有限公司	虚拟现实、3D 打印

（1）引企入校，成立 Web 前端开发/数字创意建模研发团队，研发团队成员由系部教师和企业专家组成。通过校企合作，企业组织系部教师参与项目制作，充实企业工作岗位，参加企业高新技术培训，提高专业教师技能，实施教学、培训和考核评价；系部组织企业人员参加教研教改，引进行业专家为兼职教师，提升行业专家对教师、教法、教材“三教”改革的了解和认识，提升行业专家的教育教学水平，通过成员互培互聘实现“双向双融通”，打造双教、双技、双证的跨界创新教学团队。

（2）建立 Web 前端开发/数字创意建模师生技能竞赛团队，实现“1+X”证书制度以赛促教促学。打造和完善技能竞赛团队，配备 50 台高配置计算机，积极引导教师、学生参加与“1+X”证书相关的各项比赛，通过解读比赛规程和内容研究 Web 前端开发和数字创意建模技术的通识性知识、重点和难度，为教学提供一个相对标准的教学和培训导向。同时，通过参加比赛，学生在训练中与行业各类专家接触，也改变了过去单纯的师生教与学，给予学生新鲜感，提高学生学习技能和知识的兴趣和热情。同时以比赛的紧迫感激发学生刻苦学习的热情，以赛后的荣誉感带动其他学生努力学习。

（3）借助企业，引进转换典型案例、教学资源，疫情期间与重庆跃图科技有限公司、福建省华渔教育科技有限公司合作，进一步完善了线上教学资源库建设，真正实现基于岗位能力要求，“1+X”证书等级标准的泛在学习，将学习空间拓展和延伸，实施线上线下混合式教学，大大提升了学生学习的自主性和积极性。

三、成效

（1）培养培训了具备 Web 前端开发和数字创意建模技术应用的学生共计

300 余人；100 名学生参与了证书鉴定工作；数字创意建模通过率为 96.5%，Web 前端开发通过率为 50%。

（2）获得证书评级组织和行业企业的技术支持，形成菜单式教材和教学资源库，通过校企共同研讨论证高度对接行业人才需求，新增了具备知识与技术的人才培养目标和规格；调整与制订了符合 Web 前端开发/数字创意建模人才培养的教学计划；修订课程标准，融入相关课程内容，实现学生的系统性掌握；通过顶层设计和实施等校企联合培养方式优化了专业人才培养模式和课程体系。

（3）培养了一批具有专业技能和项目研发经验的双师型教师。通过解读比赛规程和内容研究 Web 前端开发和数字创意建模赛项的通识性知识、重点和难度，为教学提供一个相对标准的教学和培训导向，也为教师反思日常教学提供了指导。进一步优化了专业教学团队，打破了传统教学体系，提高了教师的业务能力。

（4）提高了学生的学习主动性和积极性，实现分层次教学。打造和完善竞赛中心，配备高配置实训室及教师工作室，积极引导教师、学生参加与“1+X”证书制度相关的各项比赛，参加全国职业院校 Web 前端开发大赛、全国数字创意建模比赛。通过参加比赛，学生在训练中与行业各类专家接触，改变了过去单纯的师生教与学，给予学生新鲜感，提高学生学习技能和知识的兴趣和热情。同时以比赛的紧迫感激发学生刻苦学习的热情，以赛后的荣誉感带动其他学生努力学习。

“1+X”证书制度是《国家职业教育改革实施方案》的一项重要创新，通过试点工作不断完善，改革创新，真正做到课证赛产融通，最终形成职业教育新常态。

参考文献

[1] 段七零．1+X 证书制度与书证融通实施方法探索[J]．扬州市职业大学学报，2020-4-7．

[2] 张俊彦．“1+X”课证融通的研究与实践[J]．现代职业教育，2096-0603（2021）16-0042-02．

[3] 喻香．高职“1+X”课证融通实践探索[J]．高等职业教育，2020-12-15．

[4] 张子容．浅谈“1+X”证书制度试点工作探索与实践[J]．科教导刊（电子版），2020-6．

高职院校思政教育融入计算机专业的路径探索

胡斌斌，徐薇
（重庆机电职业技术大学，重庆电子工程职业技术学院）

项目信息：本论文为中非（重庆）职业教育联盟的重庆市国际化特色项目“一带一路”视野下重庆高职五位一体专业建设国际化研究（课题号为：ZFCQZJLM05）的成果之一。

摘要：思政教育融入高职院校计算机专业意义重大，是贯彻立德树人根本任务的教育战略举措，有利于落实学校人才培养教育体系，提升学生思政教育素养。因此，本文建议从强化专业教师能力、在教学过程中渗透知识、挖掘思政教育元素三方面促进思政教育与计算机专业教育的紧密融合，提升高职院校在校学生的综合素养[1]。

关键词：高职院校；思政教育；计算机专业

引言

思政教育是提升人才培养质量的关键。近年来，我国相继发布了《关于深化新时代学校思想政治理论改革创新的若干意见》《新时代学校思想政治理论课改革创新实施方案》《高等教育课程思政建设指导纲要》等文件，明确要将思政教育工作贯彻整个高校人才建设，并全力推动全国高校的思政教育工作，发挥好专业教学育人的作用，提高学校人才培养质量。全面推进思政教育与计算机专业教学紧密融合，形成协同效应，有助于提升学生综合素养[1]。

一、思政教育的内涵

思政教育主要是指思想政治教育，高职院校的思政教育是学校精神文明建设的主要任务[2]。高职院校思政教育的重点是引导学生形成端正的思想行为方式。高职院校实施思政教育以人的思想、观点立场的形成为教育重点，从而促使学生形成良好的思想行为动机。

思政知识教育作为理论教育，是以人的思想行为活动形成的基本规律和思政教育的基本规律为研究对象的。课堂教育是思政教育的主阵地，计算机专业作为高职院校的热门专业，其课程在高职院校课程中占主要部分，因此思政教育融入计算机专业具有先机，也将更多受益。思政教育体现在生活日常中，将思政教育有意识地融入到计算机专业中，专业技术的应用与思政教育内容中的大国精神、责任意识等也是十分契合的[3]。

二、思政教育融入计算机专业的重要意义

1. 贯彻立德树人根本任务的教育战略举措

“培养什么样的人”是高职教育的根本任务，立德树人既是高职院校教育的根本任务，也是高职院校的立身之本。国无德不强，人无德不立。当前我国高度重视培育社会主义接班人，必须将立德树人贯穿到高职院校建设与管理等工作的各领域中去，做到以树人为核心，以立德为基础[4]。

实现立德树人的根本任务，就需要由面及点推进思政教育领域的创新改革。高职院校计算机专业教学中，应把人生三观教育串联于计算机专业知识教育与技能培养之中，引导学生树立正确的人生三观[5]。而思政教育关系到人的思想理念、社会风气、国家治理，甚至关系到中华民族伟大复兴和国家崛起，因此必须牢牢抓住计算机专业教育的主战场，使思政教育渗透到计算机专业教育中，构筑起全面育人的大格局[6]。

2. 落实学校人才培养教育体系

思政教育与高职院校人才培养体系、教育内容、教育目标息息相关，将思政教育与计算机专业相融合，对更好地实现教育目标、课程创新等具有重要意义。高职院校对人才的培养是育人与育才的结合，必须将思政教育贯通其中，抓好思政教育建设，解决好计算机专业教育和思政教育相独立问题。高职院校要落实计算机专业教育管理体系，不断完善思政教育体系，统筹做好计算机专业课程中的思政教育建设，以计算机教育教学为基础，深入挖掘计算机专业课程和教学方式中蕴含的思政教育元素[7]。

3. 提升学生思政教育素养

思政教育在高职院校计算机专业领域中全面推进，有利于促使思政教育的理

念形成更广泛共识，深化思政教育融入计算机专业教育，进一步拓展学生的知识面，活跃专业课堂教学气氛，获得良好的教育效果，让学生在掌握专业知识的同时认识并践行计算机行业的职业理念和职业准则，进一步增强职业责任心、职业品格和行为习惯，树立正确的价值观，为培养高素质计算机专业技能人才进行有益的探索。

三、思政教育融入计算机专业的现状

目前，思政教育在融入高职院校计算机专业教育方面存在下述几个问题。

1. 缺乏思政教育理念应用的意识

为推进计算机专业与思政教育融合的发展，高职院校计算机专业教师必须积极落实相关文件，制定出计算机专业课程实施的相关工作方案，健全思政教育融入计算机专业的培养体系，形成协同效应。专业教师在落实思政教育融入计算机专业过程中，普遍存在计算机专业和思政教育融合过于牵强的情况，忽略对思政教育内容的深度理解，没有挖掘计算机专业中的思政教育元素。

2. 缺乏在专业教学中渗透知识的意识

在高职院校计算机专业教学过程中，大部分教师对思政教育工作缺乏重视，只是按照思政教育的要求灌输式地对学生进行思政教育，没有根据高职院校计算机专业的特点，在计算机专业教学中渗透思政教育的内容，从而导致思政教育融合效果不理想，影响了计算机专业教育改革。

3. 缺乏对计算机专业中思政教育元素的挖掘意识

在高职院校的教学中，计算机专业学生对计算机技术的兴趣更浓厚，大多学生不愿意主动接受思政教育。因此，计算机专业教师在教学过程中应准确结合学生的特点，充分挖掘出蕴含在计算机专业中的思政教育元素，深刻理解计算机专业中的思政教育内容，提升学生的主动性，引导学生参与到知识学习中并引起探索计算机专业中思政教育元素的兴趣。

四、思政教育融入计算机专业的方法和途径

1. 强化专业教师能力

为了全面落实思政教育融入计算机专业教育，高职院校计算机专业教师需要

提高思想教育意识和能力。教师应分辨出高职院校计算机专业教育与学校思政教育之间的差异点，在计算机专业教育中突出思政教育，以实现计算机专业与思政教育的有机融合，进而全方位培养计算机专业学生的综合素质。

思政教育内容要更好地融入计算机专业，作为高职院校计算机专业教师，应该积极学习思政教育内涵、精神、意识等基本内容，并且对计算机专业内容进行更加有效的训练和掌握，这样才能切实提高计算机专业教师自身的思想政治修养和教学水平。

2. 挖掘思政教育元素

思政教育存在于方方面面，要善于挖掘计算机专业中的思政元素。专业教师在教学有关计算机操作合作完成的内容时，可以挖掘其中的集体精神，让学生了解团结合作发展的重要性；在讲授网络信息安全技术内容时，可以用思政教育理论强化学生防止网络诈骗的能力；还可以将网络热点引入到计算机专业教学中，然后结合计算机专业教学知识使学生在正确思想引领下提升计算机专业学习水平和思政素养。

3. 在教学过程中渗透思政元素

要让计算机专业与思政教育相融合，不是僵硬地在计算机专业教学中讲授思政教育内容，而是以新颖的方式在计算机专业教学中渗透思政元素。

思政元素在计算机专业教学中的渗透需要专业教师对专业教学方式进行优化，其中教学内容中的计算机专业知识点总会暗含一些与新时代中国特色社会主义相通的价值含义。如今，专业教学过程中方法多种多样，比如将思政教育融入到计算机专业教学中可以使用案例分析法、翻转课堂法、小组合作法等，高职院校专业教师可以使用多种方法融入思政教育，也可以在计算机专业课堂教学过程中与学生进行深度交流，将思政元素渗透进计算机教学的各个阶段与环节，及时掌握学生的思想动态。

五、结语

思政教育融入计算机专业作为一项长期性教学项目，必须针对高职院校计算机专业的特色确立面向专业教师、教育过程的教学方向，在促进专业的教育过程中，不断加强基础理论和实际情况的结合，发挥计算机专业特色，逐步融入思政教育内容，形成教育合力，将技能学习和理论教育相结合，促进高职院校学生综合素质的全面发展，从而带动高职院校专业教育的整体提升。

参考文献

[1] 唐超．新课改背景下高校思想政治教育专业师范生职业素养问题研究[J]．教育与职业，2011（20）：3．

[2] 李登昌．网络时代高职院校学生思政教育问题研究[J]．教育科学，2016：161．

[3] 董俊．“课程思政”视角下的学前教育专业课教学实践探讨——以“学前教育史”课程为例[J]．科教导刊，2021（10）：3．

[4] 黄冬来，朱承志．“医疗设备电工技术”课程的差异性教学改革研究与实践[J]．科技与创新，2021（7）：3．

[5] 杨春艳．普通高校体育课程思政发展现状与改革路径[J]．新乡学院学报，2021，38（9）：4．

[6] 范跃进．习近平新时代中国特色社会主义高等教育理论体系初探[J]．山东教育（高教），2019（Z1）：4-9．

[7] 王春艳，张晓振，蒋艳霞，等．新时期计算机课程思政资源开发与共享[J]．电脑知识与技术（学术版），2021．

浅析博弈论在情感机器人中的应用

胡斌斌，唐瑞雪
（重庆机电职业技术大学，重庆电子工程职业学院）

摘要：情感机器人作为AI领域的研究热点，在研发中存在机器人伦理风险、人机情感交互缺失、微表情理解实现困难等问题，对此，本文运用博弈论提出了利用PAD情感空间和博弈论来建立情感交互模型，收集人类微表情建立数据库和实现情感机器人微表情的建议，为情感机器人研发应用提供参考。

关键字：博弈论；情感机器人；人工智能；情感交互

计算机科学一直都是计算机应用的重要领域之一，它有很多的分支，如人工智能计算机图形学与算法、生物信息学与计算生物学等，可谓是应用广泛。而在这些分支中，人工智能一直都是计算机科学中一颗耀眼的星星。人工智能的提议从达特茅斯学院出现后，经过半个世纪的发展，虽然现在的电脑和人脑不能同日而语，但是像人工智能领域的专家系统和机器人也取得了很大进步。随着科技的发展，人们开始期待和幻想情感机器人的出现，他们具有共情能力，甚至可以成为人类的朋友或伴侣。但是当前情感机器人依然在伦理和技术方面面临一定问题，导致情感机器人研发应用仍存在困难。

一、情感机器人应用的难点

情感机器人具有和人类差不多的情感系统、交流能力，能对周围的万事万物做出反应。在未来，情感机器人可以是一位温柔慈爱的保姆，给因为父母、子女忙碌而无法照顾的孩子、老人最细心的照顾和无时无刻的陪伴，消除他们的孤独感；情感机器人可以是自闭症儿童的朋友，时时刻刻关注他们、照顾他们、开导他们，最后让他们再次回到社会中；情感机器人可以是一位体贴的妻子、一位暖心的丈夫，给人最美好的体验，让人类获得更多的满足感、幸福感。目前情感机器人还无法实现人机情感交互和脸部微表情等人的基本特征，研发面临着如何让机器人产生情感和运行等应用的困难。

1. 伦理风险较高

当前的情感机器人都是按照由开发研究人员输入的代码程序指令来行动，不具有自我意识，所以它是否会被善待由拥有它的主人决定，但是所谓“千人有千面”，拥有者的素质是无法确定的，情感机器人是否会被善待，是否会生出自我意识，是否会成为恐怖分子的工具无法预知。正如著名科学家史蒂芬·霍金曾言，“短期来看，人工智能产生何种影响取决于谁在控制它。而长期来看，这种影响将取决于我们是否还控制它。”[1]

所谓法律的保护比个人的保护更有力，但是机器人相关法律滞后，这也是造成情感机器人不安全的一个问题。当前机器人技术虽然飞速发展，但是如何管理机器人的相关法律国际组织或者权威机构也没有给出可遵循的管理原则[1]。

人工智能是靠软件来运行的，既然是软件，就需要靠人类编写代码，那么就存在一定的安全问题。程序科学家在极力创造一个完美无瑕的软件的同时，在编写的数百万行代码的某处很可能存在着错误和纰漏，就可能会导致致命的结果，其影响往往无法估量[2]。

2. 人机情感交互缺失

首先，目前机器人仍不能完全学习人类的思维模式，达到人类相同的游戏能力。当前的人机交互系统普遍存在情感缺失、参与人参与度不高等一系列问题，机器人无法与人进行交流，所谓的问答就类似于专家系统一样，对研发人员所输入的所有知识进行检索，无法像人一样进行自然、亲切、生动的交互[2]。比较常见的就像手机里面自动配备的人工智能，面对一些情感性较强的问题时，它的回答要么答非所问，要么以“听不懂，请换个问题”的答案来回避问题。

其次，情感机器人的情感表现还相对单一。现在的人工智能处于弱人工智能层次，机器人的情感表情往往是单一的，没有心理活动的变化。这导致情感机器人在进行人机交互、机机交互时缺少人际交往间的交流感与亲切感。

3. 面部微表情实现与理解困难

面部微表情是一种特殊的表情，这是一种对情感机器人要求更高的情感表现方式。与普通表情相比，微表情更能直接流露出个人的心理感受和情绪。要实现情感机器人的拟人化，微表情是必不可少的。

目前，缺乏由内心情感作为引导的机器人，情感上的主动性和思维上的灵活性较差，只能按照机器本身原本设定的程序完成一些机械性的工作。情感机器人还不能做出拟人化的微表情，也不能在人机交互时解读人类的微表情，导致情感机器人十分僵硬，只能模拟一些基本人类交际的行为方式，而真正意义上的内心情感则是不具有的。

二、博弈论的基本原理

1. 定义

在博弈论中，博弈论被定义为“Game Theory can be referred to as the modeling of the possible interactions between two or more Rational Agents or players.”这句话的意思是“博弈论可以被认为是两个或更多理性主体或玩家之间可能互动的模型。”在这句话中重点提及了“Rational（理智）”一词，即博弈论强调参与博弈的每一个人都知道其他参与者和他的理智、掌握的知识、对这个游戏的理解都是相同的，同时大家都是利己的，并且追求利益最大化。在博弈结束后，参与博弈的个体会获得一个结果，即不同的收益（payoffs），可以是正，也可以是负。

2. 博弈论在情感机器人中的应用

博弈论在人工智能领域中多被用来做辅助决策，分为静态博弈和动态博弈。囚徒困境是典型的非对称战斗静态模型，即战斗不是靠双方战斗实力来决定胜负，而是靠一种专断法则来决定胜负的。与之相对的就是动态博弈，是指参与人的行动有先后顺序，而且行动在后者可以观察到行动在先者的选择，并据此作出相应的选择。这种博弈无法做到同时，又称为多阶段博弈，动态博弈中的纳什均衡就是完全且完美的信息博弈。

生成对抗网络（GANs）是博弈论在人工智能中的一个重要应用，由生成器和判别器两个神经网络构成[5]。GANs 的两个网络是两个相互训练的网络。在训练过程中，生成器的目标是尽量生成真实的图片去欺骗判别器，而判别器的目标是尽量把生成器生成的图片和真实图片区分开来，这样生成器和判别器之间就形成了一个类似囚徒困境的二人零和博弈。

三、博弈论在情感机器人中的解决策略

在人工智能中建立法律，保护情感机器人的同时约束人类自身。法律要严格规定情感机器人的权利和义务，用法律形式规范情感机器人的行为，特别是当人

类对情感机器人违法时要受到相应的制裁，并且提高情感机器人的普及度。

作为科研人员要谨慎细心，在编写代码时不马虎，不放过任何错误，保持对人类负责的初心，也可以建立一种类似于 GANs 的相互检错模型，减小科研人员的压力。

对于人机情感交互，制作一种依据 PAD 情感空间（一种基于愉悦度、激活度和优势度三个维度的 Pleasure-Arousal-Dominance 情感空间模型，空间中每一维对应着情感的一个心理学属性，现实中存在的情感都可以在空间中找到相应的映射点），并基于博弈论的机器人情感交互模型[3]。

这种模型首先对参与人的交互输入情感进行评估并分析当前人机交互关系，提取友好度和共鸣度两个影响因素；其次，模拟人际交往的心理博弈过程对参与人和机器人的情感生成过程进行建模，将嵌入博弈的子博弈完美均衡策略作为机器人的最优情感选择策略；最后，根据最优情感策略更新机器人的情感状态转移概率，并以六种基本情感的空间坐标为标签，得出受到情感刺激后机器人情感状态的空间坐标[7]。

而更有难度的机器人微表情的实现，可以建立一个基于博弈论的微表情模型。首先需要采集人类普遍的微表情特征成为一个数据库，然后先类似于专家系统一样将知识存储到机器人内，在遇到需要时对微表情进行遍历，最后找到在当前环境下的纳什均衡的最优选择，并表现在机器人的脸部。

四、结语

随着情感机器人应用到我们的生活中，成为我们生活中不可分割的一部分，博弈论的纳什均衡可以有效地解决情感机器人的人机情感交互和机器人微表情这两个难点，因此本文建议制作一种依据 PAD 情感空间并基于博弈论的机器人认知情感交互模型，以及基于博弈论的微表情模型，妥善解决好对机器人情感的赋予，机器人具有一定的“思考”能力后，一直以来存在的人与机器的隶属关系就消失了，机器人可以和人类存在平等的关系，像人一样，行为灵活、办事效率高，具有决策能力和思维创造，减轻了人类的负担，甚至为人类带来一些新思维，从事几乎所有人类目前为止所能从事的工作，包括社会管理和人际交往这一类需要思维感情的工作。机器人的应用范围必然会大幅度扩大，对应的其社会需求量也必将大大增加，攻关真正意义的情感机器人相信会产生巨大的经济效益。

参考文献

[1] 刁生富，蔡士栋．情感机器人伦理问题探讨[J]．山东科技大学学报（社会科学版），2018，20（3）：8-14．
[2] 黄宏程，刘宁，胡敏，等．基于博弈的机器人认知情感交互模型[J]．电子与信息学报，2019，41（10）：2471-2478．
[3] 黎波，李磊民．博弈论的足球机器人进攻策略研究[J]．计算机工程与应用，2011，47（30）：224-226．
[4] 工业机器人未来发展趋势——人机协作[J]．中国科学探险，2022（2）：54．
[5] 陈钧．中国象棋人机博弈系统的设计与实现[D]．厦门大学，2013．
[6] 侯经川．基于博弈论的国家竞争力评价体系研究[D]．武汉大学，2005．
[7] 李琳，王培培，杜佳，等．融合纳什均衡策略和神经协同过滤的群组推荐方法[J]．模式识别与人工智能，2022，35（5）：412-421．

“数字中国”背景下高职计算机基础教学浅析

张耀尹，邹映，刘丹，李贤福
（重庆理工职业学院）

摘要：近年来，数字技术创新和迭代速度明显加快，计算机在各个方面的运用愈发广泛，特别是在建设“数字中国”的大背景下，计算机应用基础课程作为高校公共基础课程、重要的通识课程，是进一步掌握深层次计算机技能的重要基础。计算机应用基础在培养高数字素养的数字公民的过程中，发挥了重要作用。

关键词：计算机应用基础；数字化；信息化教学；分层次教学

一、计算机应用基础教育的背景和意义

2021年3月11日，十三届全国人大四次会议表决通过了《关于国民经济和社会发展第十四个五年规划和2035年远景目标纲要》的决议，其中第五篇中提到“加快数字化发展 建设数字中国”的数字化战略，这也是第一次在五年规划中作为专篇进行论述。习近平总书记指出：“数字技术正以新理念、新业态、新模式全面融入人类经济、政治、文化、社会、生态文明建设各领域和全过程，给人类生产生活带来广泛而深刻的影响。”这意味着计算机应用基础作为高校公共基础课是掌握更深层次信息技能的“敲门砖”，是培养学生信息能力及素质的重要基石。

计算机应用基础是一门面向全校学生的公共课，与很多专业都有着紧密的联系，这就要求学生必须先学好计算机应用基础知识，才能更好地学习自己的专业知识。同时，随着信息技术的飞速发展，信息技术已经进入我们学习、生活和工作的方方面面，学生只有学习和掌握了顺应时代发展趋势的计算机相关技能和知识，才能高效高质地解决学习、生活和工作中遇到的各种问题；学生只有获得符合自身条件发展和与社会需求相匹配的计算机技能，才能成为符合时代潮流要求的现代化高素质技能型人才。

二、现阶段计算机应用基础教育存在的问题及对策

1. 培养学生的计算机基础技能是计算机应用基础课程的重要使命之一

在计算机应用基础教学过程中出现了一系列问题，只有合理的教学改革才能推进计算机应用基础课程的发展，培养出顺应时代发展需要的现代化人才。

（1）课程类型划分不明确。计算机应用基础课程是一门“理实一体”的应用技能型课程，应合理分配计算机“理实”，以练促学，以实践带动理论学习。

高校在划分课程时，要认清计算机应用基础课程的实质——“理实一体”的应用技能型课程。虽然大部分高校都已经认识到计算机课程对于人才培养的重要意义，但是在部分高校仍将计算机应用基础划为“理论”课程，而实际作为“理实一体”的应用技能型课程，实践课程部分大大缺失。然而理论实践缺一不可，不能一味只注重理论学习，“纸上谈兵”，也不能只进行实践，而忽略理论基础。“理实一体”不仅仅是一种教学模式，更应该作为一种课程类型确定下来。

技能型人才是高职教育发展改革的方向，重视实践技能和工作能力是职业教育与普通教育和成人教育的重要区别之一。但是若忽视了一定文化水平的支撑作用，学生只是一味地“复制”“粘贴”，则只会变得越发懒惰，对学习消极应付。

高职学生的特殊性在于文化方面的表现普遍偏弱，意味着传统的教学方式已经不能完全满足“理实一体”课程的个性化需求。以理论切入实践，以实践强化理论，让学生在实际练习中思考每一点理论知识的用途，可以提高学生的主观能动性，同时强化对理论知识的掌握。

（2）面对教材和课程内容的相对滞后，应根据实际学情编写教材，制定教学内容。

1）现阶段的教材中，大部分计算机应用基础教材以全国计算机等级考试一级计算机基础及 MS Office 应用考试大纲为参考，涉及的操作系统及应用软件相对滞后，落后于现代化办公发展。而还不太常见的计算机应用基础活页式教材则内容上相对较少，涉及面不够全。各高校可根据本校的实际学情编写校本活页式教材，以应对飞速发展的信息技术时代。

2）大多数高校的计算机应用基础课程设置大致为：计算机基础知识、操作系统、办公软件 Office 等教学内容，但在近年数字技术创新和迭代速度明显加快的背景下，计算机应用基础的教材没有相应更新，教学内容没有得到相应丰富和优化。教师应在现有教材内容上，根据现阶段企业发展需求，将适用技能知识与教本知识有机融合，丰富、优化教学内容，同时适当增加应用工具，如

Power BI、Python等，适当刺激学生的好奇心，开阔学生眼界，拓展学生思路，活化学生思维。

2. 新生计算机知识水平参差不齐，应在计算机应用基础教学中合理采用分层次教学

各地区发展水平不一，以及家庭环境不同，导致新入学的大学生计算机知识水平层次不一，这主要体现在非计算机专业学生对计算机相关知识了解不够、相关基本技能掌握不到位。一方面，学习环境较好的学生在初高中，甚至小学就已经了解了很多计算机基础知识，在进入大学后希望学习更深层的计算机知识，而学习环境相对较差的学生在进入大学前甚至没有接触过计算机，他们则希望从最基础部分开始学习。另一方面，中国社会科学院发布的《中国未成年人互联网运用报告（2020）》数据显示，随着终端设备的普及、产品服务的推广，未成年人接触网络渐趋低龄化，表现为：首次接触网络的主要年龄段集中在6～10岁，10岁及以下开始接触互联网的人数比例达到78%。也就是说，大部分学生接触计算机是从网游、社交软件等开始，他们对计算机知识的了解仍停留在娱乐上，甚至有部分学生不熟悉键盘甚至只能依靠手写板输入文字。这意味着高校的计算机应用基础公共课教师面临着一个尴尬的处境，对于有一定计算机基础技能知识的学生来说，计算机应用基础课将不会被特别重视，也就意味着这类学生的积极性在课堂上会难以调动甚至无法调动，对于计算机基础技能知识较弱甚至完全陌生的学生来说，当前的计算机应用基础课都难以掌握，何况课程拓展。因此，在计算机应用基础教学中，合理采用分层次教学将会在较大程度上提高教学质量，防止学生流失。

3. 计算机应用基础学习平台的不足，应合理运用信息化教学来提高教师的教学水平和学生的学习质量

（1）“工欲善其事，必先利其器”。部分高校基础设备供不应求，计算机机房设施较为陈旧，系统、软件等没有相应地更新升级。而计算机应用基础课程是面向全校开设的基础必修课，软硬件设施使用频率高，计算机软硬件时常崩溃加重了学校特别是民办高校的经济负担。同时，计算机软硬件设施的滞后导致教学内容不完全，学生缺乏练习，达不到教学效果。

（2）“雨课堂”“学习通”“职教云”等是目前较为常用的教学平台，但是这些平台通常用于发布教学课件、作业、考试等，更偏重于理论知识的检查，对于更偏重实操的计算机应用基础来说，作用不甚显著。只有改革信息化教学，将计算机应用基础与信息化技术有机结合，才能完成计算机应用基础教学的有效改革，提高学生的学习质量和积极性。

4. 计算机应用基础教育学情较为复杂，应提高教师综合素质，有效推进普及计算机基础教育

计算机应用基础是一门面向全校的基础学科，是学生后续学习专业知识的重要基石，这就要求教授计算机应用基础的教师应具有较为全面的综合素养和企业任职经历，这样才能向学生传授实用的、贴合社会实际需求的计算机技能知识。

5. 随着信息技术的飞速发展，“数字素养”是现代化人才所必需的核心能力

“数字公民”这个概念是在信息技术的发展与数字环境的变迁中产生的。维基百科将数字公民定义为运用信息技术从事政治、社会、政府活动的人，它着重突出了信息技术对于参与各项活动的重要性。而美国国际教育技术协会在定义数字公民时表示，数字公民是能够合格、合法、合理使用数字信息和数字化工具的人。

数字公民的责任是数字社会对其成员意识与行为的本质规定，是数字公民对自我、他人、所属群体、数字社会应尽的义务，及对未履行职责应付出的代价。在信息化时代的大背景下，特别是“数字中国”概念的提出，数字公民的教育成为重中之重。当代大学生作为数字公民的重要组成部分，他们的价值观和行为方式都与其数字素养水平息息相关。学生由高中初入大学，进入了树立正确世界观、人生观、价值观的关键时期，让学生以理性辩证的思维方式思考问题可以帮助学生树立理性、辩证看待问题的正确观点，对网络中的各种信息进行有效筛选，汲取有益知识，自觉抵制不良网络文化影响，成为高素质的数字公民。

三、结语

在培养现代化人才，培养高素质的数字公民的过程中，计算机应用基础将发挥重要作用。只有顺应信息化时代的发展，运用信息化技术教育手段，提高计算机应用基础课教师综合素质，改革教材和教学内容，因材施教，才能培养出高素质、高能力的复合型人才。

参考文献

[1] 彭海霞．浅谈学习计算机基础知识的重要性[J]．管理学家，2013（23）：251-251．

[2] 周君燕．高职计算机基础应用教学模式改革——评“大学计算机应用基础”[J]．中国科技论文，2022，17（4）：482．

[3] Yanyan Meng. On the Practice of Teaching Reform of Computer Application Foundation Course in Colleges and Universities[J]. International Journal of Education and Teaching Research, 2020, 1(1).

[4] 郭扬，张晨．基于“高技能人才”培养目标的高等职业教育课程目的解析[J]．中国职业技术教育，2008（27）：41-45．

[5] 褚翠霞. 大学计算机基础分专业分层次培养研究[J]. 中国新通信，2022，24（2）：101-102.

[6] 范喜凤，张雷. 大学计算机应用基础课程分层次教学模式的探讨[J]. 大学教育，2019（8）：11-13.

[7] 彭志勇，龙虎．计算机应用基础课程中课程思政案例设计[J]．电脑知识与技术，2021，17（15）：128-130．

[8] 陈灿．信息化时代背景下高职计算机基础课程信息化资源建设的策略研究[J]．数字通信世界，2022（5）：143-145．

[9] 姜维，王栋．数字中国建设背景下的数字公民教育需求与对策——以深圳市为例[J]．深圳职业技术学院学报，2022，21（2）：45-50．

高职院校软件技术专业基于 Web 前端开发 1+X 认证的课程改革与探索

金莉

摘要：高职院校是我国高等院校的重要力量，也是培养应用型人才的重要基地；高职院校不仅向社会各行各业输出各类技术技能型人才，还保障相关行业的持续稳定发展，更是对良好的社会经济和科技进步有着举足轻重的作用。随着 1+X 认证试点工作的推进，我校积极申报试点并开展实践探索，参考 Web 前端开发 1+X 认证的职业技能等级规范，围绕职业素养、岗位及职业能力、知识能力水平进行课程改革，以期调动社会力量参与职业教育的积极性，引领创新培养培训模式和评价模式，深化三教改革，进而重构软件技术专业课程体系、提升教师能力、优化人才培养标准，搭建软件技术专业复合型技术技能型人才的成长通道。

关键词：1+X 认证；软件技术专业；课程改革；Web 前端

一、前言

2019 年启动的 1+X 证书试点工作特别强调“鼓励职业院校学生在获得学历证书的同时，积极取得多类职业技能证书，拓展就业创业本领，缓解结构性就业矛盾”。《关于在院校实施“学历证书+若干职业技能等级证书”制度试点方案》部署启动“学历证书+若干职业技能等级证书”制度试点工作，各高职院校积极开展 1+X 证书试点工作。在 1+X 证书试点下，高职院校软件技术专业课程不仅要跟进时代快速发展的步伐，还要迎合社会对软件技术专业人才不断更新的需求，这对高职院校软件技术专业的人才培养工作提出了更高的要求。因此，随着 1+X 认证的试点，将解决高等院校培养学生与社会经济发展脱节的问题，加快我国高等职业教育的现代化和信息化进程，解决高职院校学生就业问题。因此，本文展开了基于 Web 前端开发 1+X 认证的课程改革与探索。

二、软件人才市场需求现状与软件技术专业分析

（一）软件需求现状

2021 年 8 月，艾瑞咨询发布《2021 年中国 IT 服务人才供给报告》（以下简称《报告》）。《报告》数据显示当前我国 IT 人才整体仍供不应求，并预测未来各行业对优秀 IT 人才的需求缺口依然巨大。回溯互联网发展的几十年，软件和信息技术服务业对 IT 人才的需求量整体呈现递增情况，若将在传统产业从事 IT 工作的人员纳入统计范畴，则 IT 人才需求量更明显呈现出高速增长势态；加之近年来受数字化转型影响，龙头企业对 IT 人才的需求更加旺盛。但同时也要正视，经过十多年的人才培养，我国 IT 人才储备已具备一定规模；鉴于 PC/移动互联网红利放缓，企业对 IT 人才的需求增速已出现放缓迹象，在高端、中端、低端三者之间的招聘需求也开始呈现差异化趋势：一方面，企业渴望的高端 IT 人才因稀缺而产生“招聘难”困境，纷纷提高薪资来吸引优秀人才；另一方面，低端人才越发供给充足，但因岗位价值和薪资水平缺乏吸引力，致使部分求职者在心理落差下更倾向于自我提升或推迟就业，一定程度上也加剧着企业用人难的情况。因此，在 1+X 证书制度下，高职软件技术专业课程改革不仅要跟进时代的步伐，更要符合人才的需求，从而使高职院校毕业生更好地服务于社会、服务于人民。

（二）软件技术专业分析

随着 5G 技术的快速崛起和普及，软件技术人才需求呈现“井喷式”增长。2011 年以来，用户花在移动 APP 上的时间远远超过了网页、电视等，软件技术开发所需人才紧缺。同时，随着软件技术的不断成熟，系统业务不断发展壮大，很多系统进行前后端分离项目。在此背景下，能在前端网页进行软件开发、软件测试、软件文档撰写等工作，并具有综合职业能力的高素质软件技术开发工程师在人才市场上十分紧俏，薪资也十分可观。据相关部门调查统计，软件技术开发岗位的平均薪资在 8～20 万元，Web 前端工程师的需求不断增多。Web 前端开发作为软件开发行业的一个新兴工种，企业需要怎样的人才、学校如何进行培养、课程体系如何设置等问题是大部分高职院校都要面对的问题。2019 年首批 1+X 试点专业中包含软件技术的 Web 前端开发方向，对 Web 前端开发方向的开设具有指导意义。Web 前端开发方向是软件技术专业的新方向，如何培养该方向的人才是软件技术专业建设和发展的关键和重要任务。

三、软件技术专业基于 Web 前端开发 1+X 认证的课程改革探索

（一）认清 Web 前端开发方向，设定专业核心课程

软件技术专业是我校的热门专业，近两年招生规模逐年扩大，而专业开设之初仅有 Java 方向。随着时代的发展、技术的更新换代，开发人员分工更加细化，Web 前端开发方向已成为本行业中需求量最大的核心方向，我院在专业细分上增设了 Web 前端方向、软件测试方向、软件服务方向等。Web 前端开发方向核心课程分为纯前端、前后端结合、移动端三类。纯前端是指开设前端方向课程，如 HTML5、CSS3、JavaScript 语言、前端框架、UI 框架等[2]；前后端结合是指在前端课程的基础上，增加后端开发的课程，如 Java 程序设计、Python 编程等；移动端的课程主要有 APP 程序设计、Android 开发。通过对 Web 前端开发 1+X 认证初中级证书的考核标准、培养目标、结业方向和主要职业能力的综合分析，得出：Web 前端开发应培养具备良好职业道德和素质、社会道德与人文素养的人才，掌握 Web 前端开发技术的基本知识，具备独立自主完成静态网站页面设计、开发、功能调试、系统维护管理的能力，熟悉 Web 的前端与后台数据交互、响应式开发技术等专业知识，具备动态网站设计、研发、调试与维护的基本能力，能从事 Web 前端应用软件代码编写、软件功能综合测试、软件系统管理及技术咨询服务、软件技术服务、智能终端接口研发等岗位工作。

基于 1+X 认证的职教改革更注重企业实践内容的融入。通过对企业人才招聘需求和岗位素质的调研，突出了“以学生为本”的教学宗旨，增加了实操类教学课程的占比，着重培养学生独立学习和解决问题的能力，Web 前端开发方向课程进行模块化搭建，划分为专业基础模块、专业核心模块和岗位能力模块，培养综合素质高、适应市场需求的高技能型软件开发应用人才。其中，专业基础模块的课程有 Java 程序设计、网页制作基础、编程语言基础，对应 Web 前端开发初级认证证书；专业核心模块的课程有 MySQL 数据库、计算机网络技术、UML、网页编程高级、JavaScript、JavaEE 应用开发、Web 前端综合实战，对应 Web 前端开发中级认证证书；岗位能力模块的课程有 Android、Python 编程、软件测试技术、JavaWeb 综合实训、Android 项目综合实训、软件职业素养教育，对应 Web 前端开发高级认证证书；学生学习的过程也是考证的过程，以证书的通过率来评价教学效果，达到书证融通的目的。

通过课程模块化改革将学历证书和技能证书有机衔接，通过学历证书夯实学生持续性发展的基础，积极发挥技能证书在促进人才培养、课程设置、产教融合、

三教改革中的宏观和微观作用；对专业课程中未涵盖的内容组织专门实训，对学历证书和职业技能等级证书所体现的学习成果进行认证、积累和转换，促进书证融通。

（二）培养学生的持续成长、终身学习观

通过对企业用人标准及招聘需求的分析，得出软件技术基础岗位的能力要求大致为：程序语言基础牢固，能使用程序语言算法实现程序目标；快速的产品及业务学习能力；一定的分析问题和解决问题的能力；良好的职业态度和基本的职业素养；具有一定的外语能力；具备较强的自学能力。企业的用人要求，就是高职院校人才培养的目标。

结合 1+X 证书认证制度，让学生既能够满足社会岗位的需求，同时又能够在复杂多变的社会环境中不断超越自我，最终在软件技术行业有所成就。技术技能人才的终身学习和可持续发展是提升经济发展水平、促进社会和谐的重要力量。面对服务国家战略、满足市场需求、提升人才素质与能力的新挑战，职业院校应依据不断变化的市场和不同类型学习者的职业发展需求，提供标准的教育和培训。1+X 证书制度通过“书证融通”与“学分成果认定、积累和转换”实现学历教育与职业技能培训的互认和衔接。职业院校不仅要培养在校生成功进入职场的能力，还要通过高质量的培训提高在职者的职业能力，畅通人才成长通道。学习者可以根据自身的成长和发展需要将学习成果进行积累、转换，获得学历证书和更高级别的职业技能证书，拓宽终身学习的通道。

（三）创新教学模式，采用“双线”结合实施教学

结合软件技术专业的特点和疫情时期教学的特殊要求，开展“线上+线下”双线结合模式已成为趋势。探索“双线”教学之间的关系，在保证教学质量的前提下，以学生为中心、以教师为主导，线上教学授课，线下实施实践操作，全面施行多元评价方式，打通双线教学通道，丰富人才培养的途径。

线上教学主要基于数字教学资源、直播课、在线课程资源进行。软件技术专业的多数教师可以通过视频、动画、图片等方式进行教学，采用案例教学、分组教学、研讨教学等方式，每种方式都有各自的特点和优势，能够确保讲解清晰，使线上教学相当具有吸引力；相对线上教学，线下教学属于传统型教学方式，和学生面对面讲授、指导、答疑，不管是学生学习还是教师授课都非常直截了当。但随着互联网技术日新月异和当下疫情形式多变等实际情况，“双线”教学将会成为未来教学的常态。探索“双线”教学模式，迭代教学内容，更新教学方式，也是提高师资队伍能力水平的重要手段。

为配合 1+X 认证试点工作的开展，高职院校的教师除了进行“双线”授课以外，还要对相关的理念进行精准的把握，掌握Web前端开发方向的等级标准和教学标准，对软件技术专业的课程和认证证书的考点进行有机的融合，积极参与技能等级鉴定，掌握本行业的先进技术。1+X证书的实施必须以“双师型”教师作为前提条件，解决高职院校教师队伍的结构性矛盾，从而为加快“双师型”教师队伍建设提供保障。

四、结语

本文对基于Web前端1+X证书的软件技术专业课程改革进行了研究和探索。文中结合高职学院的软件技术专业将教学管理和证书认证相结合，并明确提出了课程模块化、“双线”结合、支撑学生长远发展的课程体系构建，建设课程教学资源，提高教师教学能力，为高职院校1+X认证对专业人才的培养提供理论依据，在推动我国1+X证书制度试点的同时，积极培育对经济社会发展有益的人才。同时将技能等级证书考核融入到人才培养模式中，使高职软件技术专业课程改革工作得以顺利推进。

参考文献

[1] 李艳杰，王学梅. 高职软件技术专业课程教学改革对策探索[J]. 产业与科技论坛，2018.
[2] 谢成先. “后疫情”时期教育变革迈入“双线”融合新常态[J]. 教师教育论坛，2020.
[3] 柏雪飞. 基于1+X证书制度下高职软件技术专业课程改革的探索[J]. 科技与创新，2021.
[4] 刘丽. 软件技术专业人才培养模式的研究——基于Web前端开发1+X认证[J]. 电大理工，2022.
[5] 廖若飞. 高职软件技术专业Web前端开发方向现状研究——基于17所四川高职院校的调研分析[J]. 教育科学论坛，2020.

高职院校大数据概论课程思政的探索与实践

秦阳鸿，余淼
（重庆三峡职业学院）

摘要：大数据概论是大数据技术专业学生进入大学后的第一门专业基础课，将分解农业大数据项目引入课程，通过将爱国主义教育、科技服务社会的意识及科学精神等课程思政内容恰当地融入到课程中可以帮助学生树立正确的世界观、人生观和价值观，培养科技兴农的意识。

关键词：大数据概论；课程思政；教学研究；学生主体

大数据概论是大数据技术专业的基础课程，可引导学生从宏观角度理解大数据专业的发展与现状。同时，分解农业大数据项目融入到大数据概论课程中，内容为后续的需求分析、数据采集、数据分析等课程打下基础，规划学习路线，培养学生对大数据专业的兴趣。

一、大数据概论课程思政的重要性

习近平总书记在全国高校思想政治工作会议上强调，高等学校要坚持把立德树人作为中心环节，把思想政治工作贯穿于教学全过程，实现全程育人、全方位育人、全员育人，努力开创我国高等教育事业发展新局面[1]。

大数据概论授课对象为大一新生。从高中的思维转变到大学思维，从基础教育转变成职业教育，在生活上、学习上许多新生会出现不同程度的迷茫[2]。因此，该阶段是学生思维和人生观树立的关键期。大数据概论课程对大数据专业的发展、需求分析、开发环境、数据采集、数据分析进行介绍，案例丰富，可以从多个角度去为学生讲解思政案例。分解农业大数据项目，挖掘思政元素融入大数据概论课程，可以引导大一新生对大数据专业的兴趣，指引大数据专业学习路线，加深对专业的了解，养成适合职业教育的学习习惯，树立正确人的生观。

二、课程思政建设方案设计

结合课堂思政、大数据概论思政教材建设、思政评价三个方面设计课程思政方案。分解农业大数据项目，将“立德树人”作为教育的根本任务，把培育和践行社会主义核心价值观有机融入整个大数据概论知识结构体系，并结合我校特色，在大数据概论课程中融入农业大数据项目开发，实现体验式教学，将爱国主义教育、科技服务社会的意识和科技兴农等内容与课程知识有机结合。以学生为主体，结合多种方式，发挥课程育人功能，进而达到大数据概论课程与思政教育相结合的全方位教学和三全育人，促进学生素质的全面提升。

1. 课堂思政

结合课程情况深度挖掘思政元素，将思政元素融合在课程内容中，实现内化于心、外化于行。具体课程思政教学内容见表1。

表1 课程思政教学内容

知识点	教学过程	思政融合点
需求分析	了解传统农业存在的问题及相应的需求，根据需求提出农业大数据平台的建设架构。主要讲授智慧农业建设背景与目标、智慧农业与大数据的结合、农业大数据平台化服务及解决方案、农业大数据的建设与实践，使学生了解农业大数据平台的建设背景和建设流程	培养学生以科技服务社会的责任感
数据采集	了解农业大数据涉及的数据来源，通过讲解传感器数据采集、遥感卫星数据采集、数据接口、与农业相关的9种数据采集方式及flume日志收集系统	培养学生致力于民族科技发展的意识
数据分析	针对农业大数据系统需要处理采集到的数据讲解KNN数据处理方法。需要讲述KNN原理，将采集的数据进行标注，将数据载入开发好的程序中实时分析数据	培养科技兴农意识
数据可视化	针对大数据市场有较多和地区相关的数据，需要在地图上展示数据。分解该类需求，通过Echarts开源项目展示如何实现地图数据可视化。学生通过代码上的注释理解项目实现过程	维护国家领土完整和主权完整

爱国主义是民族进步的基石，课程中有丰富的案例引导学生加深对爱国的理解。从国家“十四五”规划中大数据的重要性[3]到各国间数据化的竞争，通过案例加深爱国主义教育的成效。每一次实践都会加深学生对国家信息化发展布局的认识。

培养学生以科技服务社会的责任感。作为以农为特色的职业院校，要牢固科技兴农意识，要将学到的技能服务于民。在课程中让学生理解农业困境，通过调研去思考如何用学习到的科技手段去解决种植环节中存在的问题。展示实际农业大数据项目，提高学生的兴趣，让学生从专业的视角考虑问题。

培养学生以辩证的思维去看待问题也是教育的重要环节。通过大数据分析过程中的理性思考得到数据背后的哲学规律，让学生更加理性地理解数据的重要性，培养严谨的科学态度。

2. 大数据概论思政教材建设

大数据概论教材是重要的学习资源，学生为主体，以农业信息化为特色的教材可以有效加深学生对大数据产业的了解。结合社会主义核心价值观、工匠精神、农业信息化等思政元素，可以有效帮助学生形成正确的人生观、价值观。因此，如何将思政教育融入到大数据概论教材中，就需要编写团队正确理解《高等学校课程思政建设指导纲要》，将之全方位融入教材设计[4]，方能润物无声、如盐在水。

传统以阅读为主导的大数据概论教材十分重视对大数据项目核心技术手段的讲解，列举了较多核心技术点，却往往忽视活动系统的功用[5]。大数据是实践性很强的专业，大数据概论课程是学生第一个接触的课程，因此让学生系统化地理解大数据项目则是至关重要的。在编写教材时，引入完整的大数据项目，通过分解项目步骤来完成大数据概论教学，并深度挖掘思政元素，结合信息化手段多维度呈现思政资源。

3. 思政评价体系探索

在教学实施过程中，需要通过过程性评价及时掌握学生对课程思政元素的理解，通过小组自评、教师评价、小组方案设计评价、问卷调查等方式则是有效的实施途径。

同时也要考核教师对课程思政元素实施方案的理解认识，主要考核其是否能把思政元素内在的实施规律挖掘充分、提炼得当，从教学观点中研析课程思政元素是否有效承载主流意识形态，结合专业课程教学目标判断课程思政元素是否符合课程特点，依据教学活动检验课程思政元素是否满足学生成长发展的需要。

本课程在实施过程中主要采用问卷调查形式完成，同时在项目实施过程中由老师进行增值评价，判断学生的接受度，及时调整教学内容。当项目完成后，再结合教学内容和思政元素进行项目评价。在课程结束后设置思政附加题，完成考核。

三、课程思政与农业大数据项目结合

大数据概论是对大数据专业发展与现状的介绍。课程体系摒弃传统的按照开发流程逐一环节进行介绍的方式。在课程开始前，让学生通过开发农业大数据项目去深入理解大数据开发环节及用到的技术，通过体验式教学方法来加深学生对大数据的认识。将理论知识与大数据项目开发中的实际问题相结合，不仅有利于促进学生对项目开发本质的理解，还能不断培养学生学习大数据的兴趣和热情，激发学习的欲望和创造性思维，获得更好的教学效果。针对高职院校大数据专业的学生，更应该结合大数据项目生产实际深化理论知识，激发学习兴趣。

四、教学实践：地图数据可视化与课程思政

以地图数据可视化为例。教师先介绍百度疫情数据可视化项目，引入地图可视化在表达数据时的优势，然后讲述地图数据可视化的实现过程。结合进行地图数据可视化时有可能出现的地图数据缺失问题引入对地图不可缺失性的认识，进一步讲述维护国家领土完整和主权完整的重要性。地图是大数据可视化项目的常用工具，地图数据可视化能更加生动地表示地区的数据关系。而使用正确的地图素材是数据可视化从业人员工作的第一步。教师介绍国家自然资源部发布的《五步快速识别问题地图》等相关文件，帮助学生在操作过程中识别错误地图，以更直观地理解地图的“一点都不能少”，树立正确国家版图意识，维护国家领土完整和主权完整。

五、结语

在大一新生的思维转变期，通过大数据概论课程引导学生对大数据专业形成宏观的认识，结合社会主义核心价值观、工匠精神、农业信息化等思政元素帮助学生形成正确的价值观。分解农业大数据任务，让学生进行体验式学习，以学生为主体，发挥学生的主观能动性。以项目课程形式讲解概论课程，以生动的课堂

形式让学生体验大数据环境，促进学生综合素质的全面提升。

参考文献

[1] 习近平总书记在全国高校思想政治工作会议上的重要讲话[EB/OL].（2016-12-8）[2020-8-7]，http://www.xinhuanet.com/politics/2016-12/08/c_1120083340.htm.

[2] 宋学志，李艳强. 大一新生无机化学课程思政的探索与实践[J]. 化学教育（中英文），2021，42（14）：32-36.

[3] 李辉. 论新时代语境下思想政治教育思维再定位[J]. 探索，2019（4）：164-172.

[4] 刘戈，凌杰. 高校课程思政与师资队伍建设现状分析[J]. 学校党建与思想教育，2021（16）：82-84.

[5] 刘善景，曾旭红. 实践教学模式对大学生课程思政的影响[J]. 食品研究与开发，2021，42（15）：252.

基于黄炎培职教思想的高技能人才培养模式的研究

卢卫中
（重庆市足下软件职业培训学院）

摘要：黄炎培先生说："讲教育一定要从经济上着想，从职业上着想，徒言普及教育，强迫教育，是没用的；教育要带职业，职业要带教育。"黄炎培进一步阐述："各种教育都应以社会需要为出发点，职业教育尤应如此。"他强调指出："无论受教育至何种程度，总以其所学能应用社会，造福人群为贵。"要使学生最终能更好地服务社会，成为高技能人才，首先就得使他们通过职业教育培训就业有保障，如何解决这个问题呢？那就是黄炎培先生讲的教育与职业的沟通。本文应用黄炎培的职业教育思想，围绕如何解决培训和教育中影响培训质量及最终就业的关键问题进行教育实践，探索出高技能人才十大培养模式。

关键词：黄炎培职教思想；高技能人才培养模式；职业教育；职业培训；就业

职业教育和职业培训有十个老大难问题，堪称行业痛点。这十大老大难问题有机制体制的问题，有学生的问题，有老师的问题，有技术的问题，有培养模式和评教体系的问题等，这些问题都严重影响职业教育和职业培训的最终培养质量。要解决这些痛点问题，就必须直击痛点，革除统一化、封闭化、权威化教育模式。一百多年前黄炎培先生的职业教育思想就已经给出了职业教育的核心思想，即实用。新时代背景下重新研究黄炎培职业教育思想仍然不过时，仍然对现代职业教育具有巨大的指导意义，利用现代信息化技术可以更好地实践黄炎培职业教育思想，形成教育教学强大合力，从而大大提升学生的就业率和就业质量。

一、模式一："三度育三才"的培养模式

黄炎培先生说："职业教育的原理是，造就社会上的优良分子，能为自己谋生，能为社会服务。"要成为社会优良分子，长久地为自己谋生，为社会服务，就需要我们的教育考虑长远。从长计议，人的健康是第一位的，其次职业教育需要学习

技术，再次职业教育要注重思维能力的培养。“三度育三才”即以健康的体魄、扎实的技术、前行的思维三个维度作为保障，培养能初步就业的技术型人才、在行业里走得更远的管理型人才和有所建树的创业型人才。此模式解决现代职业教育的现代性问题。因为现代职业教育的现代性内涵是培养高素质高技能人才，让他们不仅能够就业，还要能够在行业里持续发展。“三度育三才”的培养模式不仅要重视技能的培养，还要重视健康和思维这两个影响学生一生的维度的培养。

二、模式二：金字塔的培养模式

黄炎培先生说：“职业教育就是用教育的方法来达到职业的目的。”重庆市足下软件职业培训学院虽然是一所培训学校，但是我们是用教育的方法来培养学生，遵循教育的规律，注重对学生内驱力和兴趣的培养。金字塔的培养模式是先培养思维意识系统（意愿+自信），让学员知道为什么学习、为谁学习、树立（人生）学习的目标、找到学习的动力、树立自信、认识情绪、营造互帮互助互相成就的学习氛围等，再通过兴趣课程的设置及课程体验的方式培养学生的学习兴趣、找到自己感兴趣的专业，最后通过“理论+实践+岗位体验”的模式提升技能。此模式解决学生内驱力的问题。

三、模式三：专业群的培养模式

黄炎培先生说：“教育以‘人’为本。不是把课本或学校做本位，亦不是把地方或国家做本位……以人为本，便是为‘人’而教育，在孩子身上用功夫，教育他成为一个健全的社会优良分子。”要设计一种培养模式，真正做到因材施教、人人成才，而不是以教师为中心，用一个统一的模式培养所有的学生。为此，要根据每一个学生的兴趣、特长和自己的选择进行专业设置，建立若干专业群，在同一专业群里建立项目团队。采用“合分合”能力递进专业群培养模式来增强学生的岗位能力，注重学生的个体差异，因材施教。第一阶段，在学生进校后先选择专业群，学生学习专业群公共课程，培养学生兴趣；第二阶段，根据自己的兴趣选择专业方向，按照专业方向重新分班，从而让学生选择的都是最适合自己的专业方向；第三阶段，在专业方向的基础上，学生根据自身能力选择岗位方向，主要进行项目实训并组建项目团队，通过企业真实项目让学生开拓创新，获得项目实战经验，顺利走上工作岗位。此模式解决因材施教、人人成才的问题。

四、模式四：倒推模式

黄炎培先生说：“办职业教育，须注意时代趋势与应走之途径，社会需要某种人才，即办某种职业教育。”职业教育一定要与时俱进，社会需要什么样的人才，我们就培养什么样的人才。这就要求人才培养方案必须跟劳动力市场接轨。为此，必须从社会需要出发进行倒推，根据市场需求来设置若干专业，这些专业又提供给学生进行选择。从市场需求开始倒推人才培养方案。此模式可以解决培养的学生能否满足劳动力市场需求的问题。劳动力需求可以利用人工智能大数据技术从网上实时采集全国企业的就业需求，通过数据标注、数据处理、数据分析、数据展示等技术手段形成实时的行业需求。利用大数据可以指导专业的研发（开发什么工种、设置什么课程、包含什么知识点）和指导学生精准就业（就业城市、就业岗位、就业待遇、就业要求）。

五、模式五：班级公司化管理模式

黄炎培认为，职业“是人类在共同生活下的一种确定的互助行为。职业教育，即是给人们以互助行为的素养，完成他共同生活的天职。”“所谓用启发方式，就是用前项工作启发他的知和能，使每一个人明了我与群的关系，贡献他的力量，来开发地力和物力；或尚未有前项工作，因养成了相当程度的知和能而取得工作，这就是职业教育。”班级公司化管理模式就是通过管理学会被管理，通过被管理学会管理，而管理最重要的就是处理好我与群的关系。班级公司化管理模式以班级为单位模拟公司的组织架构，设置董事长（辅导员担任）、总经理、技术总监、健康总监、思维总监、品牌总监等公司核心管理岗位；每一个岗位有明确的分工和考核指标，以此来培养学生自我管理的能力，获得“互助和素养，完成他共同生活的天职”，学会处理好我与群的关系。每个公司都有完备的公司管理制度、公司LOGO、企业文化、组织架构等，严格按照企业模式培养“准职业人”。通过公司化的管理，让学生自我管理、自我操练、自我成长，从而培养学生的综合素养（从而培养管理型和创业型人才）。此模式解决学生自我管理的问题。

六、模式六：造场模式

黄炎培先生说：“研究职业教育，注重于职业心理学，此可谓为世界思潮之新趋向。”造场模式是基于群体心理学的研究结果。黄炎培先生把“敬业乐群”作为中华职业学校校训，这里的“乐群”是指“具有优美和乐之情操及共同协作之精神”，即培养学生服务社会、合作互助的精神。“造场”就是创造优美和乐之氛围，人是场的产物。人育人事倍功半，环境育人事半功倍，育人先育环境。此模式解决学习氛围的问题。

七、模式七：个性化培养模式

黄炎培先生说：“职业教育至少包含三种意义：取得生活的供给；完成对群的服务；发展天赋的能力。”他进一步指出，“职业教育是用教育的方法，使人人依其个性，获得生活的供给和乐趣，同时尽其对群之义务。”个性化培养模式就是要发展学生天赋的能力。可以研发评估系统、直播平台、产教结合等信息化平台，让每个学生的学习进度和内容可以不同，充分发挥学生的个性。此模式解决充分发挥学生个性潜力的问题。

八、模式八：单一责任模式

黄炎培先生说：“人人须勉为一个复兴国家的新国民，人格好，体格好，人人有一种专长，为社会、国家效用。”他要求职业教育者要“责在人先，利居众后”。单一责任模式是模块化负责制，一个模块的所有课程由一个教师独立授课，并对此模块授课结果全权负责。每个班级每个阶段尽量安排一名技术教师，技术教师要负责本阶段所有的技术课程，这样就能够责任到人。此模式解决教师责任的问题。

九、模式九：终极指标评教模式

黄炎培先生说：“职业教育目的乃在养成实际的、有效的生产能力。欲达此种境地，需要手脑并用。”通俗地讲，职业教育的目的就是让学生接受完职业教育后能够找到专业对口的工作，显示出有效的生产能力。终极指标评教模式是把就业质量作为评价技术教师最最重要的指标。教师的工资待遇与学生的就业质量强挂钩。教师平时授课的课时费只发一小半，还有一大半的课时费在学生就业之后根据学生就业质量进行发放，所以教师平时的教学不是为了授课而授课，而是为了让学生就好业而授课。这个绩效考核方式把教师和学生的命运统一起来，大大提